“十二五”普通高等教育本科国家级规划教材

高分子材料与工程专业实验教程

（第2版）

沈新元　主编

王雅珍　李青山　方庆红　副主编

中国纺织出版社

内容提要

本书是“十二五”普通高等教育本科国家级规划教材。全书共五篇：第一篇高分子化学实验包括19个实验，涉及缩合聚合反应、自由基加聚反应、离子型聚合反应、共聚合反应和高分子化学反应；第二篇高分子物理实验包括34个实验，涉及聚合物的相对分子质量及其分布和各种高分子材料性能的测定等；第三篇高分子材料加工实验包括15个实验，涉及高分子材料加工中的配方设计、化学纤维、橡胶等高分子材料的成型加工等；第四篇高分子材料综合实验包括15个实验，涉及高分子材料从原料制备、成型加工到产品性能的测定；第五篇高分子材料设计实验包括5个实验，涉及超高分子量聚丙烯腈、热敏高分子、有机—无机杂化材料等高分子材料的制备与表征设计。

本书可作为高等院校高分子材料与工程专业的教材，也可供从事高分子材料科学研究、生产技术和管理工作的相关人员参考。

图书在版编目（CIP）数据

高分子材料与工程专业实验教程 / 沈新元主编. -- 2 版. -- 北京：中国纺织出版社，2016.4 (2024.7 重印)
“十二五”普通高等教育本科国家级规划教材
ISBN 978-7-5180-2368-4

Ⅰ. ①高… Ⅱ. ①沈… Ⅲ. ①高分子材料 - 材料试验 - 高等学校 - 教材 Ⅳ. ① TB324.02

中国版本图书馆 CIP 数据核字（2016）第 034843 号

责任编辑：范雨昕　　责任校对：寇晨晨
责任设计：何　建　　责任印制：何　建

中国纺织出版社出版发行
地址：北京市朝阳区百子湾东里A407号楼　邮政编码：100124
销售电话：010—67004422　传真：010—87155801
http：//www.c-textilep.com
中国纺织出版社天猫旗舰店
官方微博 http：//weibo.com/2119887771
北京虎彩文化传播有限公司印刷　各地新华书店经销
2020年3月第2版　2024年7月第9次印刷
开本：787 × 1092　1/16　印张：17.75
字数：365千字　定价：48.00元

本教材编委会

主　编： 沈新元

副主编： 王雅珍　李青山　方庆红

编　委： 王雅珍　沈新元　李青山　方庆红
汪建新　杨　庆　张清华　刘喜军
刘晓洪　刘大晨

出版者的话

全面推进素质教育，着力培养基础扎实、知识面宽、能力强、素质高的人才，已成为当今教育的主题。教材建设作为教学的重要组成部分，如何适应新形势下我国教学改革要求，与时俱进，编写出高质量的教材，在人才培养中发挥作用，成为院校和出版人共同努力的目标。2011年4月，教育部颁发了教高［2011］5号文件《教育部关于"十二五"普通高等教育本科教材建设的若干意见》（以下简称《意见》），明确指出"十二五"普通高等教育本科教材建设，要以服务人才培养为目标，以提高教材质量为核心，以创新教材建设的体制机制为突破口，以实施教材精品战略、加强教材分类指导、完善教材评价选用制度为着力点，坚持育人为本，充分发挥教材在提高人才培养质量中的基础性作用。《意见》同时指明了"十二五"普通高等教育本科教材建设的四项基本原则，即要以国家、省（区、市）、高等学校三级教材建设为基础，全面推进，提升教材整体质量，同时重点建设主干基础课程教材、专业核心课程教材，加强实验实践类教材建设，推进数字化教材建设；要实行教材编写主编负责制，出版发行单位出版社负责制，主编和其他编者所在单位及出版社上级主管部门承担监督检查责任，确保教材质量；要鼓励编写及时反映人才培养模式和教学改革最新趋势的教材，注重教材内容在传授知识的同时，传授获取知识和创造知识的方法；要根据各类普通高等学校需要，注重满足多样化人才培养需求，教材特色鲜明、品种丰富。避免相同品种且特色不突出的教材重复建设。

随着《意见》出台，教育部正式下发了通知，确定了规划教材书目。我社共有26种教材被纳入"十二五"普通高等教育本科国家级教材规划，其中包括了纺织工程教材12种、轻化工程教材4种、服装设计与工程教材10种。为在"十二五"期间切实做好教材出版工作，我社主动进行了教材创新型模式的深入策划，力求使教材出版与教学改革和课程建设发展相适应，充分体现教材的适用性、科学性、系统性和新颖性，使教材内容具有以下几个特点：

（1）坚持一个目标——服务人才培养。"十二五"职业教育教材建设，要坚持育人为本，充分发挥教材在提高人才培养质量中的基础性作用，充分体现我国改革开放30多年来经济、政治、文化、社会、科技等方面取得的成就，适应不同类型高等学校需要和不同教学对象需要，编写推介一大批符合教育规律和人才成长规律的具有科学性、先进性、适用性的优秀教材，进一步完善具有中国特色的普通高等教育本科教材体系。

（2）围绕一个核心——提高教材质量。根据教育规律和课程设置特点，从提高学生分析问题、解决问题的能力入手，教材附有课程设置指导，并于章首介绍本章知识点、重点、难点及专业技能，增加相关学科的最新研究理论、研究热点或历史背景，章后附形式多样的习题等，提高教材的可读性，增加学生学习兴趣和自学能力，提升学生科技素养和人文素养。

（3）突出一个环节——内容实践环节。教材出版突出应用性学科的特点，注重理论与生产实践的结合，有针对性地设置教材内容，增加实践、实验内容。

（4）实现一个立体——多元化教材建设。鼓励编写、出版适应不同类型高等学校教学需要的不同风格和特色教材；积极推进高等学校与行业合作编写实践教材；鼓励编写、出版不同载体和不同形式的教材，包括纸质教材和数字化教材，授课型教材和辅助型教材；鼓励开发中外文双语教材、汉语与少数民族语言双语教材；探索与国外或境外合作编写或改编优秀教材。

教材出版是教育发展中的重要组成部分，为出版高质量的教材，出版社严格甄选作者，组织专家评审，并对出版全过程进行过程跟踪，及时了解教材编写进度、编写质量，力求做到作者权威，编辑专业，审读严格，精品出版。我们愿与院校一起，共同探讨、完善教材出版，不断推出精品教材，以适应我国高等教育的发展要求。

中国纺织出版社
教材出版中心

第2版前言

实验教学法已被世界各国证明能有效培养实践能力和科研能力强的专业人才。我国具有庞大的高分子材料工业体系，对于实践能力和科研能力强的专业人才的需求十分迫切。有鉴于此，我们编写了普通高等教育“十一五”国家级规划教材《高分子材料与工程专业实验教程》。本书第1版出版后，受到较多的关注，并获得上海市2011年优秀教材二等奖。

借《高分子材料与工程专业实验教程（第2版）》入选“十二五”普通高等教育国家级规划教材之机，我们根据叶圣陶先生“铸一柄合用的斧头”的要求，对第1版进行了较大的增删和修改。全书共分五篇，第一篇高分子化学实验包括19个实验，涉及缩合聚合反应、自由基加聚反应、离子型聚合反应、共聚合反应和高分子化学反应；第二篇高分子物理实验包括34个实验，涉及聚合物的相对分子质量及其分布、热性能、流变性、结晶性能，共混物的形态和各种高分子材料性能的测定；第三篇高分子材料加工实验包括15个实验，涉及高分子材料加工中的配方设计、混合和塑料、化学纤维、橡胶等高分子材料的成型；第四篇高分子材料综合实验包括15个实验，涉及塑料、化学纤维、橡胶等高分子材料产品从原料制备、成型加工到产品性能测定；第五篇分子材料设计实验包括5个实验，涉及超高分子量聚丙烯腈、热敏高分子、有机—无机杂化材料等高分子材料的制备与表征设计。

从整体上看，第2版更好地体现了高分子材料科学与工程科学的内涵，专业面宽、内容丰富、适用面广的特色更为鲜明，使教材的质量有了进一步提高。

本书由东华大学沈新元担任主编，齐齐哈尔大学王雅珍、燕山大学李青山和沈阳化工大学方庆红担任副主编，东华大学、齐齐哈尔大学、燕山大学、沈阳化工大学和武汉纺织大学的汪建新、杨庆、张清华、刘喜军、刘晓洪、刘大晨、张振琳、王雪芬、张海全、张瑜、张帅、周光举、彭桂荣、张永强、王慧敏等教师也参加了编写工作。

本书获得纤维材料改性国家重点实验室的资助，在此表示诚挚的感谢。

由于高分子及其材料的品种繁多，表征技术与仪器设备发展很快，加之作者水平有限，因此编写过程中难免出现一些疏误，恳请斧正。

编者

2015年8月

第1版前言

从20世纪20年代高分子学科产生以来，高分子科学与技术的发展极为迅速，并导致了材料领域的重大变革，形成了金属材料、无机非金属材料、高分子材料和复合材料多学科共存的局面，并广泛应用于人类的衣食住行和各产业领域。人们已经认识到高分子材料越来越成为不可缺少的重要材料，它的广泛应用和不断创新是材料科学现代化的一个重要标志。

高分子材料的主要种类有塑料、化学纤维、橡胶、涂料和胶黏剂，它们各自形成了庞大的工业体系，对于实践能力和科研能力强的专业人才的需求十分迫切。实验实习法是世界各国普遍采用的教学方法之一，特别是实验教学法，被证实能有效培养实践能力和科研能力强的专业人才，因此已被引入各门学科的教学过程。

目前，我国开设“高分子材料与工程”专业的高校已增加到近150所，因此需要更多内容覆盖面广、有利于培养实践能力和科研能力的实验教材。有鉴于此，在东华大学、燕山大学、齐齐哈尔大学、武汉纺织大学和沈阳化工大学多年专业实验教学实践的基础上，参考国内外高分子材料实验的教材，编写了本书。

为适应21世纪高分子材料与工程专业人才培养的需要，本书根据高分子材料科学与工程科学的内涵，结合专业实验的特点，设置了5部分实验。第一篇“高分子化学实验”包括27个实验，涉及缩合聚合反应、自由基加聚反应、离子型聚合与配位聚合反应、共聚合反应和高分子化学反应；第二篇“高分子物理实验”包括27个实验，涉及聚合物相对分子质量及其分布、结晶性能、热性能，交联聚合物的交联度，共混物的形态，聚合物浓溶液的流变性和各种高分子材料的性能的测定；第三篇“高分子材料加工实验”包括14个实验，涉及塑料、化学纤维、橡胶、涂料、黏合剂等高分子材料的成型加工；第四篇“高分子材料综合实验”包括14个实验，涉及塑料、化学纤维、橡胶、涂料等高分子材料产品从原料制备、成型加工到产品性能的测定；第五篇“高分子材料设计实验”包括5个实验，涉及超高分子量聚丙烯腈、热敏高分子、有机—无机杂化材料等高分子材料制备与表征的设计。

本书由东华大学沈新元担任主编，燕山大学李青山、东华大学杨庆、齐齐哈尔大学刘喜军、武汉纺织大学刘晓洪和沈阳化工大学方庆红担任副主编，这五所学校的许多教师都参加了编写工作。

本书获得纤维材料改性国家重点实验室的资助，在编写过程中得到了东华大学硕士研究生丁哲音的协助，在此表示诚挚感谢。

由于高分子及其材料的品种繁多，表征技术与设备发展很快，加之作者学识有限，因此书中疏漏之处在所难免，恳请广大读者批评指正。

编者

2010年2月

课程设置指导

课程名称：高分子材料与工程专业实验
适用专业：高分子材料与工程专业
总学时：60～120

课程性质：本课程为专业课，是高分子化学、高分子物理、高分子材料成型加工原理课程的重要组成部分。

课程目的

（1）能运用所学专业知识，通过实验使学生初步掌握聚合物合成与表征科学、高分子材料成型加工及性能测定的专业实验技能。

（2）掌握实验中样品制备的方法。

（3）了解高分子的原料、半成品、成品的国家质量标准，掌握常用的测试评定方法。

（4）了解常用的实验设备和测试仪器的结构性能，并能独立使用。

（5）使学生通过系列的相关实验，达到理论与实践的紧密结合，培养学生的动手能力和专业实验技能，提高高分子科学与工程的实践能力和科研能力。

课程教学的基本要求

教学环节包括实验教学、作业和考试。通过各种教学环节，加深学生对理论知识的认识，提高实验技能，提高分析问题、解决问题的能力。

1．实验教学

高分子化学实验、高分子物理实验和高分子材料加工实验共18个，合计60学时，高分子材料综合实验共2周，可以将高分子材料设计实验设为选修课或结合科研创新训练一并进行。

2．作业

每次实验后写出实验报告，要求写出实验材料、仪器、药品、实验原理和方法、画出实验流程图，根据所学理论知识对所得实验数据进行详细分析，对结果有较为全面的讨论。

3．考试

采用笔试、口试及操作相结合的方式。

课程设置指导

教学环节学时分配表

篇数	讲授内容	学时分配
第一篇	高分子化学实验	选做6个实验，共18学时
第二篇	高分子物理实验	选做6个实验，共18学时
第三篇	高分子材料加工实验	选做6个实验，共24学时
第四篇	高分子材料综合实验	根据学校特色选做5～6个实验，共2周
第五篇	高分子材料设计实验	根据实际情况选修或结合科研创新训练一并进行
考查		2学时（不包括高分子材料综合实验）
合计		60～120学时

目录

第一篇　高分子化学实验

实验 1　线型缩聚制备聚己二酸乙二醇酯

一、实验目的

（1）通过聚己二酸乙二醇酯的制备，了解线型缩聚的原理及平衡常数较小的单体聚合的实施方法。

（2）通过测定酸值和析出水量，了解缩聚反应过程中反应程度和平均聚合度的变化。

（3）掌握缩聚物平均分子量的影响因素及提高平均分子量的方法。

二、实验原理

缩聚反应是由多次重复的缩合反应逐步形成聚合物的过程，大多数属于官能团之间的逐步可逆平衡反应，其中线型聚合物聚己二酸乙二醇酯的合成就是平衡常数较小（$K=4\sim10$）的缩聚反应之一。

影响聚酯反应程度和平均聚合度的因素，除单体结构外，还与反应条件如配料比、催化剂、反应温度、反应时间、去水程度有关。配料比对反应程度和相对分子质量的影响很大，体系中任何一种单体过量都会降低反应程度；采用催化剂可大大加快反应速度；提高温度也能加快反应速率，提高反应程度，同时促使反应产生的低分子产物尽快离开反应体系，使平衡向着有利于生成聚合物的方向移动。因此，水分去除越彻底，反应越彻底，反应程度越高，相对分子质量越大。为了除去水分可采用升高体系温度、降低体系压力、加速搅拌、通入惰性气体等方法，本实验中采用了升高体系温度的方法。另外，反应未达平衡前，延长反应时间亦可提高反应程度和相对分子质量。本实验由于实验设备、反应条件和时间的限制，不能获得较高相对分子质量的产物，只能通过测定反应程度了解缩聚反应的特点及其影响因素。

聚酯反应体系中由于单体己二酸上有羧基官能团的存在，因而在聚合反应中有小分子水排出。

$$nHO(CH_2)_6OH + nHOOC(CH_2)_6COOH \longrightarrow$$
$$H[O(CH_2)_6OOC(CH_2)_4CO]_nOH + (2n-1)H_2O$$

通过测定反应过程中的酸值变化或出水量来求得反应程度，反应程度计算公式如下：

反应程度　$$P=\frac{t\text{时刻出水量}}{\text{理论出水量}}$$

或
$$P=\frac{\text{初始酸值}-t\text{时刻酸值}}{\text{初始酸值}}$$

在配料比严格控制在官能团等物质的量时，产物的平均聚合度x_n与反应程度的关系如下：

$$x_n=1/(1-P)$$

据此可求得平均聚合度和产物的相对分子质量。

在本实验中，外加对甲苯磺酸催化，催化剂浓度可视为基本不变（即［H^+］为一常数），因此该反应为二级反应，其动力学关系为：

$$-dc/dt=k[H^+]c^2=kc^2$$

式中：c为反应中每克原料混合物中羧基或羟基的浓度，mmol/g；k为该反应条件下的反应速度常数，g/（mmol·min）。

积分代换得：

$$x_n=1/(1-P)=kc_0t+1$$

式中：t为反应时间，min；c_0为反应开始时每克原料混合物中羧基或羟基的浓度，mmol/g。

根据上式，当反应程度达80%以上时，即可以x_n对t作图求出k。

本实验中的反应体系是由以己二酸和乙二醇为单体、对甲苯磺酸为催化剂、乙醇—甲苯（1∶1）混合物为溶剂所组成的；以酚酞作指示剂、KOH水溶液为滴定液测定反应体系的酸值；通过缩聚反应合成端羟基聚己二酸乙二醇酯，并且计算反应程度和平均聚合度。

三、实验材料和仪器

1. 主要实验材料

己二酸、乙二醇、对甲苯磺酸、乙醇—甲苯（1∶1）混合溶剂、酚酞、KOH水溶液（0.1mol/L）、工业酒精。

2. 主要实验仪器

聚合装置一套如图1-1（a）所示，包括250mL的三口烧瓶一个、电动搅拌器一套、冷凝管一支、0～300℃温度计一支、锅式电炉一套、分水器、毛细管、干燥管；真空抽排装置一套，包括水泵一台、安全瓶一个、250mL锥形瓶、20 mL移液管、碱式滴定管、量筒。

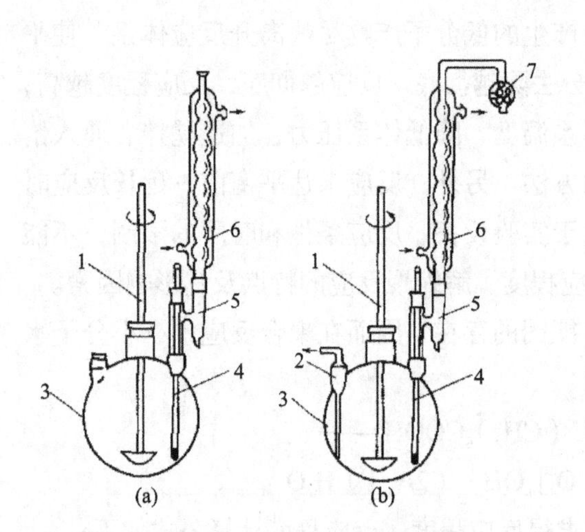

图1-1 聚己二酸乙二醇酯的制备装置

1—搅拌器 2—毛细管 3—三口烧瓶 4—温度计 5—分水器 6—冷凝管 7—干燥管

四、实验步骤

（1）按图1-1（a）所示安装好实验装置，为保证搅拌速度均匀，整套装置安装要规范。

（2）向三口烧瓶中按配方顺序加入己二酸36.5g、乙二醇14mL和对甲苯磺酸60mg，充分搅拌后，取约 0.5g 样品（第一个样）用分析天平准确称量，加入 250mL 锥形瓶中，再加入 15mL 乙醇—甲苯（1 ∶ 1）混合溶剂，样品溶解后，以酚酞作指示剂，用 KOH 水溶液滴定至终点，记录所耗碱液体积，计算酸值。

（3）用电炉开始加热，当物料熔融后在 15min 内升温至 160℃ ±2℃反应 1h。在此段共取 5 个样测定酸值：在物料全部熔融时取第二个样，达到 160℃时取第三个样，此温度下反应 15min 后取第四个样，至 30min 时取第五个样，至第 45min 取第六个样。取第六个样后再反应 15min。

（4）然后于 15min 内将体系温度升至 200℃ ±2℃，此时取第七个样，并在此温度下反应 0.5h 后取第八个样，继续再反应 0.5h。

（5）将反应装置改成减压系统，如图 1–1（b）所示，即再加上毛细管，并在其上和冷凝管上各接一只硅胶干燥管，继续保持 200℃ ±2℃，真空度为 0.133×10^5Pa（100mmHg）反应 15min 后取第九个样，至此结束反应。

（6）在反应过程中从开始出水时，每析出 0.5 ~ 1mL 水，测定一次析水量，直至反应结束，应不少于 10 个水样。

（7）反应停止后，趁热将产物倒入回收盒内，冷却后为白色蜡状物。用 20mL 工业酒精洗瓶，洗瓶液倒入回收瓶中。

五、实验结果分析与讨论

（1）按下式计算酸值。

$$酸值（mgKOH/g\ 样品）=\frac{V\times c\times0.056\times1000}{样品质量}$$

式中：V 为滴定样品所消耗的 KOH 水溶液的体积（mL）；c 为 KOH 水溶液的浓度（mol/L）；0.056 为 KOH 毫摩尔质量（g/mmol）。

（2）按表 1–1 记录酸值，计算反应程度和平均聚合度，绘出 p—t 和 x_n—t 图。

表1–1　实验记录（一）

反应时间（min）	样品质量（g）	消耗的KOH溶液的体积（mL）	酸值（mgKOH/g样品）	反应程度	平均聚合度

（3）按表 1–2 记录出水量，计算反应程度和平均聚合度，绘出 p—t 和 x_n—t 图。

表1–2　实验记录（二）

反应时间（min）	出水量（mL）	反应程度	平均聚合度

（4）说明本缩聚反应实验装置有几种功能？并结合 p—t 和 x_n—t 图分析熔融缩聚反应的

几个时段分别起哪些作用？

（5）与聚酯反应程度和相对分子质量大小有关的因素是什么？在反应后期黏度增大后影响聚合的不利因素有哪些？怎样克服不利因素使反应顺利进行？

（6）如何保证等摩尔的投料配比？

（李青山 张晓舟）

实验 2 体型缩聚制备脲醛树脂

一、实验目的

（1）了解脲醛树脂缩聚反应的原理和特点。

（2）掌握脲醛树脂制备的实验技术。

二、实验原理

脲醛树脂是由尿素和甲醛（一般用甲醛水溶液）缩合得到的热固性树脂，是俗称氨基树脂中的主要品种，也是热固性塑料中产量较大的一个品种。

脲醛树脂的缩聚反应及其结构非常复杂，它的反应因尿素和甲醛的比例、溶液的 pH 以及反应温度的不同而不同。一般尿素与甲醛的摩尔比为 1 ：（1.3 ~ 2）为宜。为调节反应的 pH，常加入六亚甲基四胺。根据要求，控制缩聚反应进行的程度，可制成线型（A 阶段）、支链型（B 阶段）以及体型的（C 阶段）各种不同结构的树脂。在实际生产中，总是将缩聚反应控制在 A 阶段，最多不超过 B 阶段，只是在最后一步产品成型中才添加酸性固化剂使缩聚进行到 C 阶段，即形成体型结构。常用的酸性固化剂是强酸铵盐，如氯化铵，其用量为树脂重量的 1% ~ 5%（通常配成 10% ~ 20% 的水溶液使用）。其反应式为：

$$\underset{\text{尿素}}{H_2N-\overset{\overset{O}{\|}}{C}-NH_2} + \underset{\text{甲醛}}{CH_2O}\ (\text{或}\underset{\text{甲醛水化物}}{HO-CH_2-OH}) \longrightarrow \underset{\text{一羟甲脲}}{H_2N-\overset{\overset{O}{\|}}{C}-NH-CH_2OH} \longrightarrow$$

$$\underset{\text{二羟甲脲}}{HOCH_2-HN-\overset{\overset{O}{\|}}{C}-NH-CH_2OH}$$

继而羟甲基的羟基与氨基上氢失水缩合为高分子：

$$>N-CH_2-OH + H-\overset{|}{N}-CH_2OH \longrightarrow >N-CH_2-\overset{|}{N}-CH_2OH + H_2O$$

也可能有其他反应，如：

$$>N-CH_2-OH + HO-CH_2-N< \longrightarrow >N-CH_2-O-CH_2-N< + H_2O$$

$$>N-CH_2-OH + HO-CH_2-N< \longrightarrow >N-CH_2-N< + H_2O + CH_2O$$

本实验以尿素和甲醛为原料，通过缩聚反应制成黏稠液体 A 阶段脲醛树脂，然后添加酸性固化剂制成 C 阶段脲醛树脂。

三、实验材料和仪器

1. **主要实验材料**

尿素、甲醛、甘油 、甲酸（10%）、氢氧化钠（10%）、氯化铵水溶液（15%）。

2. **主要实验仪器**

搅拌器、三口烧瓶、冷凝管、温度计、水浴、烧杯等，装置图如图 2-1 所示。

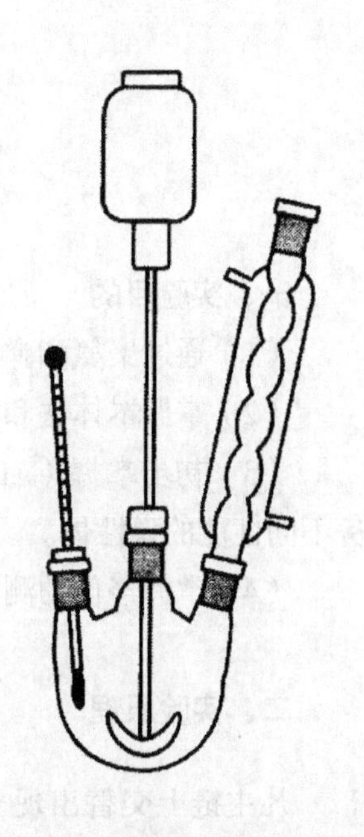

图 2-1　脲醛树脂合成实验示意图

四、实验步骤

1. **线型脲醛树脂的制备**

（1）向烧杯中加入 7g 甘油和 84g 甲醛，测其 pH，用 NaOH 溶液中和至 pH 为 7，把此溶液加入带有搅拌器、温度计和回流冷凝管的 250mL 三口烧瓶中，调节水浴温度达到 70℃，加入 36g 尿素，再用甲酸溶液将 pH 调节至 5.0，慢慢升温至 94℃左右，维持 0.5h，再调 pH 至 4.8，反应 1h 后停止加热。

（2）冷却至 30℃以下，用 NaOH 溶液将树脂中和至 pH 为 7，得到 A 阶段树脂放置保存。

2. **体型脲醛树脂的制备及应用**

（1）称取 3 份各 10g 的线型脲醛树脂，在 1# 中不加氯化铵固化剂；2# 中加入 3 滴氯化铵固化剂；3# 中加入 6 滴氯化铵固化剂，制成体型脲醛树脂。

（2）将体型脲醛树脂马上用于粘接胶合板，将粘好的胶合板加压后放置于 50℃烘箱中烘干或自然晾干。

注意事项：

①调节 pH 时，加入 10% 甲酸的量应以几滴计量，加酸过量会引起聚合反应发生暴聚结块。

②体型脲醛树脂应用实验中，学生可根据兴趣，将胶合板锯成各种图案粘接。

五、实验结果分析与讨论

（1）在脲醛树脂制备中为什么要多次调节 pH？各段产物是什么？

（2）为何加入 10% 的 NaOH 溶液将脲醛树脂中和至 pH = 7？

（3）脲醛树脂做粘接实验时为什么需添加酸性固化剂？

（王雅珍）

实验3 逐步加聚制备聚氨酯

一、实验目的

（1）通过聚氨酯弹性体的制备，了解逐步加聚反应的特点。

（2）掌握本体法和溶液法制备热塑性聚氨酯弹性体的实验方法。

（3）初步掌握（AB）$_n$ 型多嵌段聚合物的结构特点，用调节A、B嵌段比例的方法来制备不同性能的弹性体。

（4）掌握羟值的测定方法。

二、实验原理

凡主链上交替出现 $-\mathrm{NH}\overset{\overset{\displaystyle O}{\|}}{C}-\mathrm{O}-$ 基团的高分子化合物，通称为聚氨酯，它的合成是以异氰酸酯和含活泼氢化合物的反应为基础的，例如二异氰酸酯和二元醇反应，通过异氰酸酯和羟基之间进行反复加成，即生成聚氨酯。

$$n\mathrm{OCN}-\mathrm{R'}-\mathrm{NCO}+n\mathrm{HO}-\mathrm{R}-\mathrm{OH}\longrightarrow \mathrm{HOR}\left[\mathrm{OCONH}-\mathrm{R'}-\mathrm{NHOCOR}\right]_n\mathrm{O}-\mathrm{CONHRNCO}$$

如果含活泼氢的化合物采用低相对分子质量（M=1000 ~ 2000）的两端以羟基封端的聚醚、聚酯等，它们能赋予聚合物链一定的柔性，当它们与过量的二异氰酸酯，如甲苯二异氰酸酯（TDI），二苯基甲烷二异氰酸酯（MDI）等反应，生成含游离异氰酸根的预聚体，然后加入与游离异氰酸根等化学计量的扩链剂，如二元醇、二元胺等进行扩链反应则生成基本上呈线型结构的聚氨酯弹性体。在室温下，由于分子间存在大量氢链，起着相当于硫化橡胶中交联点的作用，呈现出弹性体性能，升高温度，氢链减弱，具有与热塑性塑料类似的加工性能，因而有热塑性弹性体之称。

不难想象，随着反应物化学结构、相对分子质量和相对比例的改变可以制得各种不同的聚氨酯弹性体。尽管如此，可以把它们的分子结构看成是由柔性链段和刚性链段构成的（AB）$_n$ 型嵌段共聚物，“A”代表柔性的长链，如聚酯、聚醚等，“B”代表刚性的短链，由异氰酸酯和扩链剂组成。柔性链段使大分子易于旋转，聚合物的软化点和二级转变点下降，硬度和机械强度降低。而刚性链段则会束缚大分子链的旋转，聚合物软化点和二级转变点上升，硬度和机械强度提高，而热塑性聚氨酯弹性体的性能就是由这两种性能不同的链段形成多嵌段共聚物的结果，因此，通过调节“软”“硬”链段的比例可以制得不同性能要求的弹性体。

热塑性聚氨酯弹性体的杨氏模量介于橡胶与塑料之间，具有耐磨、耐油、耐撕裂、耐化学腐蚀、高弹性和吸震能力强等优异性能，因此在国民经济许多领域中获得了广泛的应用。

热塑性聚氨酯弹性体的制备一般有两种方法：一步法和预聚体法。一步法就是把两端以羟基封端的聚酯或聚醚先和扩链剂充分混合，然后在一定反应条件下加入计算量的二异氰酸酯即可。预聚体法是先把聚酯或聚醚与二异氰酸酯反应生成以异氰酸根封端的预聚物，然后根据异氰酸酯的量与等化学计量的扩链剂进行扩链反应。聚氨酯弹性体的制备工艺又可分为本体法和溶液法两种。溶液法中，先把聚醚和二异氰酸酯在一定反应条件下生成含游离异氰酸根预聚体，测定异氰酸根含量，再与等化学计量的扩链剂进行扩链反应，称为预聚体法。

本实验分别采用本体一步法和溶液预聚体法来制备聚酯型聚氨酯弹性体和聚醚型聚氨酯弹性体。

三、实验材料和仪器

1. 主要实验材料

己二酸、1，4- 丁二醇、聚酯（两端为羟基，相对分子质量约 1000）、聚环氧丙烷聚醚（两端为羟基，相对分子质量约 1000）、4，4′- 二苯基甲烷二异氰酸酯（MDI）、甲基异丁基酮、二甲基亚砜、抗氧剂 1010、二丁基月桂酸锡。

2. 主要实验仪器

溶液法制备聚氨酯的装置一套，包括磨口四口烧瓶（250mL）、搅拌器、回流冷凝管、滴液漏斗、红外灯、真空烘箱等；本体法制备聚氨酯的装置一套，包括反应容器（200mL，可用干燥而清洁的烧杯）、温度计、搅拌器、平板电炉、滴管、铝盘、烘箱。

四、实验步骤

1. 溶液法制备聚氨酯

（1）预聚体的制备：

①用药物台秤称取 10.0g（0.04mol）MDI 放入四颈瓶中，加入 15mL 二甲基亚砜和甲基异丁基酮的混合溶剂（两者体积比为 1 ∶ 1），开动搅拌，通氮气，升温至 60℃，使 MDI 全部溶解。

②称取 0.02mol 聚酯（根据聚酯的实际相对分子质量计算），溶于 15mL 混合溶液中，待溶解后从滴液漏斗慢慢加入反应瓶中。滴加完毕后，继续在 60℃反应 2h，得无色透明预聚体溶液。

（2）扩链反应：

①将 1.8g（0.02mol）1，4- 丁二醇溶解在 5mL 混合溶剂中，从滴液漏斗慢慢加入上述预聚物溶液中。当黏度增加时适当加快搅拌速度，待滴加完后在 60℃下反应 1.5h。若黏度过大，可适当补加混合溶剂，搅拌均匀。

②将聚合物溶液倒入盛有蒸馏水的瓷盘中，产品呈白色固体析出。

（3）后处理：产物在水中浸泡过夜，用水洗涤 2 ~ 3 次，再用乙醇浸泡 1 天后用水洗净，在红外灯下基本晾干后再进入 50℃的真空烘箱充分干燥，即得聚酯型聚氨酯弹性体，计算产率。

2. 本体法制备聚氨酯

（1）称取 50g（0.05mol）聚醚、9.0g（0.10mol）1，4- 丁二醇和按反应物总量 1% 的抗氧剂 1010 加入装有温度计和搅拌器的反应容器中，置于平板电炉上，开动搅拌，加热至 120℃，用滴管滴加 2 滴二丁基月桂酸锡，然后在搅拌下将预热到 100℃的 37.5g（0.15mol）

MDI 迅速加入反应器中，随聚合物黏度增加，不断加剧搅拌。

（2）待反应温度不再上升，2 ~ 3min 后除去搅拌器，将反应产物倒入涂有脱模剂的铝盘中（铝盘预热至 80℃），放入 80℃烘箱中 24h 以完成反应（弹性体Ⅰ）。

调节软、硬链段比例，用改变反应物摩尔比的方法，按照聚醚：MDI：1,4- 丁二醇为：1 ：2 ：1（弹性体Ⅱ）；1 ：4 ：3（弹性体Ⅲ），用上述同样方法制备弹性体。

将弹性体Ⅰ，Ⅱ，Ⅲ分别在不同温度用小型双辊开炼机炼胶出片，然后在平板硫化压模机压成 1.5mm 厚的薄片，在干燥器内放置一周后切成哑铃形试条。

注意事项：

①二丁基月桂酸锡是有毒化学品，使用时必须小心，须由专人保管。

②聚合反应是放热反应随硬段含量增加反应加剧，操作时须戴手套。

③本体法制备聚氨酯采用的搅拌器最好由不锈钢制成，形状和反应器相匹配，务必将物料能充分搅匀。

五、实验结果分析与讨论

（1）计算溶液法制得的聚氨酯弹性体的产率。

（2）在本体法中，将切成哑铃形的试条，用电子拉力机分别测定其应力—应变曲线，用橡胶硬度计测其硬度，所得数据填入表 3-1。

表3-1　实验记录

编号	摩尔比	硬段含量	硬度	断裂强度（MPa）	断裂伸长率（%）
弹性体Ⅰ	1∶3∶2				
弹性体Ⅱ	1∶2∶1				
弹性体Ⅲ	1∶4∶3				

（3）采用醋酐酰化法测定聚酯或聚醚的羟值：250mL 三颈瓶中称取二羟聚醚约 200g，于 120℃真空脱水 1.5h（样品含水量必须小于 0.1%），否则会破坏酯化试剂，然后按下法测定羟值：

准确称取 1.5 ~ 2g 的聚醚两份，分别置于 250mL 的酰化瓶内，用移液管分别移入 10mL 新配制的酰化试剂（8mL 醋酐加 33mL 吡啶），放几粒沸石，接上磨口空气冷凝管，在平板电炉上加热回流 20min（回流高度一般不超过冷凝管的 1/3，以避免醋酐逸出引入误差），冷却至室温，依次用 10mL 吡啶，25mL 蒸馏水冲洗冷凝管内壁和磨口，然后加入 0.5mol/L NaOH 溶液 50mL，酚酞指示剂 3 滴，用 0.8mol/L NaOH 溶液滴定至终点，用同样操作做空白试验，计算羟值：

$$\text{羟值} = \frac{(V_1 - V_2)\, c \times 40}{m}$$

式中：V_1 为空白溶液消耗的 NaOH（mL）；V_2 为试样溶液消耗的 NaOH（mL）；c 为

NaOH 标准溶液的浓度（mol/L）；m 为样品质量（g）；40 为 NaOH 的摩尔质量（g/mol）。

$$聚酯或聚醚的相对分子质量 = \frac{40 \times 2}{羟值} \times 1000$$

（4）为什么热塑性聚氨酯弹性体具有优异的性能?

（5）聚酯型聚氨酯弹性体与聚醚型聚氨酯弹性体的产品其外观和特性有何区别?

（王雅珍）

实验 4 开环聚合制备尼龙 6

一、实验目的

（1）加深对开环聚合原理的理解。

（2）掌握已内酰胺开环聚合的实验技术。

二、实验原理

开环聚合是环状化合物单体经过开环反应转变成线型聚合物的反应。其最大特点是聚合前后化学键的性质不发生变化，而仅是键的空间位置有了改变。因此，就其化学结构来说，开环聚合的产物与单体的组成相同。开环聚合不像加成反应时释放出那样多能量，其聚合过程的热效应是环张力的变化造成的，因此反应条件较为温和，副反应比缩聚反应少，易于得到高相对分子质量的聚合物，也不存在等摩尔配比问题。

开环聚合的机理按单体不同而异。大多数环状单体开环聚合的机理与离子聚合机理类似，为阴离子开环聚合、阳离子开环聚合或配位聚合；少数环状单体开环聚合的机理与缩聚反应或自由基聚合相类似。

环酰胺又称内酰胺，它可以在不同引发剂或催化剂的作用下，产生不同电荷性质的活性中心，从而既可以阳离子开环聚合，又可以阴离子开环聚合，还可以水解逐步聚合，反应通式为：

$$\underbrace{(CH_2)_x - NH}_{\diagdown C(=O) \diagup} \longrightarrow \left[\underset{\underset{O}{\|}}{C} - (CH_2)_x - NH \right]_n$$

内酰胺在无水条件下的阳离子聚合比较复杂，引发和增长反应涉及与质子酸、质子酸盐、氨或路易斯酸形成的内酰胺阳离子。链增长经由氨解或酰化反应发生。链终止经由脒生成、内环化、支化反应和各种其他反应。这种聚合化学反应还没有在工业上得到应用。

内酰胺的阴离子聚合机理如下：

阴离子形成：

$$\underbrace{HN(CH_2)_5C}=O + MB \longrightarrow M^+ \underbrace{N(CH_2)_5C}=O + HB$$

引发：

$$^{-}\underline{N(CH_2)_5C}=O + RCO\underline{N(CH_2)_5C}=O \rightleftharpoons RCO\underline{N(CH_2)_5\overset{O^-}{\overset{|}{C}}}-\underline{N(CH_2)_5C}=O$$

$$RCO\underline{N(CH_2)_5\overset{O^-}{\overset{|}{C}}}-\underline{N(CH_2)_5C}=O \rightleftharpoons RCON^-(CH_2)_5CO\underline{N(CH_2)_5C}=O$$

增长：

$$H\underline{N(CH_2)_5C}=O + RCON^-(CH_2)_5CO\underline{N(CH_2)_5C}=O \rightleftharpoons$$
$$^{-}\underline{N(CH_2)_5C}=O + RCONH(CH_2)_5CO\underline{N(CH_2)_5C}=O$$

阴离子再生：

$$^{-}\underline{N(CH_2)_5C}=O + RCONH(CH_2)_5CO\underline{N(CH_2)_5C}=O \rightleftharpoons$$
$$RCONH(CH_2)_5CON^-(CH_2)_5CO\underline{N(CH_2)_5C}=O$$

己内酰胺的阴离子聚合反应速率非常快，可在几分钟内以90%~95%的转化率生成聚合度达10万以上的聚己内酰胺。由于聚合引发后可直接浇入模具内聚合，因此产物称为浇铸尼龙。要使己内酰胺阴离子聚合在工业上有实用价值，必须有碱性催化剂和助催化剂的存在。

在环酰胺的开环聚合产物中，聚己内酰胺具有重要地位。早在1941年，聚己内酰胺就已正式投产，称为尼龙6。工业生产中，己内酰胺聚合为聚己内酰胺，以及其他内酰胺聚合为相应的聚合物所采用的方法，是把内酰胺和水的混合物加热到约270℃，保持达到平衡条件。加入微量链终止添加剂和其他助剂、开环催化剂，如氨基己酸或羧酸铵，以控制反应速率、相对分子质量和端基平衡。涉及的三个主要反应如下：

（1）开环反应，内酰胺的水解开环：

$$\overline{HN(CH_2)_5C}=O + H_2O \rightleftharpoons H_2N(CH_2)_5COOH$$

（2）缩合：

$$nH_2N(CH_2)_5COOH \longrightarrow H\left[HN(CH_2)_5CO\right]_nOH + nH_2O$$

（3）内酰胺加成到增长链的端氨基上：

$$\overline{HN(CH_2)_5C}=O + H\left[HN(CH_2)_5CO\right]_nOH \rightleftharpoons H\left[HN(CH_2)_5CO\right]_{n+1}OH$$

本实验用己内酰胺为单体、ε-氨基己酸为催化剂，通过开环聚合制成聚己内酰胺。产物在间甲酚中测定特性黏度值。

三、实验材料和仪器

1. 主要实验材料

己内酰胺、间甲酚、ε-氨基己酸。

2. 主要实验仪器

三口烧瓶、沙浴、温度计、烧杯。

四、实验步骤

（1）在一个 100mL 的三口烧瓶上装一个接头，然后抽空、充氮。加入 50g 纯己内酰胺和 5.6g ε- 氨基己酸后，用沙浴把烧瓶加热到 80~100℃。

（2）混合物熔化后，将温度计插入熔体内，在 140℃开始搅拌，慢慢加热到 250℃，直至得到黏稠熔体。

（3）把黏稠聚酰胺 6 熔体迅速倒入烧杯中。在间甲酚中测定其特性黏度值。

五、实验结果分析与讨论

（1）把聚合物熔体在 255~265℃下保持 6min 以上，聚酰胺 6 熔体黏度值会发生什么变化？为什么？

（2）如果进行己内酰胺的阴离子型聚合选择什么试剂较合适？选择什么催化剂比较合适？

（沈新元）

实验 5　甲基丙烯酸甲酯的本体聚合

一、实验目的

（1）加深对本体聚合原理的理解，认识烯类单体本体聚合的特点与难点。

（2）了解甲基丙烯酸甲酯本体聚合主要工艺参数对其产品质量的影响，加深对自由基链式聚合中自动加速效应的理解。

（3）掌握通过本体聚合工艺制备聚甲基丙烯酸甲酯的实验技术。

二、实验原理

在聚合中，不加其他介质，仅有单体在少量的引发剂或热、光、辐射等引发作用下进行的聚合称为本体聚合。若采用热引发、光引发或高能辐射引发，则聚合体系仅由单体组成，连引发剂也不存在。聚合体系可能是均相的，生成的聚合物可以溶于单体。随着聚合反应的进行，体系黏度增加，直到凝固为透明均匀的聚合物。

本体聚合能否实施，主要取决于两个因素：一是单体的聚合热问题，各种单体在转化为聚合物时，所释放的热量差异很大，因此一般聚合热小的单体比较适合采用本体聚合；二是活性链与单体的反应能力，一般而言，反应能力比较迟钝的单体比较容易实现本体聚合。

本体聚合选用的引发剂应当与单体有良好的相容性。由于多数单体属于油溶性物质，因此多选用油溶性引发剂。另外，有时因聚合反应需要，还可以加入适量的相对分子质量调节剂和润滑剂等助剂。

各种聚合反应几乎都可以采用本体聚合，如自由基聚合、离子型聚合、配位聚合等可以采用本体聚合，缩聚中的固相缩聚、熔融缩聚等也可以采用本体聚合。气态、液态和固态的单体均可以采用本体聚合。

本体聚合的最大优点是聚合组成少，仪器设备比较简单，生产简单，易于连续化生产，反应比较快，产率高，聚合产物纯度高、透明性好，所得聚合物可直接成型加工，特别适用于生产透明制品，如聚甲基丙烯酸甲酯（有机玻璃）多用本体聚合制得。另外，由于聚合产物纯净，无须与聚合中的介质分离，也不存在介质回收等后续处理工艺，因而聚合装置及工艺流程相应比较简单，生产成本较低。

本体聚合的不足是反应热难于排除。当聚合反应的转化率提高后，体系黏度不断增大，会出现反应自动加速效应，体系容易出现局部过热，使副反应加剧，导致相对分子质量分布变宽、支化度加大、局部交联等；严重时会导致聚合反应失控，甚至引起爆聚。因此控制聚合反应热，如何有效、及时地将反应热导出、移除是本体聚合中必须解决的问题。通常通过以下方法或途径来移除聚合热，控制聚合反应温度：

（1）在反应进行到较低转化率时，就设法分离出聚合物。

（2）采用较低的反应温度，并用低浓度的缓慢引发剂，以保持聚合反应速率比较缓慢。

（3）分成多步进行聚合，分批释放出聚合热。

（4）用紫外光或辐射引发，使聚合能在较低的温度下进行，以利于热量的传递。

甲基丙烯酸甲酯在过氧化苯甲酰引发剂存在下进行如下聚合反应：

$$n\mathrm{CH_2}{=}\underset{}{\overset{\mathrm{CH_3}}{\overset{|}{\mathrm{C}}}}{-}\mathrm{COOCH_3} \longrightarrow \left(\mathrm{CH_2}{-}\underset{\underset{\mathrm{COOCH_3}}{|}}{\overset{\overset{\mathrm{CH_3}}{|}}{\mathrm{C}}}\right)_n$$

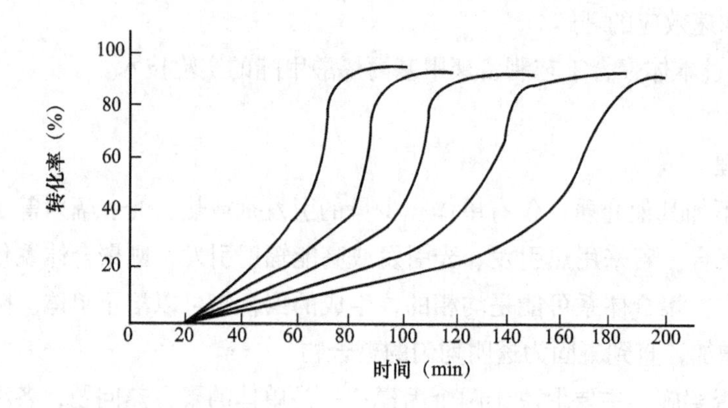

图 5-1 甲基丙烯酸甲酯在过氧化苯甲酰引发剂存在下聚合反应的变化规律

图 5-1 中的曲线表明，聚合反应开始前有一段诱导期，聚合速率为零，体系无黏度变化。在转化率超过 20%之后，聚合速率显著加快，而转化率达 80%之后，聚合速率显著减小，最后几乎停止聚合。需要升高温度才能使之完全聚合。

聚合配方中引发剂的含量，应视制备的模具厚度而定，一般情况如表 5-1 所示。

表5-1　引发剂的配比

厚度（mm）	1～1.5	2～3	4～6	8～12	14～25	30～45
偶氮二异丁腈（%）	0.06	0.06	0.06	0.025	0.020	0.005

由于甲基丙烯酸甲酯单体密度只有0.94g/mL，而其聚合物密度1.17g/mL，故有较大的体积收缩，因而生产上一般先做成甲基丙烯酸甲酯的预聚体，然后再进行浇模。这样，一则可以减少体积收缩，二则预聚体具有一定黏度，在采用夹板式模具时不会产生液漏现象。

三、实验材料和仪器

1. 主要实验材料

甲基丙烯酸甲酯、过氧化二苯甲酰（BPO）、偶氮二异丁腈（AIBN）。

2. 主要实验仪器

试管、三口烧瓶、冷凝管、恒温水浴等，装置图如图2-1所示。

四、实验步骤

本实验采用试管做模具，厚度较大，因而聚合的时间过长。为了便于学生操作，采用在浇模前补加0.06g过氧化二苯甲酰作为室温引发剂。

（1）准确称取0.06g偶氮二异丁腈、50g甲基丙烯酸甲酯，混合均匀，投入250mL、配有冷凝管的三口烧瓶中，开启冷却水，采用水浴恒温。开动搅拌，升温至80℃，30min后取样，若预聚体具有一定黏度（转化率7%～10%），则移去热源，降温至50℃左右，补加0.02g的过氧化二苯甲酰，搅拌均匀。

（2）取ϕ1.5cm×15cm的试管若干支，分别进行灌注，灌注高度一般为5～7cm，（灌注过高，压力太大，有可能使气泡不易逸出，留在聚合物内）然后静置片刻，或在60℃的水浴中加热数分钟，直到试管内无气泡，即可取出，放进50℃左右的水浴中直至硬化。硬化后，在沸水中熟化1h，使反应趋于完全。撤除试管，可得到一透明度高、光洁的有机玻璃圆柱体。如采用玻璃夹板做模具，预聚液（转化率为8%～10%）中不需补加DCPD（过氧化二碳酸环己酯）。在55～60℃的水浴中恒温2h，硬化后升温至95～100℃保持1h，撤除夹板后，可得到透明光洁的产物有机玻璃薄板。

注意事项：

①为提高学生实验兴趣，试管或模具中可由学生放入工艺品，但不要放入动物、植物和有机物。

②预聚时不要老是摇动瓶子，以减少氧气在单体中的溶解。

③灌注过多，压力太大，有可能使气泡不易逸出而留在聚合物内。

④若无过氧化二苯甲酰，可补加0.03g偶氮二异丁腈。

五、实验结果分析与讨论

（1）为什么要进行预聚合？

（2）甲基丙烯酸甲酯聚合到刚刚不流动时的单体转化率大致是多少？

（3）除有机玻璃外，工业上还有什么聚合物是用本体聚合的方法合成的？

（4）进行本体浇铸聚合时，如果预聚阶段单体转化率偏低会产生什么后果？为什么要严格控制不同阶段的反应温度？

（王雅珍）

实验6　乙酸乙烯酯的溶液聚合

一、实验目的

（1）加深对溶液聚合原理的理解。

（2）了解聚合物中准官能团的反应原理。

（3）了解影响乙酸乙烯酯溶液聚合的主要因素。

（4）掌握通过溶液聚合工艺制备聚乙酸乙烯酯的实验技术。

二、实验原理

在聚合反应中，将单体和引发剂溶于适当溶剂中的聚合反应称为溶液聚合。溶液聚合体系主要由单体、引发剂（或催化剂）和溶剂等组成。

溶液聚合有两种方式：一种是单体和生成的聚合物均能够溶解于溶剂中，反应完毕得到一聚合物的溶液；另一种是生成的聚合物不溶于该溶剂，聚合物以沉淀形式析出，当聚合反应进行到一定程度后，滤出聚合产物，可在滤液中继续加入单体，再进行聚合。

溶液聚合中的溶剂选择很重要，选择时应考虑到其对单体、引发剂、聚合物等的溶解性，以及尽可能对聚合反应不产生副反应、副作用，另外还应兼顾到溶剂的成本、毒性、回收成本、环境影响和储存安全等因素。

溶液聚合为均相聚合体系，与本体聚合相比其优点是：溶剂的加入可作为稀释剂，有利于聚合热的转移和导出，因此聚合反应容易控制；同时有利于降低反应体系温度和黏度，减弱凝胶效应。另外，生成的聚合物相对分子质量分布比较均匀，如果作为涂料或胶黏剂，则可直接使用，而无须进行溶剂的分离。

溶液聚合的不足之处是：加入溶剂后容易引起诱导分解、链转移等副反应；同时聚合产物和溶剂的分离，以及溶剂的回收、精制增加了设备及成本。另外，溶剂的加入，一方面降低了单体和引发剂的浓度，致使溶液聚合的反应速率比本体聚合要低；另一方面降低了反应装置的利用率。因此，提高单体浓度是溶液聚合的一个研究方面。

由于乙酸乙烯酯的自由基活性较高，在溶液聚合时引入溶剂，大分子自由基与溶剂发生链转移反应，使聚合物相对分子质量降低，而形成支链产物，以甲醇为例：

$$\sim\!\sim CH_2-\dot{C}H(OCOCH_3) + CH_3OH \longrightarrow \sim\!\sim CH_2-CH_2(OCOCH_3) + \dot{C}H_2OH$$

$$\dot{C}H_2OH + CH_2=CH(OCOCH_3) \xrightarrow{R_P} HOCH_2-CH_2-CH(OCOCH_3)- \xrightarrow{R_P} \sim\!\sim CH_2-\dot{C}H(OCOCH_3)$$

向溶剂分子转移的结果是使相对分子质量降低。

如果将聚乙酸乙烯酯进一步醇解，就能制备聚乙烯醇，聚乙烯醇适宜于制成维尼纶，但在制备聚乙酸乙烯酯时，控制相对分子质量是关键。因为单体纯度、引发剂和溶剂类别，以及聚合温度和转化率高低，都对产物相对分子质量有很大影响。

本实验是以偶氮二异丁腈为引发剂，甲醇为溶剂的乙酸乙烯酯溶液聚合，是自由基型聚合反应：

$$nCH_2=CH(OCOCH_3) \longrightarrow [CH_2-CH(OCOCH_3)]_n + 89kJ/mol$$

聚乙酸乙烯酯的醇解是将乙酸乙烯酯的甲醇溶液在碱为催化剂的条件下进行的：

$$[CH_2-CH(OCOCH_3)-CH_2-CH(OCOCH_3)]_n + CH_3OH \longrightarrow [CH_2-CH(OH)-CH_2-CH(OH)]_n + CH_3COOCH_3$$

三、实验材料和仪器

1. 主要实验材料

乙酸乙烯酯（新蒸）、偶氮二异丁腈（或过氧化苯甲酰）、甲醇（或乙醇）、氢氧化钠。

2. 主要实验仪器

搅拌器、回流冷凝管、温度计、三口烧瓶、变压器、水浴、表面皿、烘箱，装置图如图 6-1 所示。

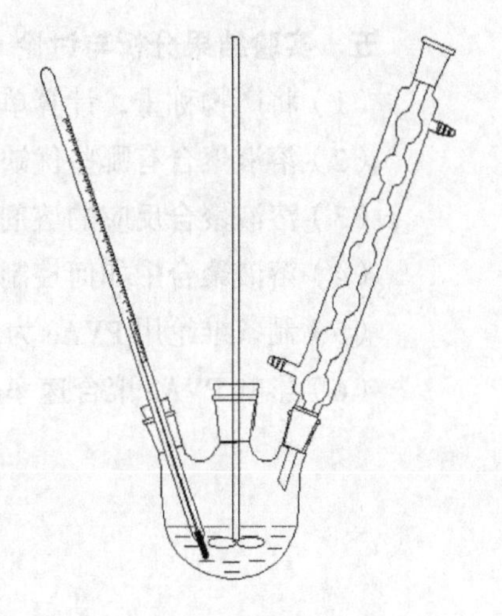

图 6-1　乙酸乙烯酯溶液聚合反应装置图

四、实验步骤

1. 溶液聚合

（1）在装有搅拌器、回流冷凝管和温度计的 250mL 三口烧瓶中，加入 26.5mL 乙酸乙烯酯，然后将 0.1g 偶氮二异丁腈（或过氧化苯甲酰）溶于 26.5mL 甲醇中，并将其倒入三口烧瓶中，并升温至瓶内温度维持在 60℃，开始记录反应时间，用变压器控制水浴温度为 61 ~ 63℃，注意观察反应液的黏度变化和整个体系的封闭性，反应维持 3h。

（2）反应结束后，停止加热，冷却至室温。取 2 ~ 3g 反应液于已称重的表面皿上，放于 50℃烘箱中干燥。最后得到无色玻璃状的聚合物，连表面皿一起称重，计算其转化率。

2. 醇解

（1）将制得的聚乙酸乙烯酯留8g于三口烧瓶中，加入40mL甲醇。加热回流，使之完全溶解，冷却后倾入滴液漏斗内，然后再于此三口烧瓶中加入100mL含有0.5g NaOH的甲醇溶液，装上搅拌器、回流冷凝管和滴液漏斗。在65 ~ 70℃水浴锅上加热回流，在急剧搅拌下用滴液漏斗慢慢滴入聚乙酸乙烯酯甲醇溶液，30 ~ 40min滴加完毕。若太快会生成冻胶，不利于醇解反应的顺利进行及产物的过滤洗涤。滴加完毕后，继续回流40 ~ 60min，然后冷却。

（2）产物用布氏漏斗过滤，每次用10mL甲醇洗涤3次（过滤液回收），产物放置于50 ~ 60℃的烘箱中，烘干称重，计算其转化率。

注意事项：

①实验前乙酸乙烯酯需重蒸，否则因阻聚剂的存在影响实验效果。

②引发剂AIBN使用前需要重结晶；过氧化苯甲酰（BPO）活性较高，于65 ~ 100℃温度内使用较好。在溶液聚合中，使用乙醇作溶剂时，可采用BPO作引发剂，反应温度可控制在65 ~ 70℃。

③溶液聚合时以甲醇作溶剂，瓶外水浴温度不能高于63℃，因为甲醇的沸点为64.5℃，若瓶外温度高于此温度，因局部受热，会使甲醇大量挥发，回流增大使体系中溶剂减少，不能及时带走反应热，会使反应失败。用乙醇作溶剂时，瓶外温度不能高于乙醇沸点78℃，在70℃左右为宜。

④在实验前应将三口烧瓶、烧杯等烘干除去水分，否则会破坏聚合反应。

五、实验结果分析与讨论

（1）将产物称重，计算单体的转化率。

（2）溶液聚合有哪些优缺点？

（3）溶液聚合反应的溶剂应如何选择？本实验采用甲醇作溶剂是基于何种考虑？

（4）溶液聚合中如何控制产品聚合物相对分子质量的大小？

（5）制备维纶用PVAc为何通常采用溶液聚合？

（6）影响PVAc聚合速率及转化率的因素是什么？

（王雅珍）

实验7 苯乙烯的悬浮聚合

一、实验目的

（1）加深对悬浮聚合原理的理解。

（2）掌握通过悬浮聚合工艺制备聚苯乙烯的实验技术。

二、实验原理

悬浮聚合是依靠激烈的机械搅拌使含有引发剂的单体分散到与单体互不相溶的介质中实现的。由于大多数烯类单体只微溶于水或几乎不溶于水，悬浮聚合通常都以水为介质。在进行水溶性单体如丙烯酰胺的悬浮聚合时，则应当以憎水性的有机溶剂如烷烃等作分散介质，这种悬浮聚合过程被称为反相悬浮聚合。

在悬浮聚合中，单体以小油珠的形式分散在介质中。每个小油珠都是一个微型聚合场所，油珠周围的介质连续相则是这些微型反应器的热传导体。因此，尽管每个油珠中单体的聚合与本体聚合无异，但整个聚合体系的温度控制还是比较容易的。

悬浮体系是不稳定的。加入悬浮稳定剂可以帮助稳定单体颗粒在介质中的分散，稳定的高速搅拌与悬浮聚合的成功关系极大。搅拌速度还决定着产品聚合物颗粒的大小，一般说来，搅拌速度越高则产品颗粒越小。

用于不同场合的树脂颗粒应当有不同的粒度，例如用作离子交换树脂和泡沫塑料的聚合物颗粒应当大于 1mm，而用作牙科材料的树脂颗粒的直径则应小于 0.1mm。

悬浮聚合体系中的单体颗粒存在着相互结合形成较大颗粒的倾向，特别是随着单体向聚合物的转化，颗粒的黏度增大，颗粒间的粘连便越容易。

本实验以苯乙烯为单体、过氧化苯甲酰为引发剂、聚乙烯醇为分散剂、二乙烯基苯为交联剂、亚甲基蓝或硫代硫酸钠显示稳定剂、磷酸钙粉末为分散稳定剂，通过悬浮聚合合成聚苯乙烯。产物用甲醇洗涤。

三、实验材料和仪器

1. 主要实验材料

聚乙烯醇、苯乙烯、二乙烯基苯、过氧化苯甲酰、亚甲基蓝或硫代硫酸钠、磷酸钙粉末、甲醇。

2. 主要实验仪器

三口烧瓶、回流冷凝管、水浴、搅拌器。

四、实验步骤

（1）向装有搅拌器、温度计和回流冷凝管的 500mL 三口烧瓶中加入 150mL 蒸馏水、3mL 4% 聚乙烯醇水溶液、200mg 磷酸钙粉和数滴 1% 亚甲基蓝水溶液，开始升温并使搅拌器以 250r/min 左右的速度稳定搅拌。待瓶内溶液温度升至 90℃时，取已在室温下溶解有 50mg 过氧化苯甲酰引发剂的 4g 苯乙烯和 1.8g 二乙烯基苯倒入反应瓶中。加热并在 95℃下恒温聚合，注意搅拌速度的稳定。

（2）反应 1.5 ~ 2h 后，用滴管取样检查珠子是否已发硬，珠子发硬后再继续聚合 0.5h。产物过滤后用甲醇洗三次（每次用 10mL），抽干后放入 60℃烘箱中烘干。

五、实验结果分析与讨论

（1）将产物称重，计算收率。

（2）加入水相阻聚剂的目的是什么？

（3）举出工业上悬浮聚合的例子，并指出各实例中所用单体、引发剂和悬浮稳定剂等。

（4）如何控制悬浮聚合产物颗粒的大小？

（李青山　张海全）

实验 8　乙酸乙烯酯的乳液聚合

一、实验目的

（1）加深对乳液聚合原理及基本特点的理解。

（2）了解乙酸乙烯酯乳液聚合主要工艺参数对其产品质量的影响。

（3）掌握通过乳液聚合工艺制备聚乙酸乙烯酯的实验技术。

二、实验原理

乳液聚合是将单体借乳化剂的作用分散在介质中，以机械搅拌或在振动下进行非均相体系的聚合。聚合体系主要由单体、引发剂、乳化剂和分散介质等组成，有时根据需要，还可以加入适量的相对分子质量调节剂、pH 调节剂等助剂。

乳液聚合时，乳化剂存在于水介质中，由于乳化剂分子的一端亲水，另一端憎水而能和单体互溶。乳化剂溶于水中是以“胶束”的形式存在，它亲水的一端指向水，憎水的一端则“背靠背”避开水，一部分单体就能进入“胶束”内部和憎水一端互溶。但是在聚合反应的初期，进入胶束的单体只是一小部分，而大部分单体以“微球”状态悬浮于水中，它的外面被乳化剂分子所包围，随着引发剂的自由扩散入胶束，引起单体聚合；同时“微球”中的单体也不断扩散入胶束，使反应得以完成，最后得到聚合物的即胶乳颗粒，胶乳颗粒的周围受到乳化剂分子的保护形成稳定的乳液，就像豆浆、牛奶、肥皂水那样。

乳液聚合物粒子直径为 0.05 ~ 0.15 μm，比悬浮聚合常见粒子 0.05 ~ 2mm（50 ~ 200 μm）要小得多。以水作介质，制备工艺安全廉价；反应体系黏度低，聚合热易控制；聚合速率大，相对分子质量高，可在较低的温度下操作；产物即胶乳颗粒不必进行干燥等后处理工序，直接可以利用。

乳液聚合产物的不足之处是：产物中含有的乳化剂难以除净，因此所得产物的色泽较差，透明度不高，纯度较低，介电性能比较差，不宜用做电绝缘制品。但它仍是工业生产上广泛采用的合成方法。

在乳液聚合中，单体是不溶于水或微溶于水的油溶性物质，引发剂可以是水溶性物质，常采用氧化还原的引发体系。在还原剂的存在下，过氧化物引发剂可以在较低的温度下产生自由基。溶于水的过氧化物引发剂一般选用水溶性的还原剂。如使用水溶性的过硫酸钠、过硫酸铵等引发剂，可选用硫代硫酸钠或亚硫酸氢钠等水溶性的还原剂，但也可能选用油溶性的过氧化物引发剂，配以水溶性还原剂。

在乳液聚合中，乳化剂必不可少，乳化剂是一类兼有亲水极性基团和亲油非极性基团的物质，能够使水和油形成乳液状。其作用是降低油类物质的界面张力，将油类物质分散成极细的液滴；在液滴表面形成保护膜，防止凝聚，使乳液稳定；具有增溶作用，使部分单体溶于胶束内。根据极性基团的性质，乳化剂可以分为阴离子型、阳离子型、两性离子和非离子型四大类。

衡量乳化剂亲水性、亲油性的强弱，可以用亲水亲油平衡值（HLB）来表示。HLB 值越高，其亲水性越强；HLB 值越低，其亲油性越强。

由于聚乙酸乙烯酯的玻璃化温度仅为 28℃，耐水、耐化学性差，因此不能作为塑料应用，而通常用作胶黏剂、涂料等。聚乙酸乙烯酯乳胶具有水基涂料的优点，黏度小，相对分子质量较大，不使用易燃的有机溶剂。作为胶黏剂（俗称乳白胶）可以粘接木材、织物和纸张等。

乙酸乙烯酯胶乳聚合机理与一般乳液聚合相同，采用过硫酸盐为引发剂，为使反应平衡进行，单体和引发剂均需分批加入。本实验采用 OP-10（烷基酚聚氧乙烯醚）非离子型乳化剂。聚合单体在引发剂的作用下，引发聚合。聚合反应式如下：

$$n\mathrm{CH_2{=}\underset{\underset{OCOCH_3}{|}}{CH}} \longrightarrow \mathrm{\left[CH_2-\underset{\underset{OCOCH_3}{|}}{CH} \right]_n}$$

本实验以乙酸乙烯酯为单体、过硫酸钾为引发剂、十二烷基磺酸钠为乳化剂，通过乳液聚合合成聚乙酸乙烯酯。

聚合物中加入盐类（如 NaCl）可破坏乳液，通过凝聚作用使其沉析出来。

三、实验材料和仪器

1. 主要实验材料

乙酸乙烯酯（新蒸）、过硫酸钾、十二烷基磺酸钠、蒸馏水、饱和食盐水溶液。

2. 主要实验仪器

电动搅拌器、恒温水浴、四口烧瓶、球形冷凝器、分液漏斗等，装置图如图 8-1 所示。

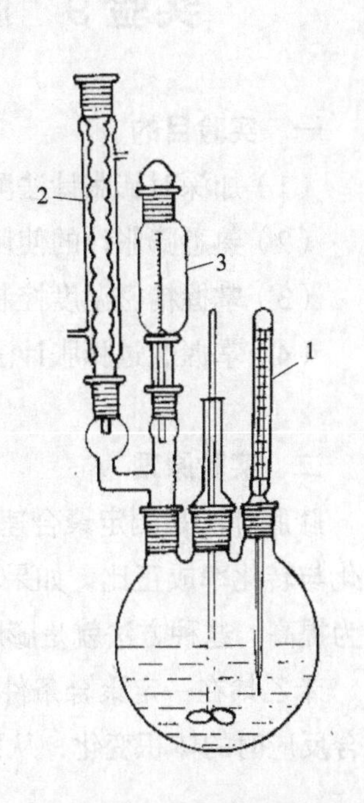

图 8-1 聚合反应装置

1—温度计 2—球形冷凝器 3—分液漏斗

四、实验步骤

（1）在 250mL 四口烧瓶烧中，加入 100mL 蒸馏水，依次加入 0.2g 十二烷基磺酸钠和 0.1g 过硫酸钾，充分搅拌，使其溶解乳化均匀，用量筒加入 21mL（20g）乙酸乙烯酯，继续搅拌。此时使水浴升温，控制反应瓶内温度在 65 ~ 70℃，观察实验现象。当反应体系温度升高到 65 ~ 70℃时，继续保持此温度 1h。然后中止加热，撤去水浴，将其冷却至室温。

（2）取反应液 25mL，加入 30mL 蒸馏水中，然后边搅拌边加入事先配好的饱和食盐水溶液（13%）盐析，使之沉淀析出。

最后用布氏漏斗抽滤（或水击泵），以蒸馏水洗涤3次。将产品置于已称重的表面皿上，放入50℃烘箱中，烘干称重。

也可以用微型实验装置，进行微型高分子化学合成。

注意事项：

①实验前，乙酸乙烯酯需要重蒸。

②瓶外水浴温度不应升得太高，保持在70℃以下，否则会使反应体系局部过热。

五、实验结果分析与讨论

（1）观察产品性状（颜色、硬度、粒度等）判断实验成功与否，分析其原因。

（2）称重产物，计算单体的转化率。

（3）乳化剂的作用是什么？

（4）乳液聚合有哪些优点和缺点？其聚合反应中的热量是通过什么介质交换传递的？

（5）乳液聚合中如何控制胶乳颗粒的大小和数量？

（6）乳液聚合中如何控制产物的相对分子质量？

（7）引发剂增加或减少是否会影响产物的相对分子质量？

（王雅珍）

实验9　膨胀计法测定苯乙烯加聚反应速率

一、实验目的

（1）加深对膨胀计法测定苯乙烯加聚反应速率原理的理解。

（2）熟悉膨胀计的使用方法。

（3）掌握精密温度控制的方法。

（4）掌握通过膨胀计法测定苯乙烯加聚反应速率的实验技术。

二、实验原理

膨胀计法是测定聚合速率的一种方法，它的依据是单体密度小，聚合物密度大，体积的变化与转化率成正比。如果将这种体积的变化放在一根直径很细的毛细管中观察，灵敏度将大为提高，这种方法就是膨胀计法。

苯乙烯在一定聚合条件下随聚合时间的增加而密度加大，体积收缩。利用膨胀计可测出聚合反应时的体积变化，从而得到反应速率常数，当转化率较低时，

$$R=R_p=\frac{-d[M]}{dt}=K_p\left(\frac{fK_d}{K_t}\right)^{\frac{1}{2}}[I]^{\frac{1}{2}}[M]$$

式中：f为引发效率；[M]为单体浓度；[I]为引发剂浓度；K_d、K_p、K_t、R_p分别为

引发剂分解速率常数、链增长速率常数、链终止速率常数、链增长反应速率。

反应开始时引发剂浓度［I］不大，可视为常数，并入速率常数中：

令
$$K=K_p\left(\frac{fK_d}{K_t}\right)^{\frac{1}{2}}[I]^{\frac{1}{2}}$$

那么
$$-\frac{d[M]}{dt}=K[M]$$

则有
$$\int_{[M]_0}^{[M]}-\frac{d[M]}{[M]}=\int_0^t K[M]dt$$

积分得
$$\ln\frac{[M]_0}{[M]}=Kt \quad （为一级反应）$$

设：$[M]_0$ 为单体的初始浓度；$[M]$ 为 t 时刻时单体的浓度。t 时的反应速率常数 K 为：

$$K=\frac{1}{t}\ln\frac{[M]_0}{[M]}$$

苯乙烯聚合时，体积随聚合百分率增大而减小，体积收缩率与聚合百分率呈直线关系，则

$$\because c_0\propto[M]_0$$

$$(c_0-c_t)\propto[M]$$

$$\therefore K=\frac{1}{t}\ln\frac{C_0}{C_0-C_t}$$

式中：c_0 为全部聚合后的收缩率；c_t 为 t 时间内的收缩率。

通过膨胀计可测得不同时间的收缩率，由 c_t 可计算出：

$$聚合百分率=\frac{c_t}{c_0}\times100\%$$

本实验以苯乙烯为单体、偶氮二异丁腈为引发剂合成聚苯乙烯，并通过膨胀计测定苯乙烯加聚反应的速率。

三、实验材料和仪器

1. **主要实验材料**

苯乙烯（新蒸）、偶氮二异丁腈（AIBN）（重结晶）。

2. **主要实验仪器**

超级恒温水浴、恒温槽、精密温度计（0 ~ 100℃）、节点温度计（50 ~ 100℃）、秒表、膨胀计（由储存器安瓿瓶与毛细管组成，刻度线以下为安瓿瓶体积，刻度线以上为毛细管体积，装置如图 9-1 所示）。

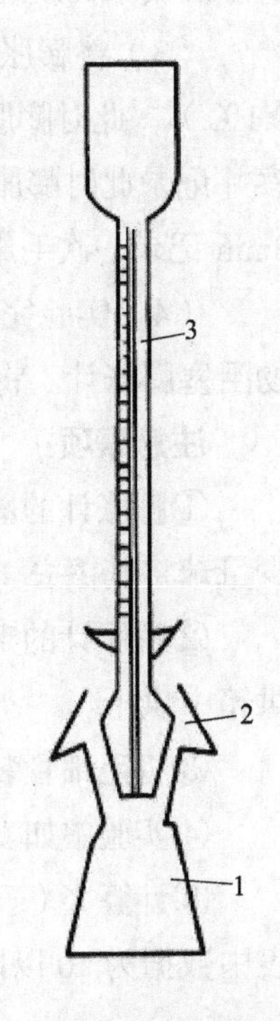

图 9-1　毛细管膨胀计

1—安瓿瓶　2—磨口　3—带刻度的毛细管

四、实验步骤

1. **毛细管直径的测定**

将水银装入膨胀计的毛细管中（高 2 ~ 3cm），读出该段的长度，如此重复，读出毛细管各段长度 L_i，倒出水银并称重 W。记录当时室

温 T，查出该温度下水银的密度 d，则各段毛细管直径 D_i 为：

$$D_i = \sqrt{\left(\frac{4W}{\pi d L_i}\right)^{\frac{1}{2}}}$$

将 D_i 取算术平均值 D 为该膨胀计毛细管直径。

2. 膨胀计体积的测定

在膨胀计中装入水银至毛细管刻度以上，记录水银高度 H，再将水银倒至已称重量为 W_1 的称量瓶中称重为 W_2。记录当时室温 T（℃），并查出该温度下水银的密度 d。则所装水银的体积 V_1 为：

$$V_1 = \frac{W_2 - W_1}{d}$$

根据毛细管直径 D 以及在毛细管刻度以上水银高度 H，计算出毛细管刻度以上的体积：$V_2 = \frac{\pi D^2 H}{4}$，则毛细管刻度以下的安瓿瓶体积 V_0 为：

$$V_0 = V_1 - V_2$$

3. 苯乙烯聚合速率的测定

（1）按配方称引发剂 20mg，用移液管取新蒸馏的苯乙烯单体加 20mL 于烧杯中将引发剂溶解。

（2）将溶有引发剂的单体倒入膨胀计的安瓿瓶中，盖上磨砂塞（装料时不能有气泡）装好后要求高度在毛细管的刻度以上 1 ~ 2cm，多余的溶液可用滤纸吸出。

（3）将膨胀计放入预先已恒温的由超级恒水浴控制的恒温管中（温度准确至 70℃ ± 0.1℃），此时膨胀计内液体因受热膨胀而液面上升。当达到平衡时，液面停止上升，注意观察并记录此时膨胀计液面高度 m，同时开始记录时间 $t = 0$。因加聚反应使体积收缩，每 2 ~ 3min 记录一次毛细管液面高度 n，直至转化率超过 10% 为止（1.5 ~ 2h）。

（4）实验完毕后，立即将膨胀计内液体倒出，并马上用苯或四氯化碳清洗，以免聚合物阻塞膨胀计。将清洗后的膨胀计，放入 50℃烘箱中烘干，以备下组使用。

注意事项：

①膨胀计的磨石接头处用久后会粘有聚合物，因此会引起溶液泄漏，此时可用滤纸浸渍少量苯将其擦去。

②膨胀计的毛细管，用医用针头吸苯或四氯化碳冲洗 3 次，并用吸耳球吹去余液，放入烘箱中烘干。

③将毛细管装入安瓿瓶上时要两人小心进行操作，用皮筋捆紧连接处。

④实验中如发现安瓿瓶中有气泡应重新安装毛细管与安瓿瓶。

⑤计算 K（s^{-1}）值时，K 值为 10^{-4} ~ 10^{-6} 数量级，列表中可用 $K \times$（10^{-4} ~ 10^{-6}）表示，表中数据为 10 以内的数，小数点后可保留两位数。

五、实验结果分析与讨论

（1）计算苯乙烯聚合过程的体积收缩率和聚合速率常数。设刻度线以下安瓿体积为 V_0，D 为毛细管直径，1cm 高小刻度体积为 V：

$$V=hA=1\cdot\pi\frac{D^2}{4}=\frac{\pi}{4}D^2$$

式中：h 为毛细管液柱高度；A 为毛细管的横截面积。

全部收缩率为 c_0，60℃时膨胀计最大值读数（苯乙烯达到热平衡时）为（$50-m$），t 时间时膨胀计读数为（$50-n$），因为膨胀计上毛细管的刻度读数自上而下为 0 ~ 50mm（满刻度）。苯乙烯聚合前后质量不变，$W_{单}=W_{聚}$，即 $V_{单}\cdot d_{单}=V_{聚}\cdot d_{聚}$，

$$膨胀计最大体积=安瓿瓶体积+毛细管体积=V_0+mV$$

而全部聚合后的最大收缩率为：

$$c_0=\frac{膨胀计的最大体积-纯聚合物体积}{膨胀计的最大体积}\times100\%=\frac{V_{单}-V_{聚}}{V_{单}}\times100\%$$

$$=\frac{d_{聚}-d_{单}}{d_{单}}\times100\%$$

故 t 时收缩率为：

$$c_t=\frac{[V_0+(50-m)V]-[V_0+(50-n)V]}{V_0+(50-m)V}\times100\%$$

$$=\frac{(n-m)V}{V_0+(50-m)V}\times100\%$$

聚合率为：

$$聚合率=\frac{c_t}{c_0}\times100\%$$

聚合速率常数则为：

$$K=\frac{1}{t}\ln\frac{c_0}{c_0-c_t}$$

有关数据记录：$d_{单}$=______，$d_{聚}$=______，D=______，V_0=______。

列表（表 9-1）、作图、计算：

表9-1 数据记录表

液面现象	观察时间（min）	膨胀计读数（cm）	与最大值之差$\|m-n\|$	Δt（t_n-t_m）（s^{-1}）	收缩率（c_t）（%）	聚合率（%）	K（s^{-1}）
达到热平衡	t_0	m=					
液面开始下降	t_1	n_1=					
	t_2	n_2=					
	⋮	⋮					

以 $\ln\frac{c_0}{c_0-c_t}$ 为纵坐标，以 Δt 为横坐标，即可作出聚合速率曲线，并求出曲线斜率 K，即为聚合速率常数值。

（2）试解释聚合时体积收缩的原因。

（3）试解释苯乙烯聚合时体积收缩的原因。

（4）膨胀计法测动力学的原理是什么？为什么限定在低转化率时期？

（5）膨胀计放入恒温管中，为什么先膨胀后收缩？

（王雅珍）

实验10　丙烯腈—丙烯酸甲酯—甲基丙烯磺酸钠的无规共聚合

一、实验目的

（1）加深对自由基共聚合原理的理解。

（2）掌握通过自由基溶液共聚合制备丙烯腈三元共聚物的实验技术。

（3）熟悉及聚合转化率的测定方法。

二、实验原理

合成纤维中的主要大品种腈纶，是以丙烯腈（AN）（含量35% ~ 85%）的共聚物纺制的纤维。第二单体通常为带有酯基（—COOR）的乙烯基化合物，第三单体通常为带有在水中可离子化的乙烯基化合物或有较大侧链的乙烯基化合物。为聚合反应产物组分稳定，序列相近，所选共聚单体与丙烯腈的竞聚率应相近。常用第二单体有丙烯酸甲酯（MA）、甲基丙烯酸甲酯（MMA）、醋酸乙烯酯（VAC）、氯乙烯（VCL）、偏二氯乙烯（VDC）等；第三单体有衣康酸（ITA）、丙烯磺酸钠（AS）、甲基丙烯磺酸钠（MAS）、苯乙烯磺酸钠（SSS）、2-甲基-5-乙烯吡啶（MVP）、乙烯基吡咯烷酮（PVP）、α-甲基苯乙烯（α-MS）等。

本实验是以丙烯腈（M_1）、丙烯酸甲酯（M_2）和甲基丙烯磺酸钠（M_3）为单体，偶氮二异丁腈（AIBM）为引发剂（In），异丙醇（IPA）为链转移剂，51% NaSCN水溶液为溶剂进行溶液聚合，反应式如下：

$$x\underset{\substack{|\\ \mathrm{CN}\\ \mathrm{(AN)}}}{\mathrm{H_2C{=}CH}} + y\,\mathrm{H_2C{=}}\underset{\substack{|\\ \mathrm{H}}}{\mathrm{C}}\mathrm{-}\underset{\substack{|\\ \mathrm{OCH_3}}}{\mathrm{C}}\mathrm{{=}O}\ \mathrm{(MA)} + z\,\mathrm{H_2C{=}}\underset{\substack{|\\ \mathrm{CH_3}\\ \mathrm{(MAS)}}}{\mathrm{C}}\mathrm{-CH_2SO_3Na} \xrightarrow{\text{引发剂}}$$

$$\sim\mathrm{CH_2-}\underset{\substack{|\\ \mathrm{CN}}}{\mathrm{CH}}\mathrm{-CH_2-}\underset{\substack{|\\ \mathrm{O{=}COCH_3}}}{\mathrm{CH}}\mathrm{-CH_2-}\underset{\substack{|\\ \mathrm{CN}}}{\mathrm{CH}}\mathrm{-CH_2-}\overset{\substack{\mathrm{CH_2SO_3Na}\\ |}}{\underset{\substack{|\\ \mathrm{CH_3}}}{\mathrm{C}}}\mathrm{-CH_2-}\underset{\substack{|\\ \mathrm{CN}}}{\mathrm{CH}}\sim$$

单体转化率可由下式求得：

$$\text{转化率} = \frac{M_0 - M}{M_0} \times 100\% = \frac{\text{聚合液中聚合物的质量分数}}{M_0} \times 100\% = \frac{\text{聚合物薄膜重}}{M_0 \times \text{与薄膜相应的聚合液重}} \times 100\%$$

式中：M_0为体系中总单体的初始质量百分浓度；M为聚合结束时体系中总单体的残余质量百分浓度。

三、实验材料和仪器

1. ***主要实验材料***

丙烯腈（AN）、丙烯酸甲酯（MA）、异丙醇（IPA）、甲基丙烯磺酸钠（MAS，CP）、偶氮二异丁腈（AIBN，CP）、铁矾指示剂（CP，配成1％的水溶液）、NaSCN水溶液（51%）。

2. ***主要实验仪器***

三口烧瓶、球形冷凝管、温度计、水浴锅、碘量瓶、方玻璃、培养皿、量筒、烧杯、高型称量瓶、扁型称量瓶、尖玻璃棒、搅拌器。

四、实验步骤

1. ***丙烯腈三元共聚物的制备***

（1）将清洁干燥的仪器按图10-1进行安装。

（2）将各种反应物和占计算量2/3的NaSCN溶液加入碘量瓶，盖上瓶塞，轻轻摇动，直至固体物料完全溶解。随后，小心地倒入三口烧瓶中，用剩余的NaSCN溶液洗涤碘量瓶后，也加入三口烧瓶中，并将装置复原。

（3）开启搅拌器并升温聚合。当反应物温度达75℃时，使温度缓慢上升，在78 ~ 80℃下反应1h，反应物即成淡黄色的黏稠浆液。

（4）反应结束后，拆去搅拌器和冷凝管，迅速倒出聚合液5 ~ 10g于高型称量瓶中，留作测定转化率用。以后将三口烧瓶接通真空泵以脱去残余单体。

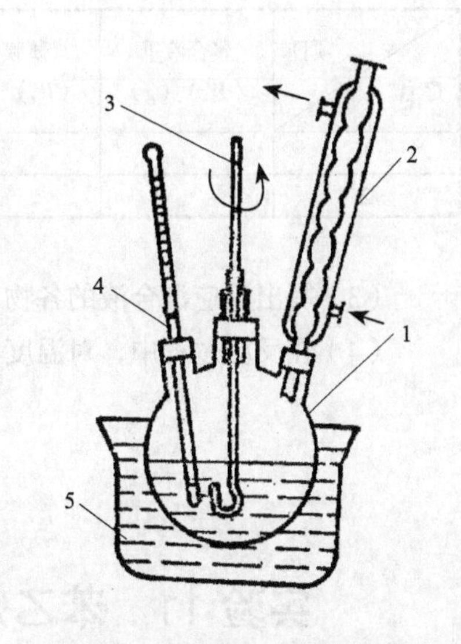

图10-1 丙烯腈三元共聚装置示图

1—三口烧瓶 2—冷凝管 3—搅拌器 4—温度计 5—水浴锅

2. ***聚合转化率的测定***

（1）称取聚合液0.8 ~ 1g（精确至0.1mg）置于方玻璃的光面上，再盖上一块玻璃，用力压成很薄的一层。然后，将两块玻璃移开并浸在培养皿的蒸馏水中，使其凝固、析出。

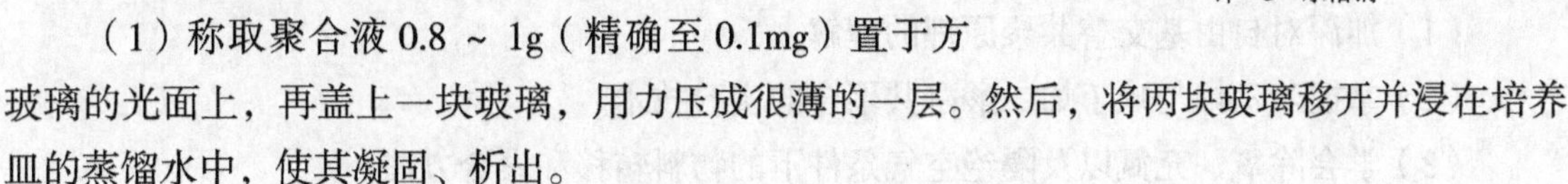

（2）用尖玻璃棒将凝固的薄膜谨慎地揭下来（防止薄膜破损），放在100mL烧杯中，用蒸馏水洗涤，直至洗液用铁矾指示剂检验，不显现红色为止。

（3）将洗净的薄膜挤干、拉松后放在扁形称量瓶中，于105℃的烘箱中烘至恒重。

（4）将薄膜称重（精确到0.1mg），求其转化率。同时做一平行试验。

使两次测定的数值之差不大于2s，并取其平均值。

注意事项：丙烯腈剧毒，应该在通风橱内加入。

五、实验结果分析与讨论

（1）按表10-1记录共聚物合成体系中的各种试剂加入量，并写出其作用。

表10-1 实验记录（一）

试剂		AN（M_1）	MA（M_2）	MAS（M_3）	AIBN	IPA	NaSCN溶液
加入量	重量（g）						
	体积（mL）						
各种试剂的作用							

（2）完成表10-2，并计算转化率。

表10-2 实验记录（二）

项目 序号	聚合液重（W_s）（g）	薄膜重（W_f）（g）	聚合体含量 $P_c=\frac{W_f}{W_s}\times100\%$	转化率 $P=\frac{P_c}{M_0}\times100\%$	平均值
1					
2					

（3）写出反应混合液的各物料的配比与计算式。

（4）在反应过程中，对温度的控制有何体会？

（沈新元 武秀阁）

实验11 苯乙烯—顺丁烯二酸酐的交替共聚合

一、实验目的

（1）加深对自由基交替共聚原理的理解。

（2）掌握苯乙烯与顺丁烯二酸酐共聚合的实验技术。

（3）学会除氧、充氮以及隔绝空气条件下的物料转移和聚合方法。

二、实验原理

顺丁烯二酸酐由于空间位阻效应在一般条件下很难发生均聚，而苯乙烯由于共轭效应很易发生均聚，当将上述两种单体按一定配比混合后在引发剂作用下却很容易发生共聚，而且共聚产物具有规整的交替结构，这与两种单体的结构有关。顺丁烯二酸酐双键两端带有两个吸电子能力很强的酸酐基团，使酸酐中的碳碳双键上的电子云密度降低而带部分的正电荷，而苯乙烯是一个大共轭体系，在正电性的顺丁烯二酸酐的诱导下，苯环的电荷向双键移动，使碳碳双键上的电子云密度增加而带部分的负电荷。这两种带有相反电荷的单体构成了受电子体（Accepter）—给电子体（Donor）体系，在静电作用下很容易形成一种电荷转移配位化合物，这种配位化合物可看作一个大单体，在引发剂作用下发生自由基共聚合，形成交替共聚的结构。

本实验以苯乙烯和顺丁烯二酸酐为单体、过氧化二苯甲酰剂为引发剂、乙酸乙酯为溶剂进行共聚合反应。

三、实验材料和仪器

1. 主要实验材料

苯乙烯、顺丁烯二酸酐、过氧化二苯甲酰、乙酸乙酯、乙醇。

2. 主要实验仪器

真空抽排系统一套（图 11-1）、恒温水浴槽、聚合瓶、单爪夹、溶剂加料管、注射器、止血钳、布氏漏斗、烧杯、表面皿。

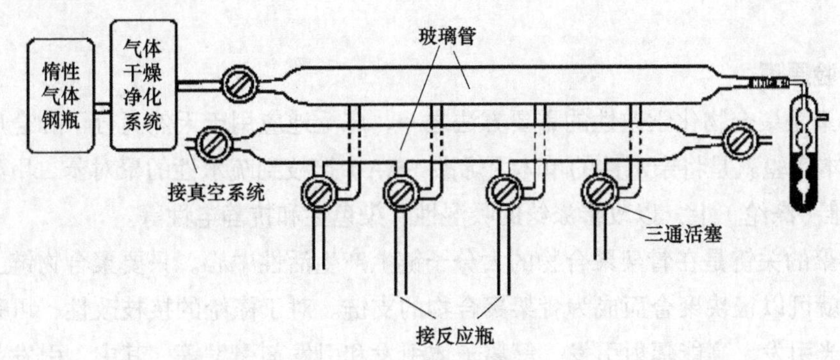

图 11-1　真空抽排系统

四、实验步骤

（1）称取 0.5g 顺丁烯二酸酐、0.05g 过氧化二苯甲酰放入管状聚合瓶中（图 11-2）。将聚合瓶连接在实验装置上，进行抽真空和充氮气操作以排除瓶内空气。反复三次后，在充氮气情况下将聚合瓶取下，用止血钳夹住出料口。

（2）用加料管量取 15mL 乙酸乙酯，在氮气保护下加入聚合瓶中，充分摇晃使固体溶解，再用注射器将 0.6mL 的苯乙烯加入聚合瓶中，充分摇匀。

（3）将聚合瓶用单爪夹夹住放入 80mL 水浴中，不时摇晃，在反应的15min之内须放气3次，以防止聚合瓶盖被冲开。1h后结束反应。

（4）将聚合瓶取出，再用冷水冷却至室温。然后将瓶盖打开。将聚合液一边搅拌一边倒入乙醇的烧杯内，出现白色沉淀至聚合物全部析出，干燥后计算产率。

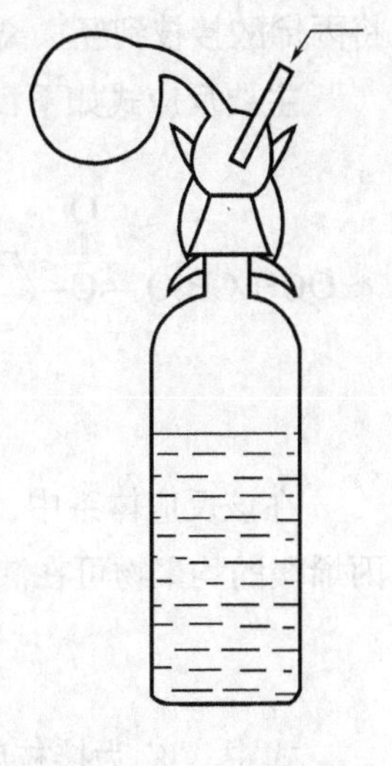

图 11-2　管状聚合瓶

五、实验结果分析与讨论

（1）引发剂的用量对反应及产物有何影响？

（2）乙醇在此反应中的作用是什么？

（李青山　张　帅　吴　舒）

实验12　聚酯的丙烯酸接枝共聚

一、实验目的

（1）加深对接枝共聚原理的理解。

（2）掌握聚酯纤维丙烯酸接枝共聚的实验技术。

二、实验原理

接枝共聚是聚合物化学改性的重要方法之一，广泛地应用于天然高分子和合成高分子的改性方面。本实验就是将亲水性的单体丙烯酸（AA）接枝到疏水性的聚对苯二甲酸乙二醇酯（PET）纤维（涤纶）上，以改善涤纶的吸湿性、染色性和抗静电性等。

接枝共聚的关键是在骨架聚合物的大分子链上产生活性中心。只要聚合物链上有了活性中心，单体就可以很快聚合而成为骨架聚合物的支链。对于涤纶的接枝改性，可采用的引发方式主要有光引发、高能辐射引发、等离子体引发和引发剂引发等。其中，引发剂引发使用得最多。接枝单体大多选用亲水性的单体，如丙烯酸、甲基丙烯酸和丙烯酰胺等。

本实验以聚对苯二甲酸乙二醇酯（PET）为骨架聚合物、丙烯酸（AA）为单体、平平加为表面活性剂、过氧化二苯甲酰（BPO）为引发剂，用溶胀活化和接枝共聚分浴的二步法，将丙烯酸接枝到经去离子脱除油剂、间甲酚溶胀活化的PET长丝上。

主要反应式如下：

$$\sim OCH_2CH_2O-\overset{O}{\overset{\|}{C}}-C_6H_4-\overset{O}{\overset{\|}{C}}\sim \xrightarrow[BPO]{nCH_2=CH(COOH)} \sim OCH_2\underset{CH_2-\underset{COOH}{\underset{|}{CH}}-CH_2-\underset{COOH}{\underset{|}{CH}}-CH_2-\underset{COOH}{\underset{|}{CH}}\sim}{\underset{|}{CH}}-O-\overset{O}{\overset{\|}{C}}-C_6H_4-\overset{O}{\overset{\|}{C}}\sim$$

在该反应体系中，除了未被接枝的PET大分子和接枝共聚物外，还有一部分单体形成了丙烯酸的均聚物可在沸水中溶解去除。接枝率可由下式求得：

$$接枝率=\frac{W_a-W_b}{W_b}\times 100\%$$

式中，W_a为接枝后聚合物的质量（g）；W_b为接枝前聚合物的质量（g）。

三、实验材料和仪器

1. 主要实验材料

涤纶长丝［在接枝前用去离子水煮沸2h（约1h换一次水），使其脱除油剂，然后于

105℃烘至绝干备用］、丙烯酸（AA，CP，在氮气保护下经减压蒸馏后使用）、过氧化二苯甲酰（BPO，CP）、间甲酚（CP）、平平加、去离子水（电导10^{-6}S以下）。

2. **主要实验仪器**

恒温水浴装置、三角烧瓶、碘量瓶、扁型称量瓶、烧杯、量筒、机械搅拌装置。

四、实验步骤

（1）纤维的溶胀预处理：将0.5g精确称量的脱油绝干纤维放入三角烧瓶，加入间甲酚（浴比1∶10），轻轻摇动。使纤维全部被浸没后，再轻轻地盖上瓶塞，将其置于85℃的恒温水浴中，溶胀30min，每隔5min左右摇动一次。然后倾出间甲酚并用40℃去离子水彻底清洗，烘干后供接枝共聚用。

（2）接枝聚合反应：将AA、BPO、平平加用去离子水配成为反应液，反应液浓度：平平加1%（质量分数）、BPO 0.005mol/L、AA 4mol/L。将0.5g经溶胀预处理的纤维和50g反应液一起放入100mL碘量瓶中，摇动，在1.01×10^5Pa（760mmHg）真空度下处理0.5h，再充氮气1min，轻轻盖上磨口瓶塞，置于85℃的恒温浴中，聚合1h。

（3）均聚物的洗涤：将接枝后的纤维放在烧杯中，用去离子水反复煮沸2～4h，换水10次，直到洗液十分清澈，且纤维不相互黏结为止。在煮洗纤维的过程中，为防止沸水冲出，可加入少许玻璃毛细管或沸石。

（4）将洗去均聚物的接枝纤维挤干后放在扁型称量瓶里，于105℃烘至恒重，求其接枝率。

五、实验结果分析与讨论

（1）将实验所得数据与计算结果填入表12-1。

表12-1　实验记录

序号＼项目	原纤维重（g）	接枝后纤维重（g）	接枝后纤维增重（g）	接枝率（%）	备注
1					
2					
3					

（2）在溶胀活化液中，各种试剂的作用是什么？

（3）试比较均相接枝和非均相接枝的特点及应用场合。

（沈新元）

实验13　悬浮乳液聚合制备丙烯腈—丁二烯—苯乙烯共聚物

一、实验目的

（1）加深对自由基共聚合原理的理解。

（2）了解 ABS 树脂的制备方法及用途。

（3）掌握悬浮乳液聚合制备丙烯腈—丁二烯—苯乙烯共聚物的实验技术。

二、实验原理

丙烯腈—丁二烯—苯乙烯树脂，就是通常所说的 ABS 树脂。ABS 树脂是由丙烯腈（Acrylonitrile）、丁二烯（Butadiene）和苯乙烯（Styrene）聚合制得，它的结构中既含有无规共聚成分，又含有接枝共聚成分。它是一个两体系，连续相为丙烯腈和苯乙烯的共聚物 AS 树脂，分散相由接枝橡胶和少量未接枝的橡胶组成。由于 ABS 具有多元组成，因而它综合了多方面的优点，既保持橡胶增韧塑料的高冲击性能、优良的机械性能及聚苯乙烯的良好加工流动性，同时由于丙烯腈的引进，使 ABS 树脂具有较大的刚性，优异的耐药品性以及易于着色的好品质。它是一个新型的热塑性工程塑料，它的用途极为广泛，如可用于航空、汽车、机械制造、电气、仪表以及作输油管等。调节不同组成，可以制得不同性能的 ABS。

ABS 树脂有两种类型：共混型和接枝型。接枝型又可由本体法和乳液法制备。悬浮乳液法属于乳液法，但它克服了常规乳液法后处理困难的缺点，容易处理，容易干燥；与本体法相比，它反应条件稳定，散热容易，且橡胶含量可以任意控制。它是近年来发展起来的新的聚合方法。

悬浮乳液法制备 ABS 树脂分两个阶段进行：第一阶段是乳液聚合，它主要是解决橡胶的接枝和橡胶粒径的增大。ABS 树脂中分散相橡胶粒径的大小必须在一定范围内（一般认为 0.2 ~ 0.3 μm）才有良好的增韧效果。以乳液法制备的乳胶（在此为丁苯乳胶）其粒径通常只有 0.04 μm 左右，在 ABS 树脂中不能满足增韧的要求，故必须进行粒径扩大。粒径扩大的方法很多，在此采用最简单的溶剂扩大法，即靠反应单体本身作溶剂使其渗透到橡胶粒子中去。此法亦有利于提高橡胶的接枝率。橡胶接枝的作用有两点：一是增加连续相与分散相的亲和力，二是给橡胶粒子接上一个保护层，以避免橡胶粒子间的并合，接枝橡胶制备的成功与否，是决定 ABS 树脂性能好坏的关键。此阶段的反应如下：

$$\underbrace{-CH_2-CH=CH-CH_2-CH_2-\underset{\displaystyle C_6H_5}{\underset{|}{CH}}-\cdots}_{\text{丁苯乳胶}} + \underbrace{CH_2=\underset{\displaystyle C_6H_5}{\underset{|}{CH}}}_{\text{苯乙烯（St）}} + \underbrace{CH_2=\underset{\displaystyle CN}{\underset{|}{CH}}}_{\text{丙烯腈（AN）}} \longrightarrow$$

$$\cdots-\underset{\substack{|\\St\\|\\St\\|\\AN\\|}}{CH}-CH=CH-\underset{\substack{|\\St\\|\\AN\\|\\St\\|}}{CH}-CH_2-\underset{\substack{|\\C_6H_5}}{CH}-\cdots$$

此外，还有游离的 St—AN 共聚物和少量未接枝的游离橡胶。

第二阶段是悬浮聚合，它的作用有两点：一是进一步完成连续相 St—AN 树脂的制备，二是在体系中加盐破乳并在分散剂的存在下使其转为悬浮聚合。

本实验以丁苯乳胶、苯乙烯、丙烯腈为原料，通过悬浮乳液聚合制备 ABS 树脂。

三、实验材料和仪器

1. **主要实验材料**

丁苯乳胶、苯乙烯、丙烯腈等。

2. **主要实验仪器**

三口烧瓶、搅拌器、回流冷凝管 、 氮气钢瓶等。

四、实验步骤

1. **乳液接枝聚合**

配方：

丁苯 -50 乳胶	45g（含干胶 16g）
苯乙烯和丙烯腈（30 ：70）混合单体	16g
叔十二硫醇	0.08g
蒸馏水	39g + 44g
过硫酸钾（$K_2S_2O_8$）	0.1g
十二烷基硫酸钠	0.32g

（1）在装有搅拌器、回流冷凝管及温度计、通氮管的 250mL 三口烧瓶里，加入丁苯乳胶，苯乙烯和丙烯腈混合单体，蒸馏水 39g。通氮，开动搅拌器，升温至 60℃，让其渗透 2h，然后降温至 40℃，向体系内加入十二烷基硫酸钠，过硫酸钾、叔十二硫醇和水 44g，升温至 60℃，保持 2h，65℃保持 2h，70℃保持 1h，降温至 40℃以下出料。

（2）用滤网过滤除去析出的橡胶，得接枝液。

2. **悬浮聚合**

配方：

接枝液	50g
苯乙烯和丙烯腈（30 ：70）混合单体	14g
叔十二硫醇	0.056g
偶氮二异丁腈（AIBN）	0.056g
液体石蜡	0.15g
$MgCO_3$（4.5%）	38g
水	26g

（1）在装有搅拌器、回流冷凝管、温度计及通氮管的 250mL 三口烧瓶中，加入 4.5%$MgCO_3$ 溶液、叔十二硫醇、水，开动搅拌器在快速搅拌下慢慢地滴入接枝液。通氮升温至 50℃时，加入溶有偶氮二异丁腈的苯乙烯和丙烯腈混合单体，投料完毕，升温至 80℃反应。粒子下沉变硬后，升温至 90℃熟化 1h，100℃熟化 1h，降温至 50℃以下出料。

（2）倾泻去上层液体，加入蒸馏水，用硫酸酸化到 pH 为 2 ~ 3，然后用水洗至中性，将聚合物抽干，在 60 ~ 70℃的烘箱中烘干，即得 ABS 树脂。

注意事项：

①丙烯腈有毒，不要接触皮肤，更不能误入口中。

②$MgCO_3$的制备一定要严格控制，保证质量，它的质量与用量是悬浮聚合是否成功的关键。

附注：$MgCO_3$的制备：

（1）在装有搅拌器、回流冷凝管的5000mL三口烧瓶中，加入212g的Na_2CO_3，2140mL的H_2O，升温至60℃，恒温，在搅拌下使Na_2CO_3溶解。

（2）将492g $MgSO_4 \cdot 7H_2O$，1350mL的H_2O，放入2000mL的烧杯中，升温至60℃，通过搅拌使之溶解。

（3）用虹吸。

（4）升温至90～100℃，恒温2h。（升温至90℃，30min后体系内可能黏稠，搅拌不动，应加快搅拌速度）。

（5）质量要求：粒子要细腻，沉降要慢，在500mL的量筒里，一夜沉降在50mL以内。

五、实验结果分析与讨论

（1）对产品性能进行分析。

（2）写出ABS接枝共聚反应式。

（3）乳液有几种组分，分别是什么？

（王雅珍）

实验14　乙烯基类单体的阴离子聚合

一、实验目的

（1）掌握正丁基锂的制备方法。

（2）了解烯类单体阴离子聚合的特点。

（3）掌握正乙烯基类单体阴离子聚合的实验技术。

二、实验原理

生长链是阴离子的聚合反应称阴离子聚合，其主要的引发体系分两类，一为亲核加成反应，以丁基锂为代表；二为单电子转移反应，以萘钠及钠为代表，它们引发烯类单体聚合的机理分别表示如下：

①

$$\underset{\text{丁基锂}}{C_4H_9^-Li^+} + \underset{\text{烯类单体}}{CH_2{=}\underset{\substack{|\\X}}{CH}} \longrightarrow C_4H_9CH_2-\underset{\substack{|\\X}}{\overset{-}{C}H}\cdots Li^+ \xrightarrow{\text{单体}} \text{聚合物}$$

②

$$Na + \text{萘} \xrightarrow{e} Na^+(\text{萘}\cdot)^-$$

萘钠

$$(C_{10}H_8^{\cdot -})Na^+ + CH_2{=}\underset{X}{\underset{|}{CH}} \longrightarrow C_{10}H_8 + \cdot CH_2-\underset{X}{\underset{|}{\bar{C}H}}\cdots Na^+$$

（阴离子自由基）

$$2\cdot CH_2-\underset{X}{\underset{|}{\bar{C}H}}\cdots Na^+ \longrightarrow Na^+\cdots\underset{X}{\underset{|}{\bar{C}H}}-CH_2-CH_2-\underset{X}{\underset{|}{\bar{C}H}}\cdots Na^+ \xrightarrow{\text{单体}} \text{聚合物}$$

或金属钠直接引发烯类单体聚合如下：

$$Na + CH_2{=}\underset{X}{\underset{|}{CH}} \xrightarrow{e} \cdot CH_2-\underset{X}{\underset{|}{\bar{C}H}}\cdots Na^+$$

$$2\cdot CH_2-\underset{X}{\underset{|}{\bar{C}H}}\cdots Na^+ \longrightarrow Na^+\cdots\underset{X}{\underset{|}{\bar{C}H}}-CH_2-CH_2-\underset{X}{\underset{|}{\bar{C}H}}\cdots Na^+ \xrightarrow{\text{单体}} \text{聚合物}$$

在一定条件下，阴离子聚合可实现无终止的活性计量聚合，即反应体系中所有活性中心同步开始链增长，不发生链终止、链转移等反应，活性中心能长时间保持活性。这是阴离子聚合较之其他聚合的明显特点。阴离子聚合是目前实现高分子材料设计合成的最有效手段，据此可以聚合得到相对分子质量分布很窄的聚合物。

阴离子聚合的单体一般是带吸电子取代基的单体，如共轭烯类、羰基化合物、含氧三元杂环化合物以及含氮杂环化合物等。阴离子聚合的引发剂主要是碱金属、有机碱金属化合物等。在合成橡胶工业生产中，常用烷基锂作引发剂，其活性高，反应速度快，转化率几乎达100%。

本实验用丁基锂做引发剂，正丁基锂用金属锂与氯代正丁烷在非极性溶剂中作用而得，其反应式为：

$$n-C_4H_9Cl + 2Li \longrightarrow n-C_4H_9Li + LiCl$$

产生的氯化锂从溶剂中沉淀出来。

纯净的正丁基锂在室温下为黏稠液体，很容易被空气氧化和在水汽作用下分解，所以一般制成浓度约10%的芳烃（苯）或烷烃（己烷、庚烷）溶液，密闭保存。

丁基锂在纯净或非极性溶剂中以缔合状态存在。在苯和己烷、庚烷中以六聚体的形式存在，并和单聚体间有一平衡：

$$(C_4H_9Li)_6 \underset{\text{庚烷或苯}}{\overset{k}{\rightleftharpoons}} 6(C_4H_9Li)$$

溶剂极性增加，缔合减少；在极性溶剂如四氢呋喃中，则完全不缔合。由于只有不缔合的正丁基锂有引发聚合能力，所以极性溶剂有利于正丁基锂的引发聚合。

本实验中以庚烷和苯作溶剂分别制备正丁基锂做引发剂，引发苯乙烯、甲基丙烯酸甲酯和丙烯腈进行阴离子聚合。

三、实验材料和仪器

1. **主要实验材料**

金属锂、氯代正丁烷、庚烷、苯 、苯乙烯（St）、甲基丙烯酸甲酯（MMA）、丙烯腈（AN）、高纯氮、甘油。

2. **主要实验仪器**

三口烧瓶、冷凝管、四颈瓶、恒压滴液漏斗、电磁搅拌器、结晶皿（ϕ140mm）、试管（ϕ20mm × 150mm）、注射器、磨口锥形瓶（50mL）、调节温度计、翻口橡皮塞。

四、实验步骤

1. **丁基锂的制备**

（1）庚烷为溶剂。

①从约 100℃的烘箱中取出烘干的 250mL 四颈瓶、恒压滴液漏斗、冷凝管，按图 14-1 装好仪器，冷凝管出口接一干燥管，再连一干燥橡皮管，其另一端浸入小烧杯的石蜡油中。从石蜡油鼓气泡的大小，可以调节氮气的流量。

②在三口烧瓶中加 35mL 无水正庚烷及新剪成小片的 4g 金属锂。加热甘油浴至约 60℃。通高纯氮 5 ~ 10min 后，在搅拌的情况下从滴液漏斗滴加 30mL 无水氯代正丁烷及 15mL 无水正庚烷的混合液，因放热，会有庚烷回流。控制滴加速度，使回流不要太快，约 20min 滴加完，此时溶液呈浅蓝色。将甘油浴加热至 100 ~ 110℃，并调节好温度计，控温，在搅拌下回流 2 ~ 3h。反应后期，因产生多量氯化锂，溶液转为乳浊液，最后呈灰白色。反应期间氮气流量调至能在石蜡油中产生一个接一个的气泡即可。

③反应结束后，稍加冷却，通氮气下取下三口烧瓶，三口均盖磨口塞，室温下静置 0.5h，让氯化锂沉于瓶底。上层清液即为丁基锂溶液，呈浅黄色。准备好一干燥的 50mL 磨口锥形瓶，将上层清液轻轻倒入锥形瓶中，将瓶口塞紧，放置干燥器中备用。

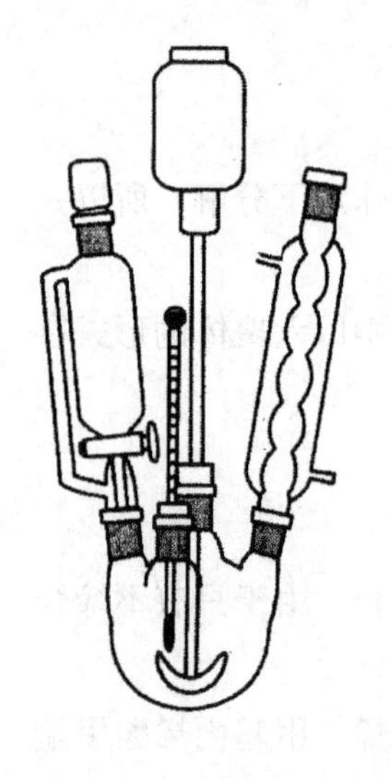

图 14-1 丁基锂制备实验装置示意图

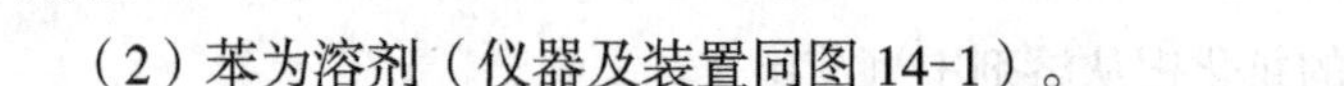

（2）苯为溶剂（仪器及装置同图 14-1）。

①加 50mL 干燥苯及 0.5g 金属锂，通高纯氮 5 ~ 10min 将体系中的空气排除。开启电磁搅拌，从滴液漏斗慢慢滴加 5g 氯代正丁烷，反应温度以保持苯有少量回流为宜，反应 4 ~ 5h 后降至室温。

②于通氮气的条件下取下三口烧瓶，各瓶口均盖上磨口塞，0.5h 后将上层清液倾析转入 50mL 干燥磨口锥形瓶，塞紧翻口塞，存放于干燥器。清液中丁基锂浓度约 1mol/L，使用时用注射器直接插入翻口塞吸取。

庚烷为溶剂与苯为溶剂两方法基本相同，只是前者丁基锂浓度大，后者较小，均适用于聚合。

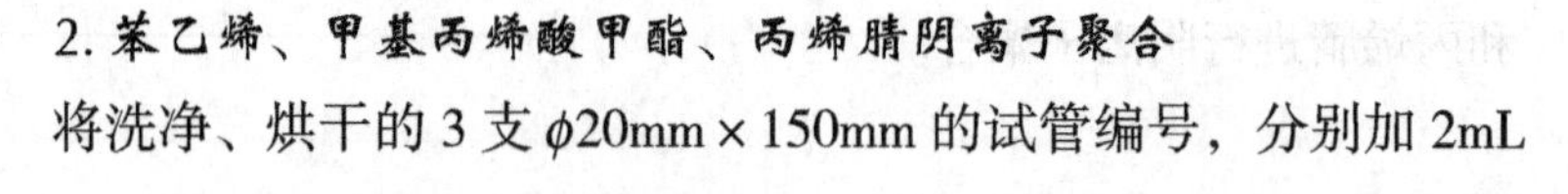

2. **苯乙烯、甲基丙烯酸甲酯、丙烯腈阴离子聚合**

将洗净、烘干的 3 支 ϕ20mm × 150mm 的试管编号，分别加 2mL

干燥的 St、MMA 和 AN，再各加 4mL 干燥苯或正庚烷（若加正庚烷，聚合体将以沉淀析出）。每支试管通高纯氮气 5min（通氮气的毛细管插入液体底部）后，塞紧翻口塞，分别按如下步骤进行聚合。

（1）苯乙烯阴离子聚合：

①取一干燥的 5mL 注射器，装一长针头（约 10cm）从装在氮枕头的乳胶管部分吸氮气洗针筒两次，再吸氮气 2mL 注入装有丁基锂的锥形瓶，同时吸出 2mL 正丁基锂—庚烷溶液。

②在装有 St 的试管中注入 0.5mL 正丁基锂—庚烷溶液，管内液体随即变橙色。摇匀，室温放置，转红色，随后溶液变热，变稠，因聚合热，苯甚至沸腾，此时需用冷水稍加冷却。再室温放置 0.5h，慢慢倒入 60mL 甲醇中析出聚合物，将析出的聚合物浸泡 5 ~ 10min 后，转移入另一存有 30mL 甲醇的小烧杯中，让包存于聚合物中的溶剂、未聚合单体都扩散出来（约 0.5h）后，过滤、烘干，称重并计算产率。

（2）丙烯腈阴离子聚合：与 St 相比，MMA、AN 对阴离子聚合比较活泼。尤其是 AN，因为氰基是极强的阴性基，使双键电子云密度低，所以非常容易发生阴离子聚合。

①在装有 AN 的试管中小心地逐滴加入丁基锂—庚烷溶液，反应激烈。每加一滴，就在局部引起聚合，使附近区域的苯汽化、发生吱吱声，同时产生聚丙烯腈沉淀，沉淀颜色为土黄色。

②加完 0.5mL 催化剂后，摇匀，室温放置 5 ~ 10min 后即可加甲醇洗出聚合物，并过滤，烘干，称重。

（3）甲基丙烯酸甲酯阴离子聚合：MMA 的活性介于 St 和 AN 间，但实际上由于 MMA 亲水性大，其中微量水很难除尽，使聚合反应不像 St、AN 那样明显。丁基锂溶液加入 MMA 时，若先不摇晃，可观察到甲基丙烯酸甲酯阴离子的橙黄色。若 MMA 干燥不好，稍一摇动，橙黄色即消失。其他各步骤与 St 聚合的相同。

注意事项：

①商售锂是浸于煤油中的很硬的金属块，使用时取出一小块，用滤纸擦除煤油。垫好滤纸，用手掐住后用剪刀剪成小片，再剪成小条，尽量小，以缩短反应时间。反应完后，残余的 Li 处理如下：将倾析清液后的三口瓶烧放于木圈上，用滴管慢慢加入无水乙醇，将 Li 作用完再冲水洗净。冲水前要小心，先加少量水试试，确认已无锂后再用水洗。少量锂与水虽然不自燃，但锂量稍多时遇水亦会引起燃烧。

②在庚烷、苯回流的温度下，氯代正丁烷与 Li 要充分反应（视加的锂片大小，越大越厚则反应越慢）一般需 5 ~ 6h 以上，本实验为了缩短时间，减少了反应时间，所以反应是不完全的，不能以加料量来计算得到的丁基锂的浓度。丁基锂浓度的分析见本实验的数据处理。

③苯乙烯的阴离子呈红色，红色不褪，表明苯乙烯阴离子存在。在 St 阴离子聚合的试管中，用注射器穿透翻口塞加 1mL 干燥 MMA，可观察到红色立即转成浅黄色，苯乙烯的阴离子转变成 MMA 的阴离子。试管发热表明进行了嵌段聚合。

④丁基锂与水反应激烈，在空气中亦迅速氧化。注射丁基锂溶液的针筒针头，用后应立即用庚烷或石油醚洗，以免针头堵死和针筒固住。残存的丁基锂应用醇处理掉而不能倒入水

中。

⑤本实验用的单体、溶剂都必须经严格脱水处理。苯乙烯、MMA、丙烯腈、苯、庚烷都可以在蒸馏纯化前加氢化钙，至无气泡产生，然后蒸出。蒸出的单体、溶剂中再加入少量氢化钙（此时不应再有气泡），存放于干燥器备用。

五、实验结果分析与讨论

（1）计算反应产物产率。

（2）丁基锂的分析。正丁基锂的分析是应用“双滴定”的方法，即取两份等量的正丁基锂溶液，一份加水水解，再用标准盐酸滴定，测得总碱量。另一份先和氯化苄反应。然后用水水解，再用标准盐酸滴定，从两份滴定值之差求得其浓度。

分析步骤　取两个150mL锥形瓶，各加入20mL蒸馏水，然后用注射器各加1mL正丁基锂溶液，摇动，加2 ~ 3滴酚酞（0.5%乙醇溶液）。用标准盐酸（0.1mol/L）滴定，得总碱量 V_1。

另取两个150mL干燥锥形瓶，通氮除氧。用10mL注射器各加入10mL氯化苄—无水乙醚溶液（1 ： 10体积）在通氮气下各注入1mL正丁基锂溶液，摇动均匀，用红外灯加热15min，加入20mL蒸馏水，摇匀，加2 ~ 3滴酚酞，用标准盐酸滴定得 V_2。注意水层比醚层早褪色，在接近化学计量点时用力摇动，避免过化学计量点。

由两次滴定值的平均值计算丁基锂浓度，计算方法如下：

$$c_{{}^{-}_{4}\mathrm{H}_9^{-}\mathrm{L}_i^{+}} = \frac{(V_1-V_2)\,c_{\mathrm{HCl}}}{V}$$

式中：$c_{{}^{-}_{4}\mathrm{H}_9^{-}\mathrm{L}_i^{+}}$ 为丁基锂的浓度（mol/L）；V_1、V_2 分别为第一、第二次滴定所消耗的盐酸标准溶液体积（mL）；c_{HCl} 为盐酸标准溶液的化学计量点浓度（mol/L）；V 为所消耗的正丁基锂溶体积（mL）。

（3）假如本反应定量进行，请计算所制备的丁基锂溶液的浓度。

（4）制备丁基锂装置中的分液漏斗为什么带一侧管？若无此种装置，该怎么办？

（王雅珍）

实验15　异丁烯的阳离子聚合

一、实验目的

（1）加深对阳离子聚合原理的理解，掌握阳离子聚合的特点。

（2）掌握异丁烯阳离子聚合的实验技术。

（3）了解异丁烯阳离子聚合引发体系的组成。

（4）学习低温聚合的操作技术。

二、实验原理

可以进行阳离子聚合的单体主要有三种：含有供电子基团的单体，如异丁烯和烷乙烯基；共轭二烯烃，如苯乙烯、丁二烯和异戊二烯等；环状单体，如四氢呋喃。其中异丁烯是最典型的阳离子聚合单体。

阳离子聚合反应包括链引发、链增长、链终止三个基元反应。以四氯化钛引发异丁烯为例，各步基元反应如下：

链引发：

$$TiCl_4+H_2O \longrightarrow H^+(TiCl_4OH)^-$$

$$H^+(TiCl_4OH)^-+H_2O{=}\underset{\displaystyle CH_3}{\overset{\displaystyle CH_3}{C}}\longrightarrow H_3C-\underset{\displaystyle CH_3}{\overset{\displaystyle CH_3}{C^+}}(TiCl_4OH)^-$$

链增长：

$$H_3C-\underset{\displaystyle CH_3}{\overset{\displaystyle CH_3}{C^+}}(TiCl_4OH)^-+(n+1)\ H_2C{=}\underset{\displaystyle CH_3}{\overset{\displaystyle CH_3}{C}}\longrightarrow$$

$$H_3C-\underset{\displaystyle H_3C}{\overset{\displaystyle H_3C}{C}}-\left[H_2C-\underset{\displaystyle CH_3}{\overset{\displaystyle CH_3}{C}}\right]_n-CH_2-\underset{\displaystyle CH_3}{\overset{\displaystyle CH_3}{C^+}}(TiCl_4OH)^-$$

链终止：

$$\sim\!CH_2-\underset{\displaystyle CH_3}{\overset{\displaystyle CH_3}{C^+}}(TiCl_4OH)^-+H_2C{=}\underset{\displaystyle CH_3}{\overset{\displaystyle CH_3}{C}}\longrightarrow$$

$$\sim\!CH{=}\underset{\displaystyle CH_3}{\overset{\displaystyle CH_3}{C}}+H_3C-\underset{\displaystyle CH_3}{\overset{\displaystyle CH_3}{C^+}}(TiCl_4OH)^-\ 或\ \sim\!CH_2-\underset{\displaystyle CH_3}{\overset{\displaystyle CH_2}{\overset{\|}{C}}}+H_3C-\underset{\displaystyle CH_3}{\overset{\displaystyle CH_3}{C^+}}(TiCl_4OH)^-$$

阳离子聚合反应中的链终止反应主要是终止增长链，而不终止动力学链，也就是链转移反应。

阳离子的链转移反应形式多样，影响因素复杂，而且链转移反应十分容易发生，如向单体、引发剂、溶剂的链转移及链的重排等。链转移反应严重地影响了聚合物的相对分子质量。降低温度是控制链转移反应、提高聚合物相对分子质量的有效方法。聚合温度在室温，只能得到相对分子质量几百到几千的产物，随着聚合反应温度降低，所得产物的相对分子质量升高，在 -100℃左右，聚异丁烯的相对分子质量可以达到几百万。

阳离子聚合中的引发体系分为两部分：主引发剂和共引发剂。其中主引发剂是体系中提供阳离子活性中心的材料，如体系中所含的微量水和其他杂质如氯化氢等，也可以是外加的活泼的卤化物、醇等。共引发剂为 Lewis 酸，如三氯化铝、四氯化锡、三氟化硼等。两者经反应形成阳离子活性中心：

$$BF_3 + H_2O \longrightarrow H^+ (BF_3OH)^-$$

水既可以是聚合反应的引发剂，同时也是聚合反应的终止剂，这完全取决于体系中水的含量。当体系中仅含有微量的水时，它是引发剂。所以异丁烯阳离子聚合所用的材料必须经过干燥处理，经过处理后的单体在溶剂中依然会含有微量的水分，这就足够用于引发聚合反应。当体系中水的含量过多时，水就会破坏 Lewis 酸而成为一种终止剂。使调节聚合反应速度的方法是控制共引发剂的加入速度。聚合方法常采用溶液聚合或淤浆聚合。

本实验以异丁烯为单体、四氯化钛为引发剂、二氯甲烷为溶剂 、甲醇为沉淀剂，通过阳离子聚合合成聚异丁烯。

三、实验材料和仪器

1. 主要实验材料

异丁烯、四氯化钛、二氯甲烷、甲醇、干冰 + 甲醇。

2. 主要实验仪器

700mL 耐油加料管一套（图 15-1）、100mL 管状反应瓶一套（图 15-2），注射器 0.5mL 一支、5mL 一支，700mL 烧杯一个，1000mL 保温瓶一个，净化体系一套。

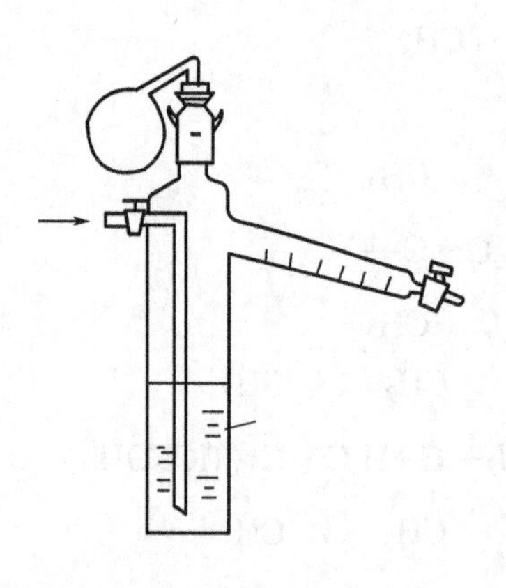

图 15-1 耐油加料管

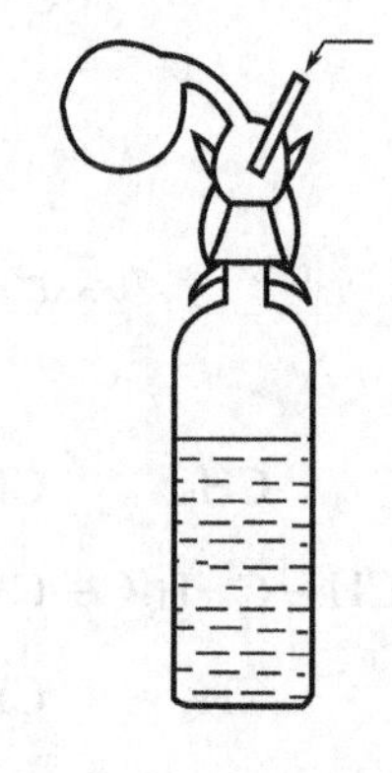

图 15-2 管式反应瓶及辅助装置

四、实验步骤

1. 实验准备

将二氯甲烷在氢化钙的存在下，用氮气保护回流 8h，使用前蒸出，储存于吸收瓶中备用。将管式聚合瓶接入净化体系抽真空、烘烤、充氮气，反复三次，备用。

用氮气将二氯甲烷压入加料管中，放入冰水中冷却，将异丁烯气体从钢瓶中慢慢放出，经过氧化铝、氧化钡、氧化钙干燥塔后，通入耐油加料管中。配制成异丁烯的二氯甲烷溶液，浓度为 0.05g/mL。

2. **聚合**

用管状聚合瓶取配制好的异丁烯溶液20mL。将聚合瓶放入盛有干冰和甲醇的保温瓶中，在-40℃的冷浴内恒温。用干净的注射器抽取0.2mL四氯化钛注入反应瓶中，剧烈摇动反应瓶。然后在冷浴中反应15min。用注射器抽取甲醇2mL，加入反应瓶中，摇动，终止反应。

3. **后处理**

将终止后的反应溶液倒入烧杯中，不断向烧杯中加入甲醇直至白色的聚合物沉淀出来。倒出上层的溶液，将所剩的聚合物在60℃的真空烘箱中干燥至恒重，测定产率。

五、实验结果分析与讨论

（1）本实验所用的引发体系属于何种引发体系？

（2）如果将聚合单体改为苯乙烯，聚合反应条件会有什么不同？

（3）在实验过程中，冷浴是如何实现的？在操作中应注意些什么？

（李青山　张晓舟）

实验16　聚乙烯醇的缩醛化

一、实验目的

（1）了解高分子官能团反应的意义及大分子反应的限度。

（2）加深对聚合物化学反应原理的理解。

（3）掌握聚乙烯醇缩醛化的实验技术。

二、实验原理

聚乙烯醇（PVA）由于具有水溶性而用途受到限制，利用“缩醛化”可以减少其水溶性。聚乙烯醇可以纺制纤维，经甲醛进行缩醛反应得到聚乙烯醇缩甲醛纤维，即维纶。聚乙烯醇与丁醛缩合制得的聚乙烯醇缩丁醛，是制造安全玻璃夹层的原料，也是良好的黏合剂。

聚乙烯醇的缩醛反应采用酸为催化剂，催化剂可以是盐酸或甲酸。聚乙烯醇缩醛化反应的通式如下：

$$-CH_2-\underset{\underset{OH}{|}}{CH}-CH_2-\underset{\underset{OH}{|}}{CH}-CH_2-\underset{\underset{OH}{|}}{CH}-CH_2- \longrightarrow -CH_2-\underset{\underset{OH}{|}}{CH}-CH_2-\underset{\underset{O}{|}}{CH}-CH_2-\underset{\underset{O}{|}}{CH}-CH_2- \quad (\text{两个O通过 }CHR\text{ 相连})$$

总有部分羟基不能起缩醛化反应。—R为—H（缩甲醛），—R为$-CH_2CH_2CH_3$（缩丁醛）。

本实验以甲醛为反应剂，以盐酸为催化剂，对聚乙烯醇进行缩醛反应生成聚乙烯醇缩甲醛；以正丁醛为反应剂，以甲酸为催化剂，对聚乙烯醇进行缩醛反应生成聚乙烯醇缩丁醛。

三、实验材料和仪器

1. 主要实验材料

聚乙烯醇、甲酸（85%）、盐酸（12.5mol/L）、甲醛水溶液（40%）、丁醛、氢氧化钠溶液（8%）、蒸馏水。

2. 主要实验仪器

三口烧瓶、回流冷凝管、水浴、蒸气蒸馏装置、滴液漏斗、培养皿。

四、实验步骤

1. 聚乙烯醇缩甲醛的制备

（1）在倒入装有回流冷凝管的250mL三口烧瓶中加入蒸馏水50mL、聚乙烯醇7g，搅拌下在100℃加热使聚合物溶解。

（2）将聚乙烯醇溶液降温至90℃，加入4.6mL甲醛水溶液（40%），搅拌15min后加入0.5mL 2.5mol/L盐酸，使溶液pH为1 ~ 3，90℃下搅拌约0.5h，体系逐渐变稠。当有气泡或絮状物产生时，迅速加入8%NaOH溶液1.5mL，再加30 ~ 40mL蒸馏水，调节pH至8 ~ 9，冷却降温，得透明黏稠液，即聚乙烯醇缩甲醛溶液。

2. 聚乙烯醇缩丁醛的制备

（1）在装有回流冷凝管的250mL三口烧瓶中加入聚乙烯醇8.8g（0.2mol），再按聚乙烯醇：水 = 1 ∶ 27（质量比）的比例加入水（238mL），并加入8.8g 85%甲酸溶液。用水浴加热使聚乙烯醇全部溶解。

（2）将水浴温度控制在40 ~ 60℃，在聚乙烯醇溶液中加入7.8g丁醛（0.108mol），开动搅拌，约20min后即有白色产物出现。反应0.5h后结束反应。取出产物，依次用冷水、热水洗涤，产物放真空烘箱中干燥（60℃），得白色聚乙烯醇缩丁醛。

五、实验结果分析与讨论

（1）计算制得的聚乙烯醇缩丁醛的缩醛度。

（2）计算聚乙烯醇缩丁醛的产率。

（3）在聚乙烯醇缩合反应过程中，为什么要严格控制温度？

（王雅珍）

实验17　纤维素的乙酰化

一、实验目的

（1）加深对聚合物化学反应原理的理解。

（2）了解纤维素乙酰化的反应历程。

（3）掌握制备醋酸纤维素的实验技术。

二、实验原理

纤维素是由葡萄糖分子缩合而成的高分子化合物，葡萄糖是一种六碳糖，其第五个碳原子上的羟基与醛基形成半缩醛，产生两种构型：

```
    1 CHO              H-1C-OH ┐            HO-1C-H ┐
  H-2C-OH              H-2C-OH │             H-2C-OH │
 HO-3C-H      →       HO-3C-H  │     →      HO-3C-H  │
  H-4C-OH              H-4C-OH │             H-4C-OH │
  H-5C-OH              H-5C-O──┘             H-5C-O──┘
   6 CH2OH              6 CH2OH               6 CH2OH
                       α-葡萄糖              β-葡萄糖
```

纤维素分子间由于有众多羟基，因氢键使大分子链间有很强的作用力，从而不溶于有机溶剂，加热也不能使其熔化，从而限制了它多方面的应用。若将纤维素分子上的羟基乙酰化，减小大分子间氢键作用，根据酰化的程度，使它可溶于丙酮或其他有机溶剂，从而使纤维素的应用范围大大扩展。

构成纤维素的每个葡萄糖分子上有三个羟基，若都被酰化，就是三醋酸纤维素。纤维素酯化时每 100 个葡萄糖残基中被酯化的羟基数称为酯化度，它表征纤维素被酯化的程度。三醋酸纤维素的酯化度为 280 ~ 300。大部分被酯化的称二醋酸纤维素，酯化度为 200 ~ 260。不同酯化度的醋酸纤维素的溶解性及用途见表 17-1。

表17-1 不同酯化度醋酸纤维素的用途

酯化度	乙酰基含量（%）	溶解性	用 途
280 ~ 300	42.5 ~ 44.8	溶于氯仿，不溶于丙酮、乙醇	电绝缘薄片，电影胶片、片基
240 ~ 260	39.5 ~ 41.5	溶于丙酮、氯仿、丙酮—甲醇	电影胶片、照相软片、X光片片基
230 ~ 240	38.0 ~ 39.5	溶于丙酮、氯仿、丙酮—甲醇	高黏度用于人造丝、香烟过滤嘴；低黏度用于清漆
220 ~ 230	36.5 ~ 38.0	溶于丙酮、氯仿、乙醇	塑料、清漆
180 ~ 190	30.0 ~ 31.5	溶于水—丙酮—氯仿	复合纤维，产量很少

本实验以脱脂棉为原料、硫酸为催化剂，用乙酸酐进行纤维素的乙酰化生成醋酸纤维素，达到三醋酸纤维素所要求的酯化度而分离出来，或再加入醋酸溶液使醋酸纤维素水解到二醋酸纤维素所要求的酯化度并沉淀出来。产物以丙酮、甲醇、苯、二氯甲烷为溶剂进行溶解试验。

三、实验材料和仪器

1. 主要实验材料

脱脂棉、冰醋酸、乙酸酐、浓硫酸、丙酮、苯、甲醇、二氯甲烷。

2. **主要实验仪器**

烧杯、吸滤瓶、瓷漏斗、铜水浴。

四、实验步骤

1. **纤维素的乙酰化**

向400mL烧杯中加入10g脱脂棉、70mL冰醋酸、0.3mL（6 ~ 10滴）浓硫酸、50mL乙酸酐，盖上培养皿（或表面皿），于50℃水浴加热。每隔一段时间用玻璃棒搅拌，使纤维素乙酰化。1.2 ~ 2h后，反应物成糊状物，纤维素的全部羟基均被乙酸酐酰化，用它分离出三醋酸纤维素和制备二醋酸纤维素。

2. **三醋酸纤维素的分离**

取上面制得的糊状物的一半倒入另一400mL烧杯，加热至60℃，搅拌下慢慢加入25mL 80%乙酸（已预热至60℃），以破坏过量的乙酸酐。维持60℃ 15min后，于搅拌下慢慢加入25mL水，再以较快的速度加入200mL水，白色松散的三醋酸纤维素即沉淀出来。将沉淀出的三醋酸纤维素在瓷漏斗吸滤后分散，倾去上层水并反复洗至中性。再滤出三醋酸纤维素，用瓶盖将水压干，于105℃干燥，产量约7g。

3. **二醋酸纤维素的制备**

将另一半糊状物于60℃、搅拌下慢慢倒入50mL 70%乙酸（已预热至60℃）及0.14mL（3 ~ 5滴）浓硫酸的混合物中，于80℃水浴加热2h，使三醋酸纤维素部分水解。之后加水、洗涤，吸滤等操作与三醋酸纤维素的制备相同。产量约6g。

注意事项：

①加入浓硫酸时不得直接加到脱脂棉上。

② 80%乙酸加入盛有糊状物的烧杯时不能加得太快。

五、实验结果分析与讨论

（1）计算本实验中纤维素羟基与乙酸酐的摩尔比。乙酸酐过量多少？破坏这些乙酸酐需用多少水？

（2）计算本实验醋酸纤维素的产率。

（3）将三醋酸纤维素用9 ∶ 1（体积比）二氯甲烷与甲醇混合溶剂、丙酮及沸腾的1 ∶ 1（体积比）苯—甲醇混合物进行溶解实验。

（4）将二醋酸纤维素用丙酮及1 ∶ 1（体积比）苯—甲醇混合溶剂溶解实验。

（5）浓硫酸为什么不能直接加到脱脂棉上?

（6）80%乙酸加入盛有糊状物的烧杯时为什么不能加得太快?

（李青山　张振琳）

实验 18　导电聚苯胺的化学氧化聚合

一、实验目的

（1）了解化学氧化聚合法合成功能高分子材料的基本原理和方法。

（2）掌握导电聚苯胺的合成方法和基本特性。

（3）掌握化学氧化聚合法合成导电聚苯胺的实验技术。

二、实验原理

在传统的概念里，有机高分子通常都是不导电的。20 世纪 70 年代，日本学者和美国学者在实验中发现聚乙炔经掺杂后具有导电现象，开创了以共轭高分子为基础的导电聚合物领域，宣告了导电聚合物的诞生。美国 Alan G MacDiamid、Alan J Heeger 和日本 Hideki Shirakawa（白川英树）因此获得了 2000 年诺贝尔化学奖。目前常见的导电聚合物主要有聚乙炔、聚吡咯、聚噻吩、聚苯胺等，其中聚苯胺以其原料廉价、合成简单、环境稳定性好等特点引起了广泛注意。

聚苯胺的合成方法很多，如电化学聚合法、乳液聚合法、界面聚合法、化学氧化聚合法。聚苯胺的化学氧化聚合法，是在酸性介质中用氧化剂使苯胺单体氧化聚合，方法简便，能够制备大批量的聚苯胺，也是最常用的一种制备聚苯胺的方法。常用的氧化剂有过硫酸铵、重铬酸钾、双氧水、碘酸钾等；介质是硫酸、盐酸、高氯酸的水溶液。介质酸的种类、浓度，氧化剂种类、浓度、用量，添加速度及反应温度等条件对最终得到聚苯胺粉末的性质有直接的影响。

聚苯胺的有本征态和掺杂态之分，其中本征态结构是绝缘的，而掺杂态结构才具有导电特性。质子酸掺杂，是聚苯胺区别于其他导电聚合物的重要特征，它涉及质子的捕获和释放，但不涉及电子的得失。因而在表观上，不是一种氧化还原过程，而是掺杂剂的质子附加于主链上，主要掺杂点是亚胺氮原子，聚苯胺的质子携带的正电荷经分子链电荷转移，沿分子链产生周期性的分布。换句话说，由于正电荷离域化或者电子云的重新排布，即形成了大 π 键，从而产生能够导电的分子结构。

本实验以苯胺为单体、过硫酸铵为氧化剂、盐酸水溶液为介质，通过化学氧化聚合法合成导电聚苯胺。产物用盐酸、乙醇、蒸馏水洗涤后得到具有导电性能的掺杂态聚苯胺，再用氨水加入掺杂态聚苯胺中反掺杂后得到绝缘的本征态聚苯胺。

三、实验材料和仪器

1. 主要实验材料

苯胺、过硫酸铵、盐酸、氨水、乙醇、蒸馏水、冰块。

2. 主要实验仪器

烧杯、分液漏斗、电磁搅拌器、4 号砂芯漏斗。

四、实验步骤

（1）将盐酸配制成 1mol/L 的浓度，备用。将 20g 过硫酸铵溶解于 200mL 1mol/L 盐酸中，备用。

（2）量取 10 mL 苯胺单体倒入 200 mL 1mol/L 盐酸的烧杯中，用电磁搅拌器保持搅拌，外围用冰块降温到 10℃以下。

（3）将过硫酸铵的盐酸溶液通过分液漏斗慢速滴加到苯胺的盐酸溶液中，0.5h 内加完，并保持搅拌状态，如图 18-1 所示。聚合开始后 5 ~ 10min，溶液从浅蓝色变为深蓝色，并过渡到深绿色。

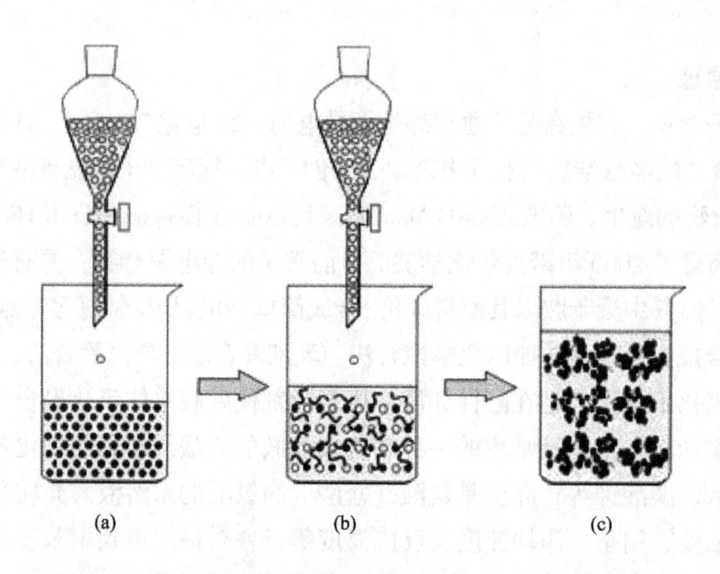

图 18-1　将氧化剂溶液慢慢滴加到单体溶液中合成聚苯胺

（4）2h 后，反应完成。用砂芯漏斗过滤，滤饼即是聚苯胺，颜色为深绿色。

（5）分别以 0.5mol/L 的盐酸、乙醇、蒸馏水将以上获得的聚苯胺各洗涤两次，并干燥，即可得到具有导电性能的掺杂态聚苯胺。

（6）将 1mol/L 的氨水加入掺杂态聚苯胺中反掺杂 0.5h，干燥后可以得到绝缘特性的本征态聚苯胺。

五、实验结果分析与讨论

（1）将以上得到的掺杂态聚苯胺和本征态聚苯胺干燥后，分别在液压机上压片，用万用表测量它们的电阻，观察有何区别，为什么？

（2）通过过硫酸铵氧化合成聚苯胺的过程是放热反应，如何能够得到相对分子质量相对较大的聚合物，本实验应如何控制？

（张清华）

实验 19　多胺交联纤维素树脂的合成

一、实验目的

（1）加深大分子间化学交联反应原理的理解。

（2）掌握合成多胺交联纤维素的实验技术。

（3）了解多胺交联纤维素树脂对 Zn^{2+} 的吸附性能。

二、实验原理

纤维素是自然界中储量最丰富的天然高分子，利用各种化学方法在纤维素分子上接枝各类螯合基团并用于富集或脱除重金属离子。纤维素本身为线型结构，不宜作树脂使用。本实验拟通过多胺与纤维素的衍生物羧甲基纤维素（CMC）分子中的—COOH 发生反应来达到交联并引入螯合基团的目的。

CMC 与多胺混合后先发生中和反应，然后在强的带水剂作用下发生脱水反应生成酰胺，反应一般在多胺过量的条件下进行，这样有利于引入更多功能基（多胺）。本文采用的反应物比例为—COOH ：多胺 =（2 ：1）～（1 ：5）（摩尔比），因此其预期的反应式为：

$$
\begin{array}{c} OCH_2COOH \\ | \\ (P) \\ | \\ OCH_2COOH \end{array} + H_2NRNH_2 + \begin{array}{c} OCH_2COOH \\ | \\ (P) - OCH_2COOH \\ | \\ OCH_2COOH \end{array} \longrightarrow \begin{array}{c} OCH_2COOHNRNH_2 \\ | \\ (P) \\ | \\ OCH_2COOHNRNHOCOCH_2O \end{array} \xrightarrow[-H_2O]{\text{二甲苯，}\triangle}
$$

$$
\begin{array}{l} NHOCOCH_2O - (P) \\ | \qquad\qquad\qquad\quad | \\ R \qquad\qquad\qquad\quad O \\ | \qquad\qquad\qquad\quad / \\ NHOCO \quad - \quad CH_2 \end{array}
$$

$$
H_2NRNHCOCH_2O - (P) - OCH_2CONHRNHCOCH_2O - (P) \begin{array}{l} / OCH_2CONH \searrow \\ \qquad\qquad\qquad\qquad R \\ \backslash OCH_2CONH \nearrow \end{array}
$$

式中：P 为纤维素母体；当 $R = C_2H_4NHC_2H_4$ 时制得 CMC（3N），当 R = CHNHCHNHCH 时制得 CMC（4N）。

本实验以羧甲基纤维素钠（CMC—Na）为原料，将其与盐酸反应制备羧甲基纤维素（CMC）再与二乙烯三胺（DETA）反应合成具有多乙烯多胺螯合基团的螯合树脂；测定该树脂对 Zn^{2+} 的吸附性能。

三、实验材料和仪器

1. 主要实验材料

二乙烯三胺（DETA）（CP 级）、二甲苯、Zn^{2+}（由 AR 级试剂配制成 5.0×10^{-2}mol/L 的

水溶液）、甲基纤维素钠（CMC—Na）（羧基含量约为2.74mmol/g）、乙醇、盐酸、氢氧化钠。

2．**实验试仪器**

三口烧瓶、酸度计、分水器、分光光度计、萃取器、磁力搅拌器、红外分光光度计、电导率仪。

四、实验步骤

1．**CMC 的制备**

将 CMC—Na 用 90% 乙醇水溶液通过调成糊状，开动磁力搅拌器加入 10% 盐酸至 pH 为 1 ~ 2，搅拌 1h 后放置 4h，抽滤出固体，水洗至无 Cl^- 后用乙醇洗，于 80℃下干燥至恒重备用。

2．**二乙烯三胺交联纤维素树脂［CMC（3N）］的制备**

在装有水分离器的三口烧瓶中依次加入 CMC 和 DETA，搅拌 10min 混合均匀，然后加入二甲苯，搅拌下加热回流至分水器中不再有水分蒸出，蒸除部分二甲苯后，继续反应 2h 以使反应完全，冷却至室温后过滤出固体，分别用 2% 盐酸和 1% 氢氧化钠处理 0.5h，水洗至中性，用 95% 乙醇热回流萃取 4h，干燥备用。

3．**二乙烯三胺交联纤维素树脂对 Zn^{2+} 的静态吸附**

用 0.104 ~ 0.105g 二乙烯三胺交联纤维素树脂在不同的吸附时间、起始浓度、温度、pH 下，对 Zn^{2+}（100 mL 溶液）进行吸附实验。

吸附容量按下式进行计算：

$$Q=\frac{(C_0-C_e)V}{m}$$

式中：Q 为吸附容量（mg/g）；C_0、C_e 分别为吸附前后溶液中离子的浓度（mg/L）；V 为溶液的体积（L）；m 为二乙烯三胺交联纤维素树脂的干质量（g）。

Zn^{2+} 浓度用电导率仪测定。

4．**多胺型稻草纤维素球对 Zn^{2+} 的动态吸附**

根据静态吸附结果，用 4mol/L HCl 将改性稻草纤维素球 TVTA 浸泡 24h 后，用二次水洗至中性，烘干后称取 0.130g，装入 100mL 酸式滴定管（柱高 5cm 左右），用水润湿制成分离柱。

将 TVTA 分离柱对重金属离子进行逐次吸附试验，直至流出液的重金属离子浓度不再增大。计算累计吸附量，TVTA 分离柱对 Zn^{2+} 进行逐次洗脱试验，直至洗脱液不再解吸出重金属离子。计算累计洗脱量。

五、实验结果分析与讨论

（1）对二乙烯三胺交联纤维素树脂用 IR 表征。

（2）温度、pH 对吸附性能有何影响？

（张　帅　周光举　李青山）

第二篇 高分子物理实验

实验 20 黏度法测定聚合物相对分子质量

一、实验目的

（1）加深对用黏度法表征聚合物相对分子质量原理的理解。

（2）掌握测定聚合物稀溶液黏度的实验技术。

（3）掌握通过测定聚合物溶液的黏度表征聚合物相对分子质量的实验技术。

二、实验原理

黏度是流体抗拒流动的程度，是流体分子间相互吸引而产生阻碍分子间相对运动能力的量度，即流体流动的内部阻力。物质在外力作用下，液层发生位移，分子间产生摩擦，对摩擦所表现的抵抗性称为绝对黏度，简称黏度，黏度的国际单位制单位为 Pa · s（帕斯卡 · 秒）；厘米克秒制单位为 P（泊）。

高分子物质的特性黏度定义为 $[\eta]=\lim\limits_{c\to 0}\frac{\eta_{sp}}{c}$。它是用 ln（$\eta_{sp}/c$）对 c 作图，该直线的外推值即为特性黏度［η］，其量纲为 dL/g。

式中：η_{sp} 为增比黏度；c 为聚合物溶液的质量浓度（g/mL）。

通过测定的增比黏度和相对黏度，用如下两个经验方程式可以计算它的特性黏度：

$$\frac{\eta_{sp}}{c}=[\eta]+K'[\eta]^2c \qquad (20\text{-}1)$$

$$\frac{\ln\eta_r}{c}=[\eta]-\beta[\eta]^2c \qquad (20\text{-}2)$$

只要配制几个不同浓度的溶液，分别测定溶液及纯溶剂的黏度，然后计算出 η_{sp}/c、$\ln\eta_r/c$，在同一张图上作 η_{sp}/c 对 c、$\ln\eta_r/c$ 对 c 的图，两条直线外推至 $c\to 0$，其共同的截距即为［η］，见图 20-1。

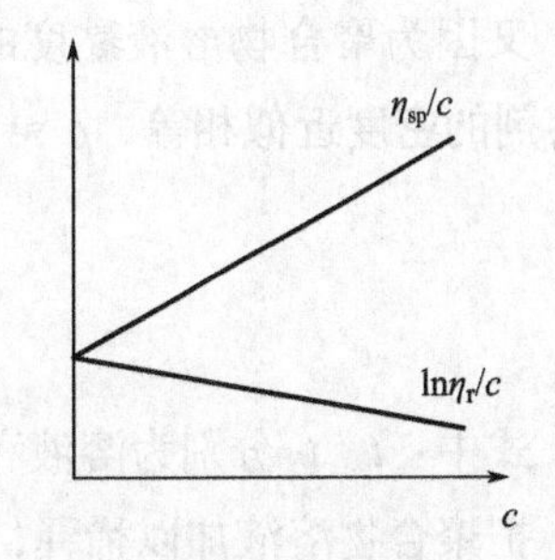

图 20-1 η_{sp}/c—c 和 $\ln\eta_r/c$—c 关系图

当聚合物的化学组成、溶剂及温度确定后，［η］值只和聚合物的相对分子质量有关，常用下式表达这一关系：

$$[\eta]=KM^{\alpha} \qquad (20\text{-}3)$$

式中：K 和 α 对于一定的高分子—溶剂体系，在一定的温度下，一定的相对分子质量范围内为常数。K 值与体系性质有关，但关系不大，仅随聚合物相对分子质量的增大而有些减小（在一定的相对分子质量范围内可视为常数），随温度增加而略有下降；而 α 值却反映高分子在溶液中的形态，取决于温度、高分子和溶剂的性质。α 一般在 0.5 ~ 1 之间。

测定液体黏度的方法主要可分为三类：液体在毛细管里的流出时间，圆球在液体里的落下速度，液体在同轴圆柱体间对转动的影响。在测定聚合物的 $[\eta]$ 时，以毛细管黏度计最为方便。液体在毛细管黏度计内因重力作用的流动，可用下式表示：

$$\eta = \frac{\pi hgR^4\rho t}{8lV} - \frac{m\rho V}{8\pi lt} \tag{20-4}$$

其中：等号右边第一项是指重力消耗于克服液体的黏性流动，而第二项是指重力的一部分转化为流出液体的动能，此即毛细管测定液体黏度技术中的“动能改正项”。

式中：h 为等效平均液柱高；g 为重力加速度；R 为毛细管半径；l 为毛细管长度；V 为流出体积；t 为流出时间；m 为和毛细管两端液体流动有关的常数（近似等于 1）；ρ 为液体的密度。

设仪器常数：

$$A = \frac{\pi hgR^4}{8lV},\ B = \frac{mV}{8\pi l}$$

则式（20-4）可简化为：

$$\frac{\eta}{\rho} = At - \frac{B}{t} \tag{20-5}$$

$$相对黏度（\eta_r）= \frac{\eta}{\eta_0} \tag{20-6}$$

将式（20-5）代入式（20-6）得：

$$\eta_r = \frac{\rho}{\rho_0}\frac{At - B/t}{At_0 - B/t_0} \tag{20-7}$$

对于 PMMA/CH_3COCH_3 体系，实验数据表明，下述情况必须考虑动能改正：毛细管半径太粗，溶剂流出时间小于 100s；溶剂的比密黏度（η/ρ）太小。

由于动能改正对实验操作和实验结果分析与讨论都带来麻烦，所以只要仪器设计得当和溶剂选择合适，往往可忽略动能改正的影响，式（20-7）简化为：

$$\eta_r = \frac{\rho}{\rho_0} \cdot \frac{At}{At_0} = \frac{\rho t}{\rho_0 t_0} \tag{20-8}$$

又因为聚合物溶液黏度的测定，通常是在极稀的浓度下进行（c<0.01g/mL），所以溶液和溶剂的密度近似相等，$\rho \approx \rho_0$。由此：

$$\eta_r = t/t_0 \tag{20-9}$$

$$\eta_{sp} = \eta_r - 1 = \frac{t - t_0}{t_0} \tag{20-10}$$

式中：t、t_0 分别为溶液和纯溶剂的流出时间。

把聚合物溶液加以稀释，测不同浓度的溶液的流出时间，通过式（20-1）、式（20-2）、式（20-9）和式（20-10），经浓度外推求得［η］值，再利用式（20-4）计算黏均分子量，此即谓“外推法”（或稀释法）。

在实际工作中，由于试样量少，或者需要测定同一品种的大量试样，为了简化实验操作，可以在一个浓度下测定η_{sp}或η_r，直接求出［η］，而无须作浓度外推。这种方法俗称“一点法”。“一点法”中，首先要借助“外推法”得到式（20-1）、式（20-2）中的K'和β值，然后在相同实验条件下测一个浓度的黏度，选择下列公式计算［η］值：

假定$K'+\beta=1/2$（一般柔性链线型高分子在良溶剂中），则：

$$[\eta]=\frac{1}{c}\sqrt{2(\eta_{sp}-\ln\eta_r)} \tag{20-11}$$

对于一些支化或刚性聚合物，$K'+\beta$偏离1/2较大，可假设$K'/\beta=\gamma$，则：

$$[\eta]=\frac{\eta_{sp}+\gamma\ln\eta_r}{(1+\gamma)c} \tag{20-12}$$

本实验以丙酮为溶剂溶解聚甲基丙烯酸甲酯，采用乌式黏度计测定聚甲基丙烯酸甲酯—丙酮溶液的黏度，再得到聚甲基丙烯酸甲酯的特性黏度。

三、实验材料和仪器

1. 主要实验材料

聚甲基丙烯酸甲酯、正丁醇（AR）、丙酮（AR）。

2. 主要实验仪器

乌式黏度计、玻璃砂芯漏斗、恒温水浴槽、秒表、烧杯、移液管、容量瓶、乳胶管等。

四、实验步骤

1. 玻璃仪器的洗涤

黏度计先用玻璃砂芯漏斗滤过的水洗涤，把黏度计毛细管上端小球中存在的沙粒等杂质冲掉。在抽气下，将黏度计吹干再用新鲜温热的洗液滤入黏度计，满后用小烧杯盖好，防止尘粒落入。浸泡约2h后倒出，用自来水（滤过）洗净，经蒸馏水（滤过）冲洗几次，倒挂干燥后待用。其他如容量瓶等也须经无尘洗净干燥。

2. 测定溶剂流出时间

将恒温槽调节至（25±0.1）℃或（30±0.1）℃。在黏度计（图20-2）管2、3上小心地接上医用橡皮管，用铁夹夹好黏度计，放入恒温水槽，使毛细管垂直于水面，并使水面浸没a线上方的球。用移液管从管1注入10mL溶剂（滤过），恒温10min后，用夹子（或用手）夹住管3橡皮管使其不通气，而将接在管2上的橡皮管用注射器抽气，使溶剂吸至a线上方的球一半时停止抽气。先把注射器拔下，而后放开管3的夹子，空气进入球4，使毛细管内溶剂和管1下端的球分开。

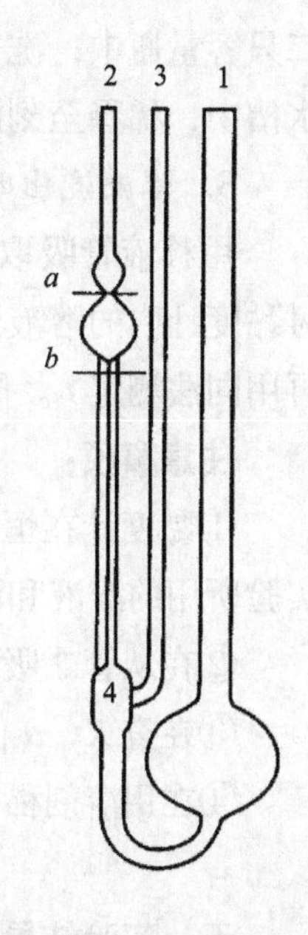

图20-2　乌氏黏度计

这时水平地注视液面的下降，用秒表记下液面流经 a 线和 b 线的时间，此即为 t_0。重复三次以上操作，误差不超过0.2s。取其平均值作为 t_0。然后将溶剂倒出，黏度计烘干。

3. *仪器常数A、B的测定*

测定的方法通常有三种：用两种标准液体在同一温度下分别测其流出时间；用一种标准液体在不同温度下测其流出时间；用一种标准液体在不同外压下（同一温度）测其流出时间。

本实验选用第一种方法，标准液体选用正丁醇和丙酮，其密度、黏度值如表20-1所示。

表20-1 正丁醇和丙酮的密度和黏度

标准液体	ρ（g/mL）		$\eta\times10^2$（Pa·s）	
	25℃	30℃	25℃	30℃
丙酮	0.7851	0.7793	0.3075	0.2954
正丁醇	0.8057	0.8021	2.6390	2.271

通过式（20-6）可得 A、B 值。

4. *溶液的配制*

称取聚甲基丙烯酸甲酯0.2 ~ 0.3g（准确到0.1mg），小心倒入25mL容量瓶中，加入约20mL丙酮，使其全部溶解。溶解后稍稍摇动，置恒温水槽中恒温，用丙酮稀释到刻度，再经砂芯漏斗滤入另一只25mL无尘干净的容量瓶中，它和无尘的纯丙酮（100mL容量瓶）同时放入恒温水槽，待用。

配制溶液也可用下法：把样品称于25mL容量瓶中，加10mL溶剂，溶解摇匀，用2号砂芯漏斗滤入另一只同样的容量瓶中，用少量溶剂把第一只容量瓶和漏斗中的聚合物洗至第二只容量瓶中，洗3次，务必洗净，但总体积切勿超过25mL，然后把后一只容量瓶置于恒温水槽中，稀释至刻度。

5. *溶液流出时间的测定*

用移液管吸取10mL溶液注入黏度计，测得溶液流出时间 t_1。然后再移入5mL溶剂，这时黏度计内的溶液浓度是原来的2/3，将它混合均匀，并把溶液吸至 a 线上方的球一半，洗两次，再用同法测定 t_2。同样操作再加入5mL、10mL、10mL溶剂，分别测得 t_3、t_4、t_5。

注意事项：

①黏度计在恒温水槽中一定要前后左右垂直，恒温水槽的水面一定要浸没 a 线上方的球，实验所用的溶液和溶剂也应浸泡在恒温水槽中。

②在从管2吸取液体时，一定注意不要将液体抽到橡皮管中，以便造成浓度的不准确。

③在查 K、α 值时一定要注意其单位和使用条件。

④在用溶剂稀释黏度计中的溶液时，一定要用混合液反复冲洗毛细管及上次溶液沾污之处。

五、实验结果分析与讨论

（1）记录数据。将测定的溶液流出时间填入表20-2。

表20-2　溶液流出时间的测定

试样：＿＿＿＿＿＿溶剂：＿＿＿＿＿＿浓度：＿＿＿＿＿＿

黏度计号码：＿＿＿＿＿＿　恒温：＿＿＿＿＿＿

流出时间	流出时间（s）				η_r		$\ln\eta_r$		$\ln\eta_r/c'$		η_{sp}		η_{sp}/c'	
	1	2	3	平均	未校	校	未校	校	未校	校	未校	校	未校	校
t_0														
t_1（$c=c_0$）														
t_2（$c=2/3c_0$）														
t_3（$c=1/2c_0$）														
t_4（$c=1/3c_0$）														
t_5（$c=1/4c_0$）														

注　“未校”指由式（20-8）计算，“校”指由式（20-7）计算。

（2）作图求［η］。为作图方便，设溶液初始浓度为 c_0，真实浓度 $c=c'c_0$，依次加入5mL、5mL、10mL、10mL溶剂稀释后的相对浓度各为2/3、1/2、1/3、1/4（以 c' 表示），计算 η_r、$\ln\eta_r$、$\ln\eta_r/c'$、η_{sp}、η_{sp}/c' 填入表内。如图20-3所示。作 η_{sp}/c' 对 c'（或 $\ln\eta_r/c'$ 对 c'）图，外推得到截距 A，那么：

$$特性黏度［\eta］=\frac{截距A}{初始浓度c_0}$$

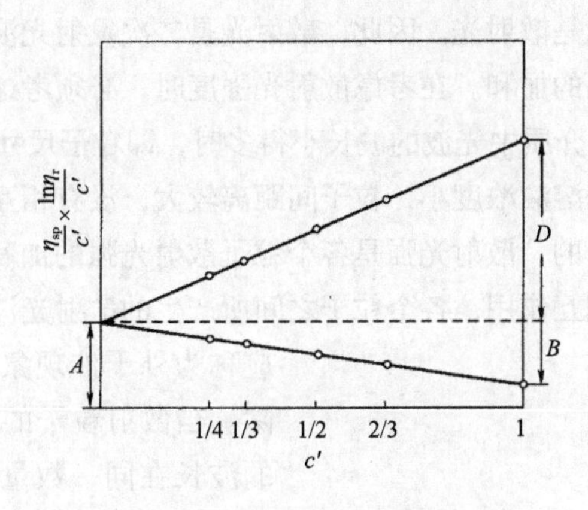

图20-3　［η］，K，β 值的图解

（3）将［η］带入［η］$=KM_\eta^\alpha$，求出 M_η。

（4）从手册上查 K，α 值要注意什么？

（5）通过Mark-Houwink方程计算的聚合物相对分子质量为什么是黏均分子量？

（6）什么情况下必须考虑动能改正？怎样改正？

（王雅珍）

实验 21　光散射法测聚合物相对分子质量及相对分子质量分布

一、实验目的

（1）加深对用光散射法测定聚合物的相对分子质量、分子尺寸和聚合物—溶剂体系的热力学参数基本原理的理解。

（2）掌握用 Zimm 作图法处理数据，计算聚苯乙烯试样的重均分子量、均方旋转半径、均方末端距与第二维利系数的实验技术。

二、实验原理

当一束光通过介质（气体、液体或溶液）时，一部分光沿着原来的方向继续传播，称为透射光。同时，在入射方向以外其他方向可观察到一种很弱的光，称为散射光。散射光的产生是由于光作为一种电磁波，具有振动方向相互垂直的电场和磁场，在光电场的作用下，介质中的带电质点被极化，成为偶极子，并随之产生了同频率的受迫振动，而成为二次光波源。散射光方向与透射光方向间的夹角称为散射角，用 θ 表示。发出散射光的质点称为散射中心，散射中心至观测点的距离称为观测距离，用 r 表示。

光散射的实质即在光波（电磁波）的电场作用下，被迫振动的电子就成为二次光源，向各个方向发射电磁波，也就是散射光。因此，散射光是二次发射光波。介质的散射光强应是各个散射质点的散射光波幅的加和。在考虑散射光强度时。必须考虑散射质点产生的散射光波的相干性。当粒子尺寸比介质中光波的波长小得多时，即粒子尺寸小于波长的 1/20 时，称之为小粒子溶液。此时，若溶液浓度小，粒子间距离较大，没有相互作用，则各个粒子之间所产生的散射光波是不相干的，散射光强是各个粒子散射光强的加和；若溶液浓度较大，粒子间距离很小，有强烈的相互作用，各个粒子之间所产生的散射光波可以相互干涉，这种效应称为外干涉现象，可由溶液的稀释来消除。当散射粒子的尺寸与介质中入射光波的波长在同一数量级时，即相对分子质量大于 10^5，粒子尺寸在 30nm 以上时，称之为大粒子溶液。此时，同一粒子上可以有多个散射中心，散射光之间有光程差；彼此干涉的结果使总的散射光强减弱，这种效应称为内干涉现象，不能通过溶液的稀释来消除，见光散射示意图 21-1。

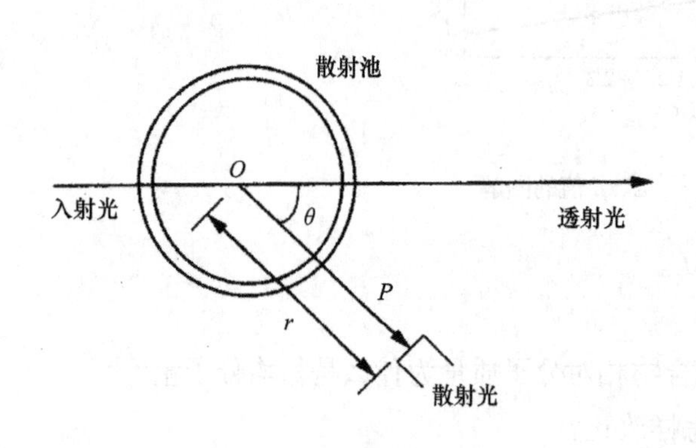

图 21-1　光散射示意图

1. 小粒子溶液

根据光散射的涨落理论，透明液体的光散射现象可以看作分子热运动导致体系光学不均个性，即折射率或介质常数的局部涨落所引起的。在溶液中，折射率或介质常数的变化又是由于溶剂密度涨落和溶液浓度涨落所引起的，散射光强取决于涨落的大小。可以认为，溶液的密度涨落和溶质的浓度涨落是彼此无关的，故溶质的散射光强度 $I_z = I_y - I_j$。

式中：z 为溶质；y 为溶液；j 为溶剂。

此外，溶质的散射光强度应与入射光强度 I_i 成正比。又由于热运动的动能随着温度 T 的升高而增加，故散射光强度又与 kT 成正比，k 为 Boltzmann 常数。溶液中溶剂的化学位降对浓度涨落有抑制作用，所以，散射光强度还与$\partial\pi/\partial c$ 成反比，Π 为溶液的渗透压，c 为溶液的浓度。假定入射光为垂直偏振光，可以导出散射角为 θ、距离散射中心 r 处每单位体积溶液中溶质的散射光强度 $I(r, \theta)$ 为：

$$I(r,\ \theta)=\frac{4\Pi^2}{\lambda^4 r^2}n^2\left(\frac{\partial n}{\partial c}\right)^2\frac{kTcI_i}{\partial\pi/\partial c} \tag{21-1}$$

式中：λ 为入射光在真空中的波长；n 为溶液的折射率，因为溶液很稀，常可用溶剂的折射率来代替；$\partial\pi/\partial c$ 为溶液的折射率增量。

据渗透压表达式：

$$\Pi=cRT\left(\frac{1}{M}+A_2c\right)=cN_AkT\left(\frac{1}{M}+A_2c\right) \tag{21-2}$$

式中：N_A 为 Avogadro 常数；M 为聚合物的相对分子质量；A_2 为渗透压第二维利系数。

式（21-1）又可写成：

$$I(r,\ \theta)=\frac{4\Pi^2}{N_A\lambda^4 r^2}n^2\left(\frac{\partial n}{\partial c}\right)^2\frac{c}{\frac{1}{M}+2A_2c}I_i \tag{21-3}$$

式中：λ 为入射光在真空中的波长。

定义一个参数 R_θ，称为散射介质的 Rayleigh 比，即：

$$R_\theta=r\frac{I(r,\ \theta)}{I_i} \tag{21-4}$$

则：

$$R_\theta=r^2\frac{I(r,\ \theta)}{I_i}=\frac{4\Pi^2}{N_A\lambda^4}n^2\left(\frac{\partial n}{\partial c}\right)^2\frac{c}{\frac{1}{M}+2A_2c} \tag{21-5}$$

当高分子—溶剂体系、温度、入射光的波长固定不变时，$\frac{4\Pi^2}{N_A\lambda^4}n^2\left(\frac{\partial n}{\partial c}\right)^2$ 为常数，记作 K：

$$K=\frac{4\Pi^2}{N_A\lambda^4}n^2\left(\frac{\partial n}{\partial c}\right)^2 \tag{21-6}$$

则：

$$R_\theta=\frac{Kc}{\frac{1}{M}+2A_2c} \tag{21-7}$$

式（21-7）表明，若入射光的偏振方向垂直于测量平面，则小粒子所产生的散射光强度与散射角无关。假如入射光是非偏振光（自然光），则散射光强度将随着散射角的变化而变化，由式（21-8）表示：

$$R_\theta = \frac{Kc}{\frac{1}{M}+2A_2c}\left(\frac{1+\cos^2\theta}{2}\right) \tag{21-8}$$

散射光强度与散射角的关系如图21-2中所示。由图21-2可见，散射光强度在前后方向是对称的。

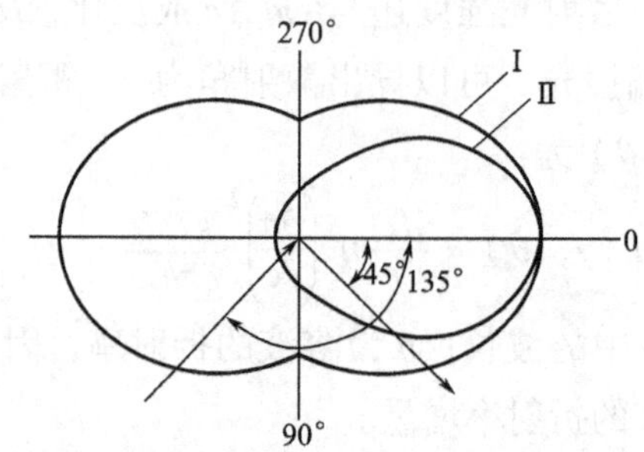

图21-2　稀溶液的散射光强度与散射角关系示意图

Ⅰ—非偏振入射光，小粒子　Ⅱ—非偏振入射光，大粒子

由于 $\theta=90°$ 时，散射光受杂散光的干扰最小，故实验上常由 R_{90} 的测定计算小粒子的相对分子质量 M，即：

$$\frac{Kc}{2R_{90}} = \frac{1}{M}+2A_2c \tag{21-9}$$

测定一系列不同浓度溶液的 R_{90}，以 Kc/R_{90} 对 c 作图，得一直线，其截距为 $1/M$，斜率为 $2A_2$。由此，可以得到溶质的相对分子质量和第二维利系数。

对于多分散聚合物，散射光的强度是由各种大小、不同分子所贡献：

$$(R_{90})_{c\to 0} = \left(\frac{K}{2}\right)\sum_i c_iM_i = \left(\frac{K}{2}\right)c\frac{\sum_i c_iM_i}{\sum_i c_i} = \left(\frac{K}{2}\right)c\frac{\sum_i \omega_iM_i}{\sum_i \omega_i} = \overline{M}_w \tag{21-10}$$

可见，光散射法测得的相对分子质量为溶质的重均分子量 $\overline{M}_w$。

2. ***大粒子溶液***

对于相对分子质量较高的聚合物形成的大粒子溶液，必须考虑其内干涉效应。

由散射中心 A 和 B 所发射的光波沿同一角度 θ 到达某一观测点时有一个光程差 Δ，该值与散射角余弦有关，即：

$$\Delta = DB = AB - AD = AB(1-\cos\theta) \tag{21-11}$$

由式（21-11）可知，当 $\theta=0$ 时，$\Delta=0$；θ 增大，Δ 值增大，散射光强度减弱；当 $\theta=180°$ 时，Δ 出现极大值，散射光强度出现极小值。若将 $90°>\theta>0$ 称为前向，$180°>\theta>90°$ 称为后向；由于大粒子散射光的内干涉效应，前后向散射光强度不对称，前向散射光强度大于后向，如图 21–2 中（Ⅱ）所示。

表征散射光的不对称性参数称为散射因子 $P(\theta)$，它是粒子尺寸和散射角的函数，由式（21–11）表示：

$$P(\theta)=1-\frac{16\Pi^2}{3(\lambda')^2}\overline{s}^2\sin^2\frac{\theta}{2}+\cdots \quad (21\text{–}12)$$

式中：$\overline{s}^2$为均方旋转半径；λ'为入射光在溶液中的波长。

显然，$P(\theta)\leqslant 1$。由此，式（21–12）小粒子散射公式可以修正如下：

$$\frac{1+\cos^2\theta}{2}\frac{Kc}{R_\theta}=\frac{1}{M}\frac{1}{P_\theta}+2A_2c_2 \quad (21\text{–}13)$$

将 $P(\theta)$ 表达式带入，并利用 $1/(1-x)=1+x+x^2+\cdots$ 关系，略去高次项，可得散射公式：

$$\frac{1+\cos^2\theta}{2}\frac{Kc}{R_\theta}=\frac{1}{M}\left[1+\frac{16\Pi^2}{3}\frac{\overline{s}^2}{(\lambda')^2}\sin^2\frac{\theta}{2}+\cdots\right]+2A_2c \quad (21\text{–}14)$$

对于无规线团分子：

$$\overline{s}^2=\frac{\overline{h}^2}{6} \quad (21\text{–}15)$$

$\overline{h}^2$为均方末端距，可得无规线团光散射公式如下：

$$\frac{1+\cos^2\theta}{2}\frac{Kc}{R_\theta}=\frac{1}{M}\left[1+\frac{8\Pi^2}{9}\frac{\overline{h}^2}{(\lambda')^2}\sin^2\frac{\theta}{2}+\cdots\right]+2A_2c \quad (21\text{–}16)$$

实验测定一系列不同浓度溶液在不同散射角时的瑞利系数 R_θ，以 $(1+\cos^2\theta)/2\sin\theta$ 对 $\sin^2\left(\frac{\theta}{2}\right)+qc$ 作图。此处，q 为任意常数，目的是使图形张开为清晰的格子。然后进行 $c\to 0$，$\theta\to 0$，外推，具体步骤为：将 θ 相同的点连成线，向 $c=0$ 处外推，以求 $\left(\frac{1+\cos^2\theta}{2}\frac{Kc}{R_\theta}\right)_{c\to 0}$。此时，点的横坐标是 $\sin^2\left(\frac{\theta}{2}\right)$ 的值，并不是零。故将 $\left(\frac{1+\cos^2\theta}{2}\frac{Kc}{R_\theta}\right)_{c\to 0}$ 的点连成线，对 $\sin^2\left(\frac{\theta}{2}\right)\to 0$ 外推，将 c 相同的点连成线，对 $\sin^2\left(\frac{\theta}{2}\right)\to 0$ 外推，求 $\left(\frac{1+\cos^2\theta}{2}\frac{Kc}{R_\theta}\right)_{c\to 0}$。此时，点的横坐标并不为零，而是 qc 值，故需再以 $\left(\frac{1+\cos^2\theta}{2}\frac{Kc}{R_\theta}\right)_{c\to 0}$ 对 c 作图，外推 $c\to 0$。以上两条外推线在 y 轴应具有同一截距，其值为 $1/M$，可求得聚合物的相对分子质量。而前一条外推线的斜率为 $2A_2$，后一条外推线的斜率为 $\frac{8\Pi^2\overline{h}^2}{9M(\lambda')^2}$，分别可计算出第二维利系数 A_2 和均方末端距 $\overline{h}^2$。以上为光散射“五、实验结果分析与讨论”的 Zimm 作图法，如图 21–3 所示。

本实验以甲苯为溶剂溶解聚苯乙烯，采用 Wyatt DWAN HELEOS 十八角激光光散射检测系统测定聚苯乙烯的重均分子量、均方旋转半径、均方末端距与第二维利系数。

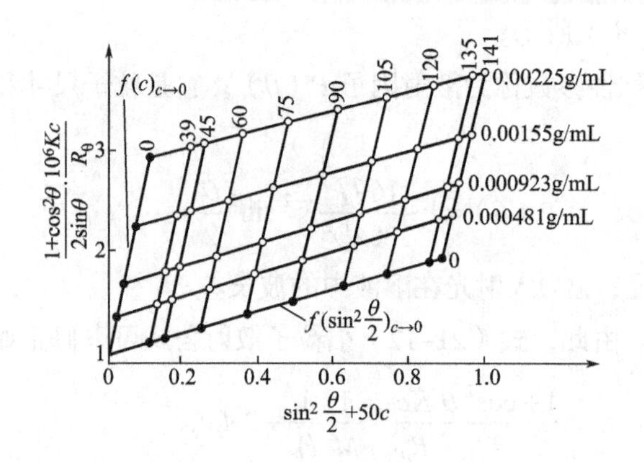

图 21-3　高分子溶液的 Zimm 图

三、实验材料和仪器

1. 主要实验材料

聚苯乙烯、甲苯。

2. 主要实验仪器

Wyatt DWAN HELEOS 十八角激光光散射检测系统（图 21-4 和图 21-5）、过滤器、注射器等。

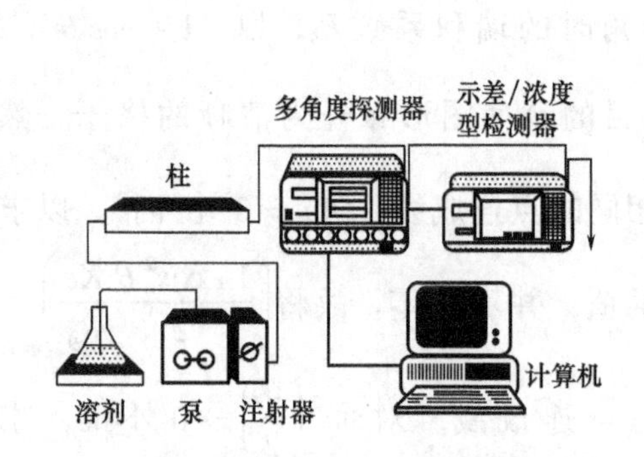

图 21-4　光散射仪的工作原理简图

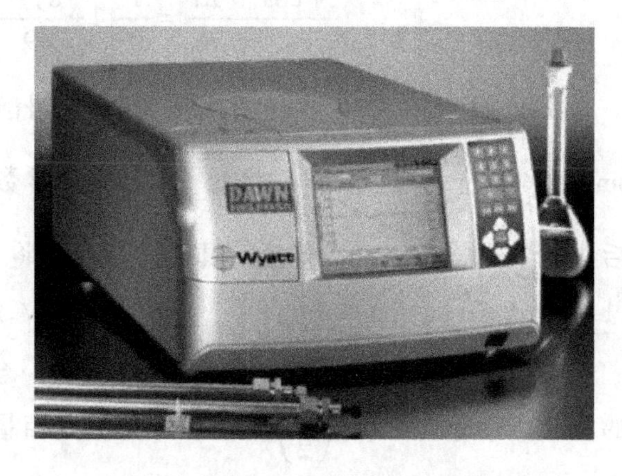

图 21-5　Wyatt 十八角激光光散射仪图

四、实验步骤

（1）在分析天平上准确称取（1 ± 0.01）g 聚苯乙烯样品，放入 100mL 容量瓶中加入甲苯溶解。用移液管移取 5mL、10mL、15mL、20mL 聚苯乙烯溶液分别注入 4 只 25mL 容量瓶中，用甲苯稀释到刻度，得到浓度分别为 0.2×10^{-2}g/mL、0.4×10^{-2}g/mL、0.6×10^{-2}g/mL、0.8×10^{-2}g/mL 和 1.0×10^{-2}g/mL 的 5 种溶液。

（2）打开 ASTRA 软件后，在 SYSTEM 的 ISI 和 INSTRUMENT 中确认光散射仪（HELEOS）已经和计算机连接上，见图 21-6。

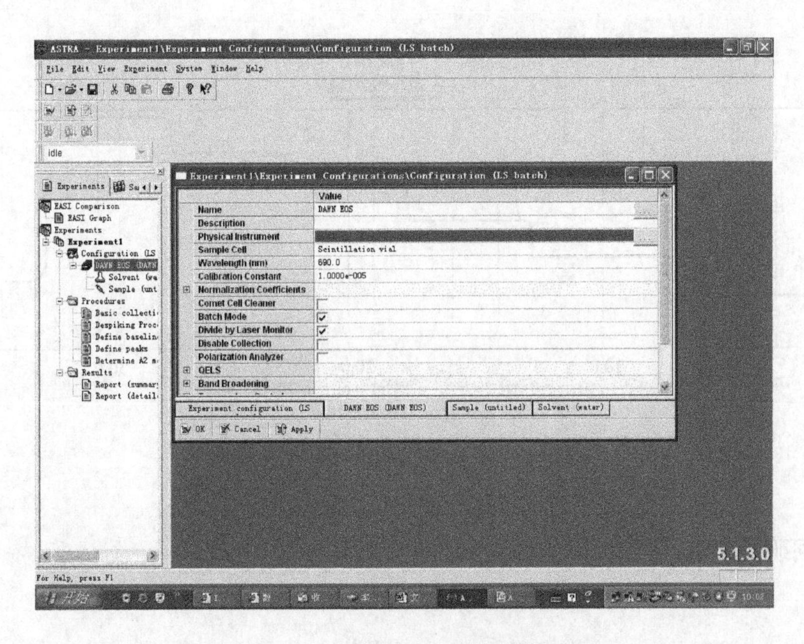

图 21-6　光散射 ASTRA 的操作界面

（3）操作界面设置步骤 File → New → Experiment from Template → Laster → Scattering Batch（Zimm Plot）。

（4）HELEOS 主要是 Physical Instrument 和仪器常数，在 Solvent 中选合适的流动相及在 Sample 中输入 d*n*/d*c* 等参数。

（5）设置 Procedures 中 Duration 的采集时间。

（6）Run，采集数据。

（7）再按 Run，软件会出现对话框，主要为需要设定有关基线的参数。然后在光散射仪的第 11 个角（90°）的信号上设定基线，在数据表的 Auto Baseline 中点击 Perform，然后在图上检查各个角度和 RI 的基线设得是否合适，对不合适的进行修改。检查完点击 OK。

（8）自动出现对话框，需要设定有关峰的参数。在峰的起始位置一点拖到峰的结束位置，这样峰就设定好了。在 Concentration 中输入配制的样品浓度。

（9）在 Report 中查看测试结果，包括 Zimm 图，重均分子量 w，第二维利系数 A_2 和均方旋转半径$\bar{s}^2$等，在 File 的 Save as Template 中将其保存。

（10）使用刚做好的方法平台，按步骤（5）～（9）重复操作，继续测定几个不同浓度的样品，此时只对基线、峰的设定进行修改即可。测试结果见图 21-7。

五、实验结果分析与讨论

（1）用 Zimm 作图法处理数据，计算聚苯乙烯试样的重均分子量、均方旋转半径、均方末端距及第二维利系数。

（2）光散射法适宜测定的相对分子质量范围是什么？

（3）使用光散射法测定相对分子质量时必须输入被测样品的 d*n*/d*c* 值，如测定共聚物或

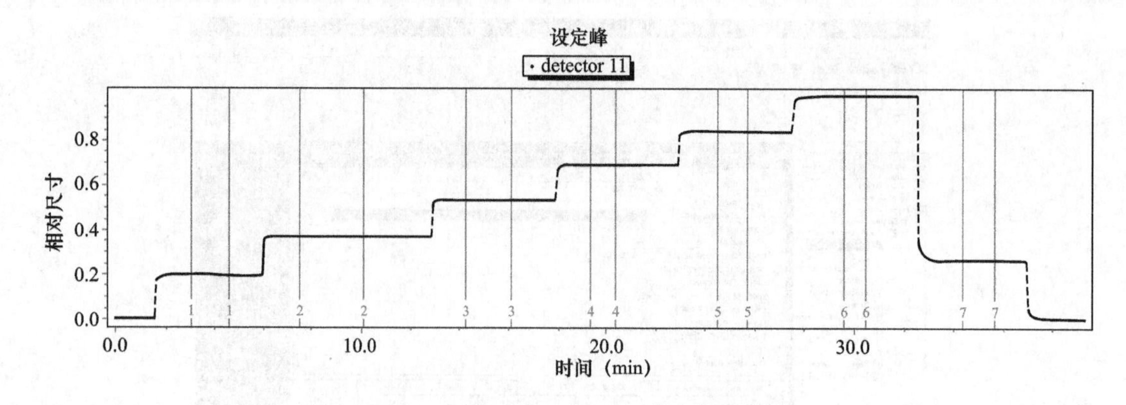

图 21–7　不同梯度浓度的样品基线图

共混物时如何确定 d*n*/dc 值?

（王雅珍）

实验 22　凝胶渗透色谱法测定聚合物相对分子质量及相对分子质量分布

一、实验目的

（1）加深对凝胶渗透色谱（GPC）仪测定聚合物相对分子质量及其原理的理解。

（2）学会使用 GPC 仪。

（3）掌握用 GPC 测定聚苯乙烯的相对分子质量及其分布的实验技术。

二、实验原理

凝胶渗透色谱也称体积排除色谱（Size Exclusion Chromatography，简称 SEC）是一种液体（液相）色谱。一般认为，GPC/SEC 是根据溶质体积的大小，在色谱中体积排除效应即渗透能力的差异进行分离。高分子在溶液中的体积取决于相对分子质量、高分子链的柔顺性、支化、溶剂和温度，当高分子链的结构、溶剂和温度确定后，高分子的体积主要依赖于相对分子质量。

凝胶渗透色谱的固定相是多孔性微球，可由交联度很高的聚苯乙烯、聚丙烯酰胺、葡萄糖和琼脂糖的凝胶以及多孔硅胶、多孔玻璃等来制备。色谱的淋洗液是聚合物的溶剂。当聚合物溶液进入色谱后，溶质高分子向固定相的微孔中渗透。由于微孔尺寸与高分子的体积相当，高分子的渗透概率取决于高分子的体积，体积越小渗透概率越大，随着淋洗液流动它在色谱中经过的路程就越长，用色谱术语就是淋洗体积或保留体积增大。反之，高分子体积增大，淋洗体积减小，因而达到用高分子体积进行分离的目的。基于这种分离机理，GPC/SEC 的淋洗体积是有极限的。当高分子体积增大到已完全不能向微孔渗透，淋洗体积趋于最小值，为固定相微球在色谱中的粒间体积。反之，当高分子体积减小到对微孔的渗透概率达到最大时，淋洗体积趋于最大值，为固定相的总体积与粒间体积之和，因此只有高分子的体积居两者之间，色谱才会有良好的分离作用。对一般色谱分辨率和分离效率的评定指标，在凝胶渗透色谱中也适用。

色谱需要检测淋出液中的含量，因聚合物的特点，GPC/SEC 最常用的是示差折光指数检测器。其原理是利用溶液中溶剂（淋洗液）和聚合物的折光指数具有加和性，而溶液折光指数随聚合物浓度的变化量$\partial n/\partial c$值一般为常数，因此可以用溶液和纯溶剂折光指数之差（示差折光指数）Δn 作为聚合物浓度的响应值。对于带有紫外吸收基团（如苯环）聚合物，也可以用紫外吸收检测器，其原理是根据比耳定律吸光度与浓度成正比，用吸光度作为浓度的响应值。

图 22-1 是 GPC/SEC 的构造示意图，淋洗液通过输液泵成为流速恒定的流动相，进入紧密装填多孔性微球的色谱柱，中间经过一个可将溶液样品送往体系的进样装置。聚合物样品进样后，淋洗液带动溶液样品进入色谱柱并开始分离，随着淋洗液的不断洗涤，被分离的高分子组分陆续从色谱柱中淋出。浓度检测器不断检测淋洗液中高分子组分的浓度响应，记录数据，最后得到一张完整的 GPC/SEC 淋洗曲线，如图 22-1 所示。

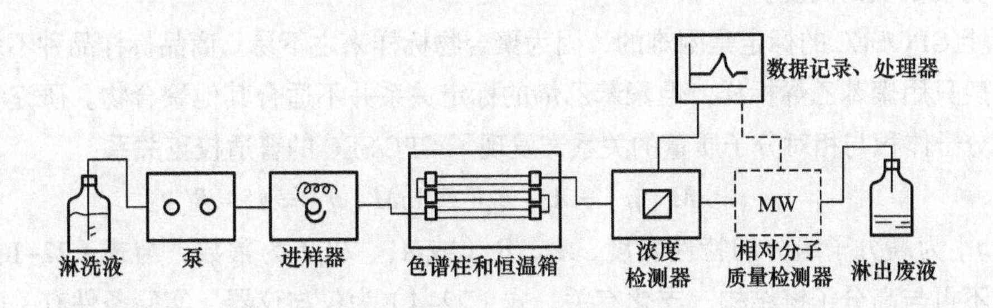

图 22-1　GPC/SEC 的构造

淋洗曲线表示 GPC/SEC 对聚合物样品依高分子体积进行分离的结果，并不是相对分子质量分布曲线。实验证明，淋洗体积和聚合物相对分子质量有如下关系：

$$\ln M = A - BV_e \text{ 或 } \lg M = A' - B'V \qquad (22\text{-}1)$$

式中：M为高分子组分的相对分子质量；A、B（或A'、B'）为常数，它们与高分子链结构、支化以及溶剂温度等影响高分子在溶液中的体积因素有关，也与色谱的固定相一体积和操作条件等仪器因素有关，因此式（22-1）称为 GPC/SEC 的标定（校正）关系。式（22-1）的适用性还限制在色谱固定相渗透极限以内，也就是说相对分子质量过高或太低都会使标定关系偏离线性。一般需要用一组已知相对分子质量的窄分布的聚合物标准样品（标样）对仪器进行标定，得到在指定实验条件，适用于结构和标样相同的聚合物的标定关系。

GPC/SEC 的数据处理，一般采用“切割法”。在图 22-2 谱图中确定基线后，基线和淋洗曲线所包围的面积是被分离后的整个聚合物，依横坐标对这块面积等距离切割。切割的含义是把聚合物样品看成由若干具有不同淋洗体积的高分子组分所组成，每个切割块的归一化

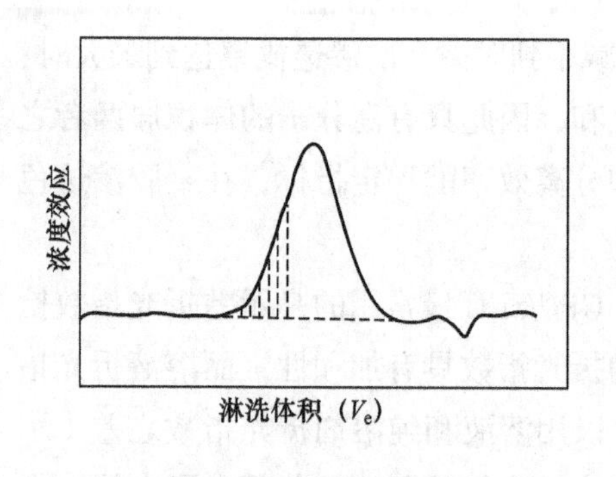

图 22-2 GPC/SEC 淋洗曲线和“切割法”

面积（面积分数）是高分子组分的含量，切割块的淋洗体积通过标定关系可确定组分的相对分子质量，所有切割块的归一化面积和相应的相对分子质量列表或作图，得到完整的聚合物样品的相对分子质量分布结果。因为切割是等距离的，所以用切割块的归一化高度就可以表示组分的含量。切割密度会影响结果的精度，当然越高越好，但一般认为，一个聚合物样品切割成 20 块以上，对相对分子质量分布描述的误差已经小于 GPC/SEC 方法本身的误差。当用计算机记录、处理数据时，可设定切割成近百块。用相对分子质量分布数据，很容易计算各种平均分子量，以数均分子量$\overline{M}_n$和重均分子量$\overline{M}_w$为例：

$$\overline{M}_n=\left(\sum_{i=1}^{n}W_i/M_i\right)^{-1}=\sum_i H_i/\sum_i\left(\frac{H_i}{M_i}\right) \tag{22-2}$$

$$\overline{M}_w=\sum_{i=1}^{n}W_i/M_i=\sum_i H_iM_i/\sum_i H_i \tag{22-3}$$

式中：H_i 为切割块的高度。

实际上 GPC/SEC 的标定是困难的，因为聚合物标样来之不易。商品标样品种不多且价格昂贵，一般只用聚苯乙烯标样，但聚苯乙烯的标定关系并不适合其他聚合物。研究者从分离机理和高分子体积与相对分子质量的关系，发现了 GPC/SEC 的普适校正关系：

$$\ln M[\eta]=A_u-B_uV \text{ 或 } \ln M[\eta]=A'_u-B'_uV_e \tag{22-4}$$

式中：［η］为高分子组分的特性黏度，A_u、B_u（或 A'_u、B'_u）为常数。与式（22-1）不同这两个常数不再与高分子链结构、支化有关，式（22-4）为仅与仪器、实验条件有关而对大部分聚合物普适的校正关系。[η]可用 Mark-Houwink 方程代入，通过手册查找常数 K、α。但是，不少聚合物在 GPC/SEC 常用溶剂和实验温度下的 K、α 值并没有报道，即使能够查到，其准确性也很难判断，因此利用普适校正关系还是受到很大的限制。

GPC/SEC 的相对分子质量在线检测技术，从根本上解决了相对分子质量标定问题。目前技术比较成熟的是光散射和特性黏度检测，前者检测淋洗液的瑞利比，直接得到高分子组分的相对分子质量；后者则检测淋洗液的特性黏度，利用普适校正关系来确定组分的相对分子质量。此外，利用相对分子质量响应检测器，还能得到有关高分子结构的其他信息，使凝胶渗透色谱的作用进一步加强。

本实验以聚苯乙烯为标准样品，采用凝胶渗透色谱仪测定聚苯乙烯样品的相对分子质量及相对分子质量分布。

三、实验材料和仪器

1. 主要实验材料

聚苯乙烯标样、悬浮聚合的聚苯乙烯、四氢呋喃（AR，重蒸后用 0.45 μm 孔径的微孔滤膜过滤）。

2. **主要实验仪器**

组合式 GPC/SEC 仪（美国 Waters-150C）、分析天平、微孔过滤器、配样瓶、注射器。

四、实验步骤

1. **样品配制**

选取 10 个不同相对分子质量的标样，按相对分子质量顺序 1、3、5、7、9 和 2、4、6、8、10 分为两组，每组标样分别称取约 2mg 混在一个配样瓶中，用注射器注入约 2mL 溶剂，溶解后用装有 0.45 μm 孔径的微孔滤膜的过滤器过滤。

在配样瓶中称取约 4mg 被测样品，注入约 2mL 溶剂，溶解后过滤。

2. **仪器观摩**

了解 GPC/SEC 仪器各组成部分的作用和大致结构，了解实验操作要点。接通仪器电源，设定淋洗液流速为 1.0mL/min、柱温和检测温度为 30℃。了解数据处理系统的工作过程以便加深对相对分子质量分布的概念和 GPC/SEC 的认识。

3. **GPC/SEC 的标定**

待仪器基线稳定后，用进样注射器先后将两个混合标样溶液进样，进样量为 100 μL，等待色谱淋洗，最后得到完整的淋洗曲线。从两条淋洗曲线确定共 10 个标样的淋洗体积。数据填入表 22-1。

表22-1　标样测试数标样测试数据

标样序号	相对分子质量	淋洗体积
1		
2		
3		
⋮		

4. **样品测定**

同上法，将样品溶液进样，得到淋洗曲线后，确定基线，用“切割法”进行实验结果分析与讨论，切割块数应在 20 以上，样品测试数据填入表 22-2。

表22-2　样品测试数据

切割块号	V_{e_i}	H_i	M_i	H_iM_i	H_i/M_i
1					
2					
3					
⋮					

五、实验结果分析与讨论

（1）GPC/SEC的标定。

标样：PC/SEC；浓度淋洗液：________________；流速：__________；色谱柱：________________；柱温：________________；进样量：________________。

作 $\lg M—V_e$ 图，可得GPC/SEC标定关系。

（2）样品测定。

样品：________________；浓度：__________；淋洗液：______________；流速：__________；色谱柱：________________；柱温：______；进样量：__________。

计算 $\sum_i H_i$、$\sum_i H_i M_i$ 和 $\sum_i (H_i/M_i)$，根据式（22-2）、式（22-3）计算出样品的数均和重均分子量，并计算多分散系数：$d = M_u/M_n$。

（3）高分子的链结构、溶剂和温度为什么会影响凝胶渗透色谱的校正关系？

（4）为什么在凝胶渗透色谱实验中，样品溶液的浓度不必准确配制？

（5）通过GPC实验可以获得哪些实验结果？GPC是相对法还是绝对法？

（王雅珍）

实验23　铜乙二胺法测纤维素的聚合度

一、实验目的

（1）加深对用黏度法表征聚合物相对分子质量原理的理解。

（2）熟悉铜乙二胺溶液的配制与标定。

（3）掌握用铜乙二胺法测量纤维素的平均聚合度的实验技术。

二、实验原理

测定纤维素聚合度的方法很多，其中最古老的是铜氨溶液黏度法，这个方法有很多缺点，如铜氨溶液不易制备、不稳定、空气和光会使溶于铜氨溶液中的纤维素发生降解等。因而，现在逐渐采用铜乙二胺作为溶剂。

高分子溶液的增比黏度（η_{sp}）为：

$$\eta_{sp} = \frac{t - t_0}{t_0} = \eta_r - 1 \qquad (23\text{-}1)$$

式中：t 为试样溶液流出时间（s）；t_0 为空白铜乙二胺溶液流出时间（s）；η_r 为相对黏度。

由增比黏度计算特性黏度时，一般均采用外推法，即分别制成不同浓度的试样溶液若干个，各测定其增比黏度 η_{sp}，以 η_{sp}/c 对浓度 c 作图，得到一直线，用外推法推算到浓度为零时的截距，即得特性黏度［η］。此外，还有马丁公式（Martin's equation）、哈金斯公式（Huggin's equation）和舒兹—布拉施克公式（Schulz–Blaschke's equation）三种常用公式可以得出特性黏度。

舒兹—布拉施克公式为：

$$\frac{\eta_{sp}}{c}=[\eta]+k'''[\eta]\ \eta_{sp} \tag{23-2}$$

即：

$$[\eta]=\frac{\eta_{sp}}{c}\cdot\frac{1}{1+k'''\eta_{sp}} \tag{23-3}$$

由文献可得纤维素铜氨溶液的 $k'''=0.28$，铜乙二胺溶液的 $k'''=0.29$，而酒石酸铁钠（EWNN）法的 $k'''=0.30$。因此，只用一个浓度的试样溶液即可得到特性黏度的值。由此可见，选择舒兹—布拉施克公式可以直接快速地求得特性黏度，从而减少计算量和实验量。

由特性黏度通过下列式（23–4）和式（23–5）即可求得纤维素的平均聚合度：

$$M_{\eta}=([\eta]/0.0116)^{1/0.83} \tag{23-4}$$

$$\overline{DP}=M_{\eta}/162 \tag{23-5}$$

本实验用硫酸铜、氨水、乙二胺配制的铜乙二胺溶液溶解纤维素，采用黏度法测定纤维素的聚合度。

三、实验材料和仪器

1. 主要实验材料

纤维素、硫酸铜（化学纯）、浓氨水、氢氧化钠、乙二胺、酚酞（1%）、盐酸、甲基橙、碘化钾、硫代硫酸钠、硫氰酸铵、淀粉、蒸馏水。

2. 主要实验仪器

乌式黏度计、熔砂漏斗、分析天平、恒温水槽 1 套、秒表、烧杯、移液管（5mL 和 10mL 各 1 支）、玻璃砂芯漏斗 2 个、容量瓶、乳胶管。

四、实验步骤

1. 铜乙二胺溶液的配制

将 250g 硫酸铜溶于 2L 热蒸馏水中，加热至沸腾，慢慢加入浓氨水（约 115mL），至溶液呈淡紫色，静置使沉淀下沉，用倾泻法洗涤沉淀，先用热蒸馏水洗 4 次，再用冷蒸馏水洗 2 次，每次用 1000mL 蒸馏水。将糊状沉淀冷却至 20℃以下，在剧烈搅拌下慢慢加入 800mL 冷的约 100g/L 的氢氧化钠溶液，以倾泻法用蒸馏水洗涤沉淀出的氢氧化铜，至洗液用酚酞指示剂检验无色为止。在不断搅拌下，慢慢向糊状沉淀中加入 110g 乙二胺（100%），使之溶解。加入时注意保持温度低于 20℃（最好低于 10℃），然后用水稀释至 800mL，摇匀，置于带塞的棕色瓶中。将配好的溶液静置 2 ~ 3 天，使之成为铜乙二胺溶液，然后用虹吸法吸取上部清液置于棕色瓶中，必备标定。

2. 铜乙二胺溶液的标定

用移液管吸取25mL配好的溶液于250mL容量瓶中，用水稀释至刻度。用移液管吸取25mL稀释液，置入500mL带磨口塞的锥形瓶中，加入25mL盐酸标准溶液[$c(HCl)=1mol/L$]及30mL10%的碘化钾溶液，摇匀后，立即用硫代硫酸钠标准溶液[$c(Na_2S_2O_3)=0.10mol/L$]滴定至棕色几乎消失时，加入1g硫氰酸铵及淀粉指示剂，继续滴定至蓝色消失为止，记录所用硫代硫酸钠体积。

向上述溶液中各多加5滴硫代硫酸钠，再加入200mL水，摇匀加入甲基橙指示剂，用[$c(NaOH)=1mol/L$]滴定至显黄色即为终点。

铜乙二胺浓度调整过程中的铜浓度、乙二胺浓度、铜与乙二胺的摩尔比的计算式如下：

铜浓度（mol/mL）：

$$y=\frac{c(Na_2S_2O_3)\cdot V(Na_2S_2O_3)}{V(\text{铜乙二胺})\cdot\frac{25}{250}}$$

乙二胺浓度（mol/mL）：

$$x=\frac{c(HCl)\cdot V(HCl)-2c(Na_2S_2O_3)\cdot V(Na_2S_2O_3)-c(NaOH)\cdot V(NaOH)}{2V(\text{铜乙二胺})\cdot\frac{25}{250}}$$

乙二胺与铜的摩尔比：

$$R=\frac{x}{y}$$

适宜的浓度应为，铜浓度为1mol/L，R值要求为2.00 ± 0.04。当$R<2$、$c(Cu)>1mol/L$时，说明乙二胺和水的量不够。

添加的乙二胺的量（mL）：

$$V(En)=(2y-x)\times\frac{0.06\times V}{w(En)}$$

添加的水的量（mL）：

$$V(H_2O)=yV-V(En)-V$$

式中：$c(Na_2S_2O_3)$为硫代硫酸钠溶液的浓度（mol/L）；$V(Na_2S_2O_3)$为标定时加入的硫代硫酸钠溶液的体积（L）；$c(HCl)$为盐酸标准溶液的浓度（mol/L）；$V(NaOH)$为标定时加入的氢氧化钠溶液的体积（L）；$w(En)$为乙二胺的质量百分比浓度；V为铜乙二胺的体积（mL）。

3. 纤维素黏度的测定

（1）洗涤玻璃仪器。参阅实验20。

（2）高分子溶液配制。准确称取纤维素0.05g左右，用铜乙二胺溶液（20mL）使其全部溶解，溶解尽量隔绝空气，以防止溶液中纤维素发生降解作用。

（3）溶液流出时间的测定。参阅实验 20。

（4）稀释法测定一系列溶液的流出时间。参阅实验 20。

（5）纯溶剂流出时间测定。参阅实验 20。

五、实验结果分析与讨论

（1）记录数据。

纯溶剂流出时间 t_0（s）：________；试样浓度 c_0（g/mL）：________；计算 $\overline{DP}$，填写表 23–1。

表23–1 实验结果记录

序号	1	2	3
溶液流出时间（s）			
η_{sp}			
$[\eta]$			
M_η			
$\overline{DP}$			

（2）铜乙二胺法测纤维素的聚合度是相对法还是绝对法?

（丁哲音 沈新元）

实验 24 膨胀计法测聚合物的玻璃化转变温度

一、实验目的

（1）加深对聚合物自由体积和玻璃化转变温度概念的理解。

（2）掌握膨胀计法测定聚合物玻璃化转变温度的实验技术。

（3）了解升温速度对玻璃化转变温度的影响。

二、实验原理

聚合物具有玻璃化转变现象，对非晶聚合物而言，其玻璃化转变是从玻璃态到高弹态的转变；对晶态聚合物而言，是指其中非晶部分的转变。

玻璃化转变温度 T_g 是聚合物的特征温度之一，可以作为聚合物的表征指标。对非晶态热塑性塑料来说，T_g 是其使用的上限的温度；而对橡胶来说，T_g 是其使用的下限温度。发生玻璃化转变时，除模量快速变化 3 ~ 4 个数量级外，其他如体积、热力学性质、电磁性质等均会发生明显的变化。

聚合物玻璃化转变现象的本质主要有两种观点，一种观点认为玻璃化转变是一个松弛过程，另一种观点认为其本质是一个热力学二级相变，而实验观察到的 T_g 是需要无限长时间的热力学转变温度的一个表现。

实验表明，玻璃化转变与涉及含 20 ~ 50 个主链碳原子的链段运动有关。自由体积理论认为，在玻璃化态下，由于链段和自由体积均被冻结，聚合物随温度升高而发生的膨胀只是由于正常的分子膨胀过程造成的，而在 T_g 以上，除了正常的分子膨胀过程外，还有自由体积的膨胀，因此膨胀系数变大。

T_g 受升温速度等外界条件影响，同时也与本身结构有关，如与相对分子质量有以下关系式：

$$T_g = T_g(\infty) - \frac{K}{M_n}$$

式中：$T_g(\infty)$ 为相对分子质量无穷大时的玻璃化转变温度；K 为常数。

膨胀计法是通过测定聚合物的比体积与温度的关系来确定聚合物的玻璃化转变温度。聚合物在 T_g 以下时，分子链的膨胀系数较小；在 T_g 以上时，分子链的膨胀系数较大，因此在 T_g 前后试样的比体积会发生突变，其比体积—温度曲线会出现转折。将曲线两端的直线部分外推，其交点即为 T_g。

本实验丙三醇为介质，采用膨胀计测定尼龙 6 的玻璃化转变温度。

三、实验材料和仪器

1. 主要实验材料

颗粒状尼龙 6、丙三醇。

2. 主要实验仪器

膨胀计（如图 9-1 所示，但储存器用比重瓶）、玻璃棒、比重瓶、水浴及加热器、温度计（250℃）。

四、实验步骤

（1）洗净膨胀计，烘干。装入待测样品尼龙 6 颗粒至比重瓶的 4/5 体积。

（2）在膨胀计的毛细管内加入丙三醇作为介质，用玻璃棒搅动使管内没有气泡。

（3）加入丙三醇至比重瓶口，将毛细管插入比重瓶。如果管内发现有气泡要重新装。

（4）将装好的膨胀计浸入水浴中，控制水浴升温速度为 1℃ /min。

（5）读取水浴温度 T 和毛细管内丙三醇液面高度 h。

（6）将膨胀计冷却后，再在升温速度为 2℃ /min 的热水浴中读取温度和毛细管内液面的高度。

五、实验结果分析与讨论

（1）作 T—h 图，读取 T_g。

（2）为什么用不同的方法测得的玻璃化转变温度是不能相互比较的？

（3）测量聚合物的玻璃化转变温度还有什么方法？试述各方法的优缺点。

（李青山　彭桂荣）

实验 25　聚合物应力松弛的测定

一、实验目的

（1）了解聚合物的应力松弛现象，加深对聚合物黏弹性质的认识。

（2）掌握应力松弛的原理。

（3）掌握使用应力松弛仪测定聚合物应力松弛曲线的方法。

二、实验原理

聚合物的力学性质是随时间的变化而变化的，这些变化称为力学松弛。根据聚合物受到外部作用情况的不同，可以观察到应力松弛、蠕变、滞后和力学消耗等不同类型的力学松弛现象。

应力松弛是在恒定温度和形变保持不变的情况下，聚合物内部应力随时间增加而逐渐衰减的现象。（条件很重要：温度太低，拉伸太小，松弛小而慢，不易观察）。了解聚合物的这种力学松弛特性，对于研究聚合物结构与性能的关系以及在实际生产中，稳定产品质量都很有意义。

聚合物的应力松弛，其根源在于聚合物的黏弹性质。线型聚合物受力作用，可能发生键长键角、链段以及整个分子链三种不同运动单元的运动。其松弛时间为键长键角运动小于链段运动，链段运动小于整个大分子链的运动。处于玻璃态的聚合物，由于后两种运动难以发生，故松弛现象不明显。处于高弹态的聚合物，由于链段可以运动，在长时间力的作用下，能通过链段运动达到整个大分子链的运动，因而松弛现象明显。当一个聚合物试样迅速被拉伸并固定总伸长时，总的形变包括分子链中原子间键角与键长的改变（普弹形变），原来处于卷曲状态的大分子链的舒展（高弹形变），但是分子间的相对位移来不及发生。因固定了伸长，试样仍处于受力状态，随着时间的增加，柔性链分子因热运动而沿力作用的方向逐渐舒展和移动，消除了弹性形变产生的内应力，因而应力相应减少。随着时间继续增长，链段热运动具有回复大分子无规卷曲的最可几种状态的趋向，继续消除了高弹形变产生的内应力。经过足够长的时间，将达到大分子间的位移，即解缠结。同时，热运动使大分子慢慢地转入另一种无规卷曲的平衡状态，即重卷曲，使固定的形变成为不可逆的形变。这样最终就消除了两种弹性形变的内应力。也就是说，当时间足够长时，应力衰减最后达到零。

因此，应力松弛是一种形式的弹性和黏性的组合。在聚合物的黏弹性理论中，应力松弛现象可用 Maxwell 模型来描述，如图 25-1 所示，它是由一个黏壶和一个弹簧串联而成的。用

Maxwell 模型可以导出以下数学模型，即：

$$\frac{\sigma_t}{\sigma_0}=e^{-\frac{t}{\tau}} \quad (25\text{-}1)$$

其中：$\tau=\frac{\eta}{E}$，称为松弛时间，η 为黏度，E 为弹性模量。

由于弹性模量 E 和黏度 η 都是材料本身的特性参数，因此，松弛时间 τ 在一定温度下也仅由材料性质决定，这就是松弛时间 τ 可以用来描述高分子材料应力松弛性质的依据所在。

按上述数学模型，当 $t=\tau$ 时，材料的应力比 $\sigma_t/\sigma_0=e^{-1}=0.368$，这是一个不再与时间变化有关的数值。因此 τ 是指高分子材料应力松弛至 $\sigma_t/\sigma_0=0.368$ 时的时间，是反映高分子材料力学性质的一个特性参数，实际上，常根据样品的应力松弛曲线（图 25-2）来确定其松弛时间 τ。

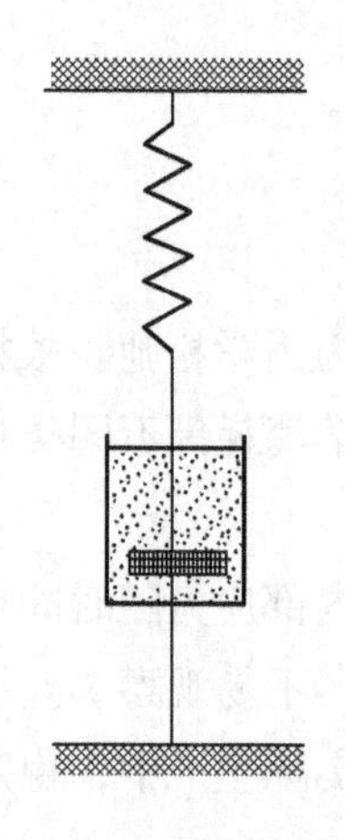

图 25-1　Maxwell 应力松弛数学模型

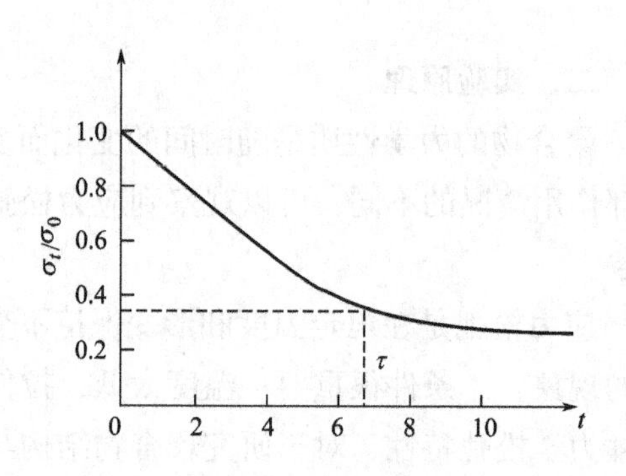

图 25-2　应力松弛曲线

本实验以未硫化的天然橡胶及其硫化胶为试样，测定各形态下的力学行为。

三、实验材料和仪器

1. 主要实验材料

未硫化的天然橡胶及其硫化胶（规格为 40mm × 10mm × 1.5mm）

2. 主要实验仪器

应力松弛仪（多点拉伸式，实验温度可以在室温至 50℃范围内任意调节），主要由三部分组成：

（1）恒温箱：电加热式，箱内装有循环风扇使箱内空气强制循环加热，并保证箱内温度分布均匀，实验是在恒温箱内进行的。

（2）拉伸结构：由可逆电机、螺杆、导杆和上下夹持器等组成，如图 25-3 所示。拉伸机构的动力为可逆电动机。电动机可反正转，通过齿轮螺杆作反转和正转，从而使拉杆做上下运动。下夹持器是固定在与拉杆连接的连板上，由于连板有导杆定向，所以六个下夹持器只能上下平行移动，其移动距离由多圈电位器测定，从仪表上可以直接得到指示。上下的最小间距为40mm，最大间距为150mm，当试片的工作长度为40mm时，最大伸长比为3.75。

（3）测试结构：主要由板式测力弹簧、差动变压器、放大器和电位差计组成，如图25-4所示。差动变压器的触头在本身弹簧的作用下紧顶在测力弹簧上，当下夹持器向下运动时，试片被拉伸，其张力通过上夹持器长杆及短杆使弹簧变形，触头随之产生位移，再通过差动变压器送出与其位移成正比的电压信号，经放大整流后由记录仪指示出来。随着试片应力的变化，记录仪的输入信号也产生相应的变化。测力范围分10μV、30μV、100μV、300μV四档，以适应不同的要求。

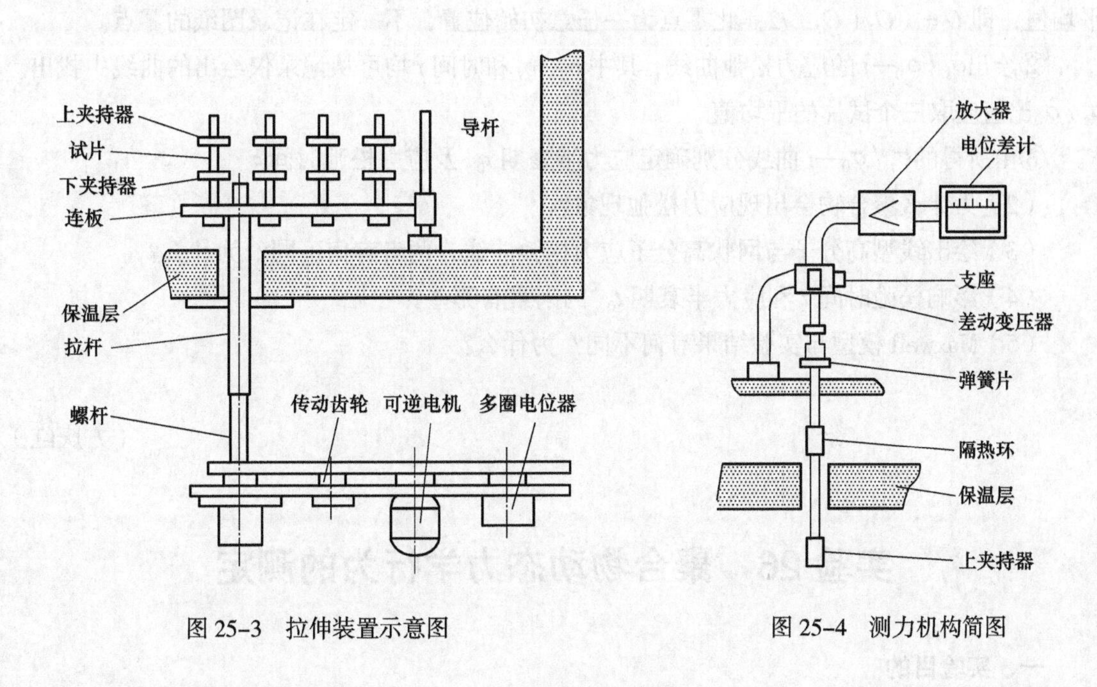

图25-3　拉伸装置示意图　　　　图25-4　测力机构简图

四、实验步骤

（1）接通电源，将温控仪指针调至所需温度（本实验在室温下进行），升温时接通"加热"开关，恒温时接通"恒温"开关。

（2）根据不同试样，选择好"应力粗调"开关，并根据应力校核差动变压器的零点和校满度。

（3）打开"加热"开关时，就打开记录仪开关，让其走零点，整机的热平衡需0.5h左右。待记录仪走直线后即可开始实验。

（4）按实验要求裁好试片（做3片平行实验），装在夹持器上，恒温10～15min。

（5）重新调节各测力机构的零点，此零点记为O_1。

（6）按动下夹持器下降开关使试片拉伸至所需长度（本实验拉伸20mm）开始计时，试验过程中，需要经常观察恒温箱中温度的高低及记录仪是否运行正常。

（7）选择设置走纸速度，如$v = 10 \times 120\text{mm/h} = 1/3\text{mm/s}$，两点之间的距离为10mm，需要时间为30s。

（8）实验约1h后（此时可达到我们的实验目的），剪断试片，关闭恒温箱门，让仪器再打5min零点，此时零点记为O_2，关闭记录仪。

（9）按动夹持器“上升”开关，让长度指示调节仪的指针回到零点，取下试片，关闭仪器。

五、实验结果分析与讨论

（1）数据处理：

①零点的确定：由于实验前后温度及应力的影响会导致漂移，故各测力机构的零点应取平均值，即$O=(O_1+O_2)/2$，此零点为一任意初始位置，不一定在记录图纸的零点。

②绘出σ_t/σ_0—t的应力松弛曲线，其中σ_0、σ_t和时间t均可从记录仪绘出的曲线中找出。σ_t/σ_0比值应取三个试片的平均值。

③由所得的σ_t/σ_0—t曲线分别确定应力半衰期$t_{0.5}$及应力松弛时间τ。

（2）为什么聚合物会出现应力松弛现象？

（3）绘出线型高分子与网状高分子应力松弛曲线，两者有何不同？为什么？

（4）影响松弛时间τ和应力半衰期$t_{0.5}$的因素有哪些？

（5）Maxwell模型与实验结果有何不同？为什么？

（方庆红）

实验26　聚合物动态力学行为的测定

一、实验目的

（1）了解聚合物黏弹特性，学会从分子运动的角度来解释高聚物的动态力学行为。

（2）了解聚合物动态力学分析原理和方法，学会使用动态力学分析仪测定聚合物动态力学温度谱和频率谱。

二、实验原理

聚合物的黏弹性是指聚合物既有黏性又有弹性的性质，其实质是聚合物的力学松弛行为。研究聚合物的黏弹性常采用正弦函数形式的交变应力，使试样产生的应变也以正弦函数形式随时间变化。这种周期性的外力引起试样周期性的形变，其中一部分所做功以位能形式储存在试样中，没有损耗，而另一部分所做功，在形变时以热的形式消耗。应变始终落后应力一个相位，以拉伸为例，当试样受到交变的拉伸应力作用时，应力和应变可以用复数形式表示如下：

$$\sigma(t)=\sigma_0 e^{i\omega t} \tag{26-1}$$

$$\varepsilon(t)=\varepsilon_0 e^{i(\omega t-\delta)} \tag{26-2}$$

式中：σ_0和ε_0为应力和应变的振幅；ω为角频率；i为虚数。

用复数应力 $\sigma(t)$ 除以复数形变 $\varepsilon(t)$，便得到材料的复数模量。模量可能是拉伸模量和切变模量等，这取决于所用力的性质。为了方便起见，将复数模量分为两部分，一部分与应力同位相，另一部分与应力差 90° 的相位角，如图 26–1（c）所示。

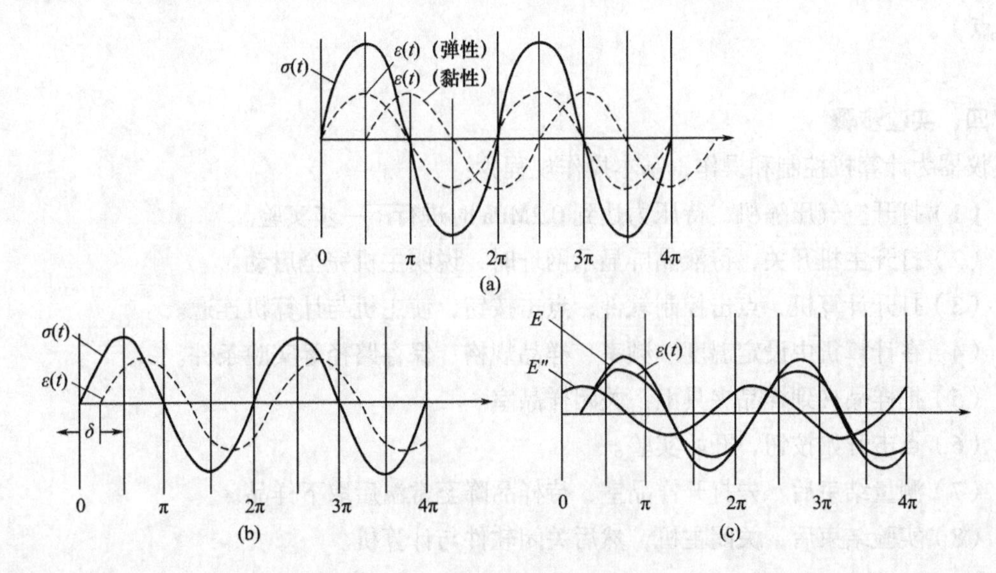

图 26–1　应力—应变相位角的关系

对于复数模量：

$$E^* = E' + iE'' \tag{26-3}$$

$$E' = |E^*|\cos\delta \qquad E'' = |E^*|\sin\delta$$

显然，与应力同位相的模量给出样品在最大形变时弹性储存模量，而有相位差的模量代表在形变过程中消耗的能量。在一个完整周期应力作用内，所消耗的能量 ΔW 与最大储存量 W 之比，即为黏弹性物体的特征量，叫做力学内耗，它与复数模量的直接关系为：

$$\tan\delta = \frac{E''}{E'} \tag{26-4}$$

式中：$\tan\delta$ 为损耗角正切。

研究材料的动态力学性能就是要精确测量各种因素（包括材料本身的结构参数及外界条件）对动态模量及损耗因子（损耗角正切）的影响。通常使用动态力学分析仪器（DMA）来测量材料形变对振动力的响应、动态模量和力学损耗。其基本原理是对材料施加周期性的力并测定其对力的各种响应，如形变、振幅、谐振波、波的传播速度、滞后角等，从而计算出动态模量、损耗模量、阻尼或内耗等参数，分析这些参数变化与材料性能（物理的和化学的）的关系。

本实验以聚合物长方形样条为试样，测定其应力松弛曲线。

三、实验材料和仪器

1. 主要实验材料

聚合物长方形样条，试样尺寸：长（a）= 35 ~ 40mm，宽（b）= 13mm，厚（h）= 2mm。

2. **主要实验仪器**

动态热机械分析仪（DMA）（实验温度范围 - 200 ~ 600℃，频率0.01 ~ 100Hz，备有热塑性材料、热固性材料、拉伸、扭摆等多种测量模式，具有预实验功能，以确保试验成功等特点）。

四、实验步骤

仪器为计算机控制和操作，基本操作规程为：

（1）打开空气压缩机，待压力达到0.2MPa时进行下一步实验。

（2）打开主机开关，待液晶屏显示网址时，说明主机完全启动。

（3）打开计算机，点击控制软件，点击按钮，使主机与计算机连通。

（4）在计算机中设定温度、频率、样品规格、保存路径等实验条件。

（5）把样品夹到样品夹具上，关闭样品室。

（6）点击开始按钮，开始实验。

（7）测量结束后，先打开样品室，待样品降至常温后取下样品。

（8）实验结束后，关闭主机，然后关闭软件与计算机。

五、实验结果分析与讨论

（1）实验过程中，记录不同温度点、不同频率点下的储能模量、损耗模量。

（2）为什么聚合物在玻璃态、高弹态时内耗小，而在玻璃化转变区内耗出现极大？

（3）为什么聚合物在从高弹态向黏流态转变时，内耗不出现极大值而是急剧增加？

（4）试从分子运动的角度来解释ABS动态力学曲线上出现的各个转变峰的物理意义。

（方庆红）

实验27 聚合物蠕变曲线和本体黏度的测定

一、实验目的

（1）了解蠕变曲线各部分的意义。

（2）掌握用压缩法或拉伸法测定聚合物蠕变曲线的实验技术。

（3）掌握测定聚合物本体黏度的实验技术。

二、实验原理

在适当的温度和较小的恒定外力（拉力、压力或扭力等）作用下，材料的形变随时间的增加而逐渐增大的现象，称为蠕变。实验条件很重要：温度过低、外力太小，蠕变小而慢，不易观测；温度过高、外力太大，形变过快，也觉察不到蠕变。

对于网型结构的聚合物，在蠕变过程中首先出现的是可逆的普弹形变（瞬时弹性变形），这是分子链内键长、键角的变化；随之是可逆的高弹形变（推迟弹性变形），这是分子链的逐渐伸展，高弹形变是时间的函数，时间足够长后，形变充分发展而达到平衡态。

对于线型聚合物，除了上述两种形变外，因为分子之间能彼此滑移，所以还能产生不可逆的黏性流动，使形变永远不能到达平衡。但是，时间足够长后，可达到稳流态。因此，总的形变是：

$$\varepsilon(t)=\varepsilon_1+\varepsilon_2+\varepsilon_3 \tag{27-1}$$

$$\varepsilon(t)=\frac{\sigma}{E_1}+\frac{\sigma}{E_2}(1-e^{-t/\tau})+\frac{\sigma}{\eta}t \tag{27-2}$$

式中：ε_1 为普弹形变，$\varepsilon_1=\sigma/E_1$，其中 σ 为应力，E_1 为普弹形变模量；ε_2 为高弹形变，$\varepsilon_2=\sigma/E_2(1-e^{-t/\tau})$，其中 E_2 为高弹形变模量，τ 为松弛时间，t 为形变时间；ε_3 为塑性形变，η 为本体黏度。

由式（27–2）可知，因为$\varepsilon_2=\frac{\sigma}{E_2}(1-e^{-t/\tau})$，$\lim\limits_{t\to\infty}\varepsilon_2=\frac{\sigma}{E_2}$，所以：

$$\lim_{t\to\infty}\frac{d[\varepsilon(t)/\sigma]}{dt}=\frac{1}{\eta} \tag{27-3}$$

即在蠕变曲线上，当黏性流动到达“稳流态”时，从曲线的斜率可求得本体黏度；或者，当释去负荷后，因为黏性流动不可逆，也可从恢复曲线求得 η。

$$\eta=\frac{\sigma\times t}{\varepsilon_3} \tag{27-4}$$

采用压缩法测定聚合物蠕变曲线。正应力虽是恒定的，但切变力却随着样品的膨胀变形在不断变化，因此对于 $\varepsilon(t)/\sigma$ 值需进行校正。G.J.Dienes 根据定应力压缩形变原理，从定应力压缩形变高度和切应变的关系出发，导出：

$$\frac{\varepsilon(t)}{\sigma}=\frac{3\pi a^4}{4\times 980Wh^2} \tag{27-5}$$

式中：a 为圆柱形样品的半径；W 为所加砝码的质量；h 为测试过程中的样品高度，又称“法化因素”。联立式（27–3）与式（27–5），可得：

$$\frac{\varepsilon(t)}{\sigma}=\frac{F}{h^2}=\frac{t}{\eta}+C \tag{27-6}$$

以 F/h^2 对 t 作图，即得“法化蠕变曲线”（图 27–1），从曲线斜率求得试样的本体黏度。

本实验以聚氯乙烯薄膜为试样，以拉伸变形仪测定其蠕变曲线，从曲线求出其本体黏度。

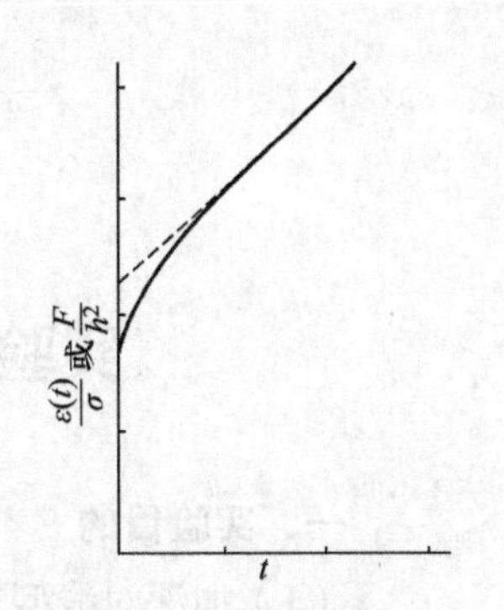

图 27–1　法化蠕变曲线

三、实验材料和仪器

1. 主要实验材料

聚氯乙烯薄膜。

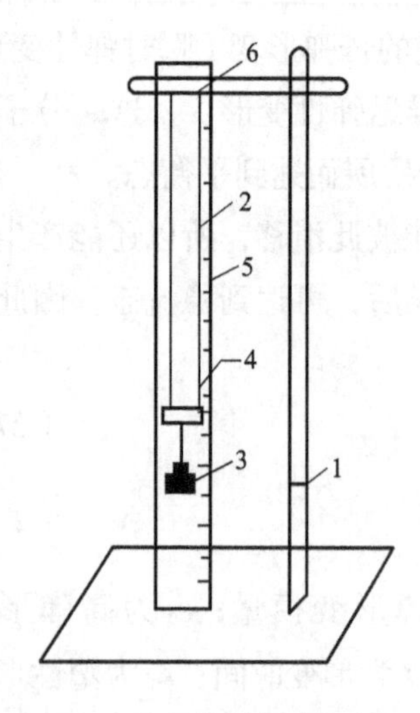

图 27-2 简易拉伸蠕变仪

1—支架 2—试样 3—砝码 4—下夹具 5—刻度尺 6—上夹具

2. **主要实验仪器**

拉伸变形仪（自制，装置图如图 27-2 所示）。

四、实验步骤

（1）用钢板尺、单面刀片裁切长 25cm、宽 1cm 的聚氯乙烯薄膜，用测厚仪测定其厚度（随机测定其 10 个不同部位，然后取平均值）。

（2）将薄膜的一端固定于上夹具，另一端固定于下夹具，注意一定要夹紧，以防在测试过程中发生滑脱现象。通过刻度尺在两夹具之间取 20cm 长作为测试的原始长度。并做好标记，准备实验。

（3）在下夹具上加挂 500g 的砝码，迅速读取瞬间形变，并记录相应的时间 t_1，随着时间的继续，薄膜逐渐伸长，读 取 5s、15s、30s、1min、2min、5min、10min、15min、20min、25min、30min…时的形变值和相应的时间。约 90min 后，形变随时间的变化率不变，可视形变均由塑性形变所贡献。

（4）取下砝码，迅速读取瞬间恢复，并记录相应的时间 t_2，随着时间的继续，薄膜逐渐回缩，读取 5s、15s、30s、1min、2min、5min、10min、15min、20min、25min、30min…时的形变值和相应的时间。当形变不随时间改变时，即可结束实验。

注意事项：聚氯乙烯薄膜在两个夹具上一定要夹紧，一旦发生薄膜脱滑现象，实验必须重做。

五、实验结果分析与讨论

（1）作出聚氯乙烯薄膜的蠕变曲线。

（2）从曲线中求出聚合物本体黏度 η。

（3）什么叫蠕变现象？研究蠕变现象有什么实际意义？

（4）线型非晶态聚合物、交联聚合物、晶态聚合物的蠕变行为有何不同？

（王雅珍）

实验 28 聚合物温度—形变曲线的测定

一、实验目的

（1）加深对线型非晶态聚合物具有三个力学状态和两个转变温度的理解。

（2）掌握测定非晶态聚合物温度—形变曲线的实验技术。

（3）掌握聚合物温变—形态曲线各区的划分及玻璃化温度 T_g、黏流温度 T_f 和聚乙烯的熔点 T_m 的实验技术。

二、实验原理

聚合物试样上施加恒定荷载，在一定范围内改变温度，试样形变随温度的变化以形变或相对形变对温度作图，所得曲线，通常称为温度—形变曲线，又称为热机械曲线。

材料的力学性质是由其内部结构通过分子运动所决定的，测定温度—形变曲线，是研究聚合物力学性质的一种重要的方法。聚合物的许多结构因素，包括化学结构、相对分子质量、结晶、交联、增塑和老化等的改变，都会在其温度—形变曲线上有明显的反映，因而测定温度—形变曲线，也可以提供许多关于试样内部结构的信息，了解聚合物分子运动与力学性能的关系，并可分析聚合物的结构形态，如结晶、交联、增塑、相对分子质量等，可以得到聚合物的特性转变温度，如 T_g、T_f 和 T_m 等，对于评价被测试样的使用性能、确定适用温度范围和选择加工条件很有实用意义。测量所需仪器简单，易于自制，测量步骤简单，费时不多，是本方法的突出优点。

高分子运动单元具有多重性，它们的运动又具有温度依赖性，所以在不同的温度下，外力恒定时，聚合物链段可以呈现完全不同的力学特征。

线型无定形聚合物存在三种力学状态：

1. **玻璃态**

在温度足够低时，由于高分子链和链段的运动均被“冻结”，外力的作用只能引起高分子键长和键角的改变，因此聚合物形变量很小，弹性模量大，约为 10^5N/cm（10^{10}dyn/cm），是普弹形变，形变—应力的关系服从虎克定律。其机械性能与玻璃相似，表现出硬而脆的力学性质。在玻璃态温度区间内，聚合物的这种力学性质变化不大，因而在温度—形变曲线上玻璃态区是接近横坐标斜率很小的一段直线（图 28–1）。

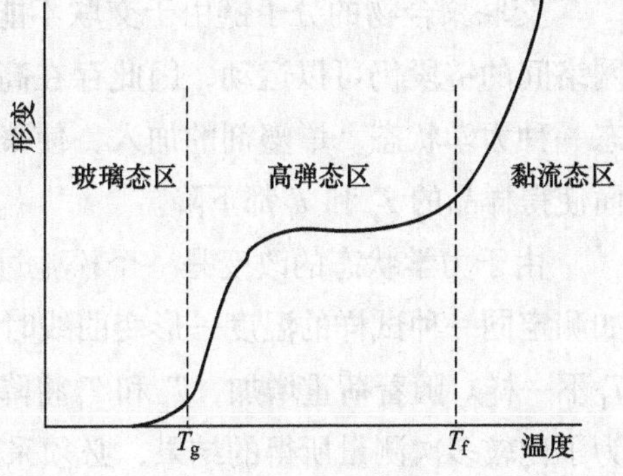

图 28–1　线型非晶聚合物的温度—形变曲线

2. **高弹态**

随着温度的升高，分子热运动能量的逐渐增加，到达一定值后，链段首先“解冻”，开始运动，聚合物的弹性模量骤降约三个数量级，形变量大增，表现为柔软而富于弹性，除去外力发生可逆高弹形变。具有明显的松弛时间。聚合物进入高弹态，温度—形变曲线急剧向上弯曲，随后基本维持在一“平台”上。

3. **黏流态**

温度进一步升高，直至整个高分子链能够移动，成为可以流动的黏液，受力后发生塑性形变，形变量很大，且不可逆。在温度—形变曲线上表现为形变急剧增加，曲线向上弯曲。

玻璃态与高弹态之间的转变温度就是玻璃化温度 T_g，高弹态与黏流态之间的转变温度就是黏流温度 T_f。前者是塑料的使用温度上限，橡胶类材料的使用温度下限，后者是成型加工温度的下限。

并不是所有非晶聚合物都一定具有三种力学状态，如聚丙烯腈的分解温度低于黏流温度而不存在黏流态。此外，结晶、交联、添加增塑剂都会使得 T_g、T_f 发生相应的变化。非晶聚合物的相对分子质量增加会导致分子链相互滑移困难，松弛时间增长，高弹态平台变宽和黏流温度增高。

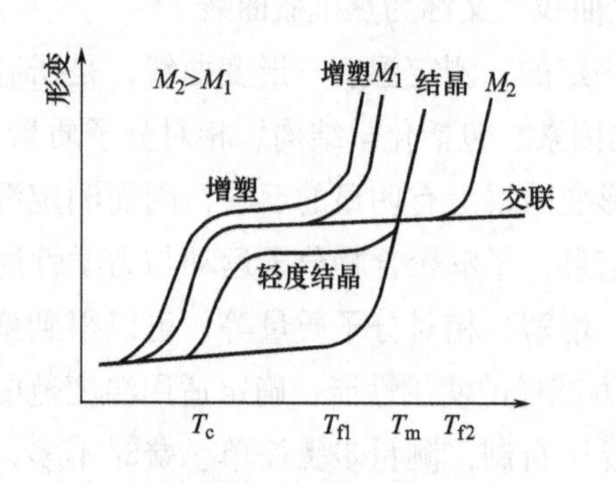

图 28–2　不同类型高聚物的温度—形变曲线

图 28–2 是不同材料典型的温度—形变曲线。结晶聚合物的晶区中，高分子因受晶格的束缚，链段和分子链都不能运动，因此，当结晶度足够高时，试样的弹性模量很大，在一定外力作用下，形变量很小，其温度形变曲线在结晶熔融之前是斜率很小的直线，温度升高到结晶熔融时，热运动克服了晶格能，分子链和链段都突然活动起来，聚合物直接进入黏流态，形变量急剧增大，曲线突然转折向上弯曲，对于一般相对分子质量的结晶聚合物，由直线外推得到的熔融温度 T_m 也是黏流温度；如果相对分子质量很大，温度达到 T_m 后结晶熔融，聚合物先进入高弹态，到更高的温度才发生黏性流动。从结晶度不高的聚合物的温度—形变曲线上可观察到非晶区发生玻璃化转变相应的转折，这种情况下，出现的高弹形变量将随试样结晶度的增加而减小，玻璃化温度随试样的结晶度增加而升高。

交联聚合物的分子链由于交联不能够相互滑移，不存在黏流态。轻度交联的聚合物由于网络间的链段仍可以运动，因此存在高弹态、玻璃态。高度交联的热固性塑料则只存在玻璃态一种力学状态。增塑剂的加入，使聚合物分子间的作用力减小，分子间运动空间增大，从而使得样品的 T_g 和 T_f 都下降。

由于力学状态的改变是一个松弛过程，因此 T_g、T_f 往往随测定的方法和条件而改变。例如测定同一种试样的温度—形变曲线时，所用荷重的大小和升温速度快慢不同，测得的 T_g 和 T_f 不一样。随着荷重增加，T_g 和 T_f 将降低；随着升温速率增大，T_g 和 T_f 都向高温方向移动。为了比较多次测量所得的结果，必须采用相同的测试条件。

热机械曲线的形状取决于聚合物的相对分子质量、化学结构和聚集态结构、添加剂、受热史、形变史、升温速度、受力大小等诸多因素。升温速度快，T_g、T_f 也会高些，应力大，T_f 会降低，高弹态会不明显。因此实验时要根据所研究的对象要求，选择测定条件，作相互比较时，一定要在相同条件下测定。

三、实验材料和仪器

1. 主要实验材料

聚甲基丙烯酸甲酯（PMMA）薄片、聚乙烯（PE）薄片。

2. **主要实验仪器**

GTS-Ⅲ型热形变性能测量仪，装置示意图如图 28-3 所示。

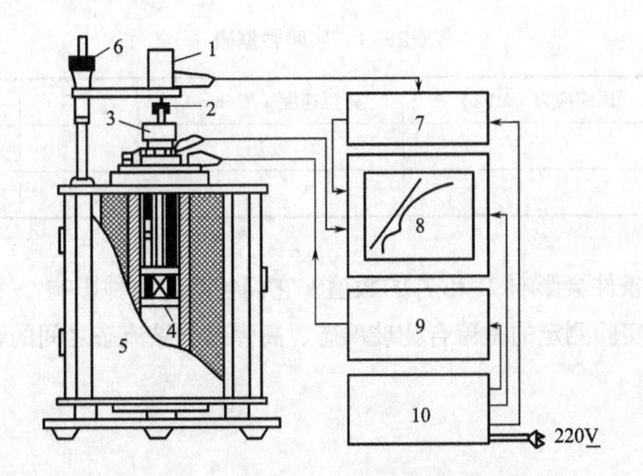

图 28-3　GTS-Ⅲ型热形变性能测量仪示意图

1—差动变压器　2—压杆　3—砝码　4—样品　5—加热炉　6—差动变压器支架调节螺丝
7—相敏整流电路　8—双笔记录仪　9—等速升温装置　10—交流稳压电源

四、实验步骤

（1）截取厚约 1mm 的有机玻璃板一小块为试样，打开加热炉，将样品放在样品台上，压杆触头压在样品的中央，并检查压杆是否能上下自由位移。彻底清除上次测量留下的残渣，闭合炉子。

（2）正确连接好全部测量线路，经检查无误后，接通形变仪和记录仪电源，等待电子仪器工作稳定。调节形变测量系统的灵敏度，当压杆位移调至 2mm 时，记录仪指针偏转 75cm。调节记录仪和差动变压器零点，压杆下降 1mm 时，磁芯恰好通过差动变压器零点，记录笔同时到达量程中点。

（3）根据升温速度 3 ~ 5℃ /min 的要求，适当选择等速升温装置两个调压器的电压，然后接通电源开始升温。（变压器输出电压约 150V）。

（4）调节完毕后，接通升温系统电源，同时放下记录仪的记录笔开始自动记录，直至画好整个温度—形变曲线为止。

（5）切断升温系统电源，打开加热炉，开动微型风扇降温。

（6）待炉子冷却后，更换其他聚合物样品（或改变升温速度）再做一次。

（7）实验结束，切断全部电源，打开加热炉，清除残渣。

五、实验结果分析与讨论

（1）求试样的 T_g、T_f 和 T_m。从记录仪画出的形变曲线上，相应转折区两侧的直线部分外推得到一个交点作为转变点。根据两记录笔的笔间距在等速升温线上找到转变点对应的温度。实验结果列于表28-1：

表28-1 实验数据表

样品名称	压缩应力（MPa）	升温速度（℃/min）	T_g（℃）	T_f（℃）	T_m（℃）

（2）哪些实验条件会影响 T_g 和 T_f 的数值？它们各产生何种影响？

（3）为什么本实验测定的是聚合物玻璃态、高弹态、黏流态之间的转变，而不是相变？

（王雅珍）

实验29 旋转黏度计法测聚合物浓溶液的流变性

一、实验目的

（1）加深对聚合物浓溶液黏弹性和流变性的理解。

（2）了解旋转黏度计法测定聚合物浓溶液流变性的原理。

（3）掌握通过旋转黏度计测定聚合物浓溶液流变性的实验技术。

二、实验原理

聚合物流体的流动行为可用黏度表征，黏度不仅与温度有关，而且与剪切速率有关。在剪切速率不大的范围内，流体剪切应力（τ）与剪切速率（$\dot{\gamma}$）之间呈线性关系，并服从牛顿定律：

$$\tau = \eta\dot{\gamma} \tag{29-1}$$

式中：η 为牛顿黏度，单位为Pa・s，它是流体本身所固有的性质，其大小表征抵抗外力所引起的流体变形的能力。一般将遵循牛顿黏性定律的流体称为牛顿流体。聚合物流体在加工过程中的流动大多不是牛顿流动。其剪切应力与剪切速率间不呈线性关系，其黏度随剪切速率而变，不符合牛顿定律，这类流体称为非牛顿流体。

有多种描述非牛顿流体流动的关系式，用得最多的是幂律定律：

$$\tau = K\dot{\gamma}^n \tag{29-2}$$

式中：K 为稠度系数（Pa・s）；$n = \mathrm{d}\ln\sigma_{12} / \mathrm{d}\ln\dot{\gamma}$ 为非牛顿指数，用来表征流体偏离牛顿型流动的程度。n 值偏离整数1越远，非牛顿性越强。

将式（29-2）与式（29-1）对比，可以将式（29-2）化为：

$$\tau = K\dot{\gamma}^n = (K\dot{\gamma}^{n-1})\dot{\gamma} \tag{29-3}$$

令

$$\eta_a = K\dot{\gamma}^{n-1}$$

则式（29-2）可以写为：

$$\tau = \eta_a\dot{\gamma} \tag{29-4}$$

式中：η_a 为表观黏度（Pa·s）。

在给定温度和压力条件下，η_a 不是常数，它与剪切速率有关。当 $n<1$ 时，η_a 随 $\dot{\gamma}$ 增大而减小，这种流体一般称为假塑性流体或切力变稀流体，大部分聚合物熔体或其浓溶液属于这种流体；当 $n>1$ 时，表观黏度 η_a 随 $\dot{\gamma}$ 的增大而增大，这种流体称为胀流性流体或切力增稠流体，少数聚合物溶液、一些固体含量高的聚合物分散体系属于这种流体。

表征聚合物流体的剪切应力 τ 与剪切速率 $\dot{\gamma}$ 的关系的曲线称为流动曲线。它在较宽广的剪切速率范围内描述了聚合物的剪切黏性，所提供的材料比零切黏度要丰富得多，因此可以作为衡量聚合物流体质量是否正常及聚合物质量波动程度的依据。

切力变稀流体在宽广的剪切速率范围内的流动曲线如图 29-1 所示。图 29-1 表明，在足够小的切应力 τ（或 $\dot{\gamma}$）下，大分子处于高度缠结的拟网状结构，流动阻力很大。此时，由于 $\dot{\gamma}$ 很小，虽然缠结结构能被破坏，但破坏的速度等于形成的速度，故黏度保持恒定的最高值，称零切黏度 η_0。这一区域为线性流动区，表现为牛顿流体的流动行为，称为第一牛顿区。当切变速率增大时，大分子在剪切作用下发生构象变化，开始解缠结并沿着流动方向取向。随着 $\dot{\gamma}$ 的增大，缠结结构被破坏的速度就越来越大于其形成速度，故黏度不为常数，而是随 $\dot{\gamma}$ 增加而减小，表现出假塑性流体的流动行为，这一区域为非牛顿区，相应的黏度称为表观黏度 η_a。当 $\dot{\gamma}$ 继续增大，达到强剪切的状态时，大分子的相对运动变得很容易，体系黏度达到恒定的最低值 η_∞，而且此黏度与拟网状结构不再有关，只和分子本身的结构有关，因而第二次表现为牛顿流体的流动行为，这一区域为第二牛顿区，相应的黏度称为极限牛顿黏度 η_∞。

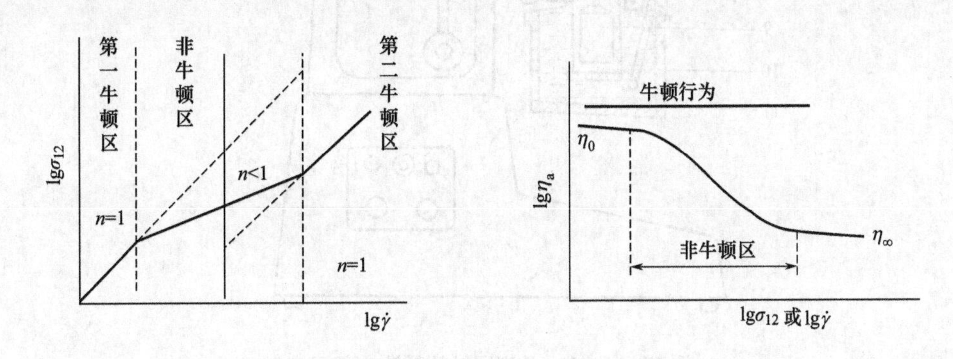

图 29-1 切力变稀流体的流动曲线

聚合物流体在非牛顿区的流动行为对其加工有特别的意义。因为大多数聚合物的成型都是在这一剪切速率范围内进行的，流体的非牛顿指数 n（$\lg\sigma_{12}$ 与 $\lg\dot{\gamma}$ 曲线的斜率 $d\lg\sigma_{12}/d\lg\dot{\gamma}$）越小，切力变稀现象越显著。不同聚合物流体的黏度对剪切速率依赖性的敏感程度不同。了解影响聚合物流体剪切黏度的因素对聚合物加工有两方面的实际意义：一是，当聚合物流体剪切黏度与正常情况发生偏差时，可以提供寻找偏差原因的途径，从而及时采取措施以保持聚合物流体质量的稳定；二是，由于黏度与可加工性有关，所以可根据具体情况，运用上述有关因素来调节聚合物流体的黏度，使得可加工性有所改善。

测定聚合物流体流变行为的仪器称为流变仪。流变仪的种类有旋转流变仪、毛细管流变仪、转矩流变仪和界面流变仪。本实验以二甲基亚砜（DMSO）为溶剂溶解丙烯腈共聚物（PAN），采用旋转流变仪测定PAN—DMSO溶液的稳态流变行为。

三、实验材料和仪器

1. 主要实验材料

丙烯腈共聚物（数均分子量 $M_n = 4.5 \times 10^4$）、二甲基亚砜（C.P. 级）。

2. 主要实验仪器

三口烧瓶、超级恒温槽、搅拌器、RV-Ⅱ型同轴旋转流变仪（结构如图29-2所示，剪切速率范围 1 ~ 437s^{-1}）、量筒（50mL）。

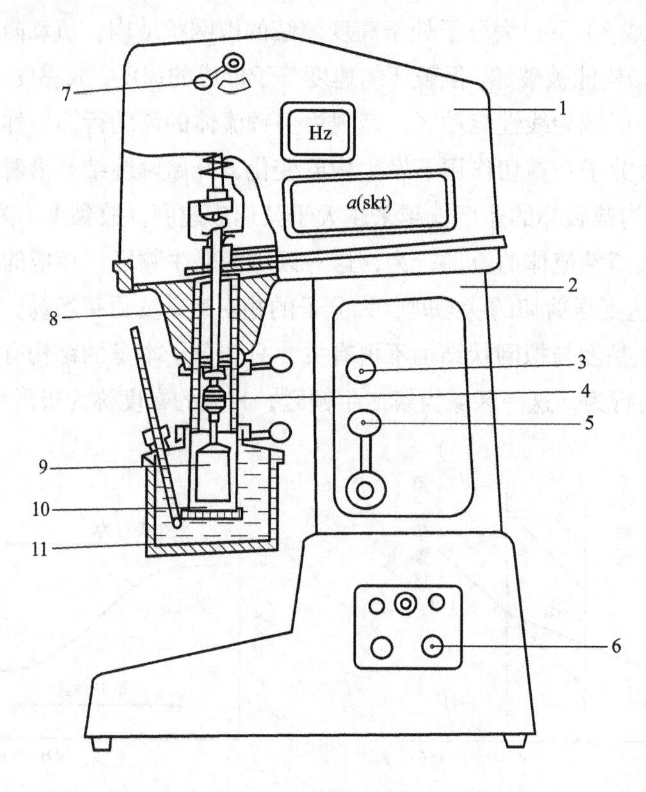

图29-2 RV-Ⅱ型同轴旋转流变仪示意图

1—测量头 2—驱动系统 3—读数孔 4—圆柱测量系统 5—齿轮切换杆 6—速度开关 7—扭力量程切换杆 8—测量杆 9—测量圆柱 10—测量容器 11—温度控制器

四、实验步骤

1. PAN—DMSO溶液的制备

将干燥的18g PAN粉末在搅拌下逐步加入盛有82g DMSO的三口烧瓶中，在超级恒温槽中于45℃溶胀1h，然后加热至70℃，恒温1h以上，直至PAN完全溶解，经过滤、脱泡后保留待用。

2. PAN—DMSO *溶液流动曲线的测定*

（1）选择合适的测量圆柱或转速可使相对误差降低到1%。根据被测溶液的黏度选择S_1测量圆柱，将S_1测量圆柱与测量杆连接好。

（2）将30mL PAN—DMSO溶液小心地注入测量容器中，与测量圆柱同轴相连，使溶液的温度恒定在40℃（偏差不要超过 ±0.1℃）。

（3）接通电源，从低速到高速，测定不同转速下的α角。然后对照仪器附表的圆柱常数Z（本实验选择S_1测量圆柱，$Z=58.0$），根据式（29–5）进行计算，求得流变学参数剪切应力τ。

$$\tau = Z \times \alpha \tag{29–5}$$

剪切速率$\dot{\gamma}$由生产厂家给出的速率表查到。根据式（29–6）进行计算，求得流变学参数剪切黏度η。

$$\eta = \tau / \dot{\gamma} \tag{29–6}$$

（4）改变超级恒温槽水浴的温度，使溶液的温度分别为40℃、50℃、60℃、70℃、80℃，重复步骤（3）的操作。

实验结束后及时从前测量圆头上卸下温度控制器，再卸下测量圆柱与测量容器，清洗，晾干。

五、实验结果分析与讨论

（1）根据计算结果，作$\lg\tau$—$\lg\dot{\gamma}$流动曲线，并求出非牛顿指数n和稠度系数K。

（2）利用$\lg\tau$—$\lg\dot{\gamma}$流动曲线，测定PAN—DMSO溶液的黏流活化能。

（3）改变聚合物浓溶液的浓度，$\lg\tau$—$\lg\dot{\gamma}$流动曲线将发生什么变化？

（沈新元）

实验30 毛细管流变仪法测聚合物熔体的流变性

一、实验目的

（1）加深对聚合物熔体黏弹性和流变性的理解。

（2）熟悉毛细管流变仪的作用及其测定聚合物熔体流变性的原理。

（3）掌握通过毛细管流变仪测定聚合物熔体流变性的实验技术。

二、实验原理

研究聚合物的黏性流动从其流动曲线着手。关于聚合物的剪切黏性及其流动曲线已于实验 29 中介绍。

在较高温度的情况下，即 $T > T_g + 100℃$以上时，聚合物熔体内自由体积相当大，流动黏度的大小主要取决于高分子链本身的结构，即链段跃迁运动的能力。此时聚合物黏度与温度的关系可以采用低分子液体的 η—T 关系式，即 Arrhenius 方程来描述：

$$\eta = Ae^{\frac{\Delta E_\eta}{RT}} \tag{30-1}$$

式中：ΔE_η为黏流活化能；A 为与结构有关的常数；R 为气体常数。

如果对式（30–1）取对数，则得到：

$$\ln\eta = \ln A + \frac{\Delta E_\eta}{RT} \tag{30-2}$$

由 $\ln\eta$ 对 $1/T$ 作图，一般在 50 ～ 60℃的温度范围内可得一直线，斜率为$\Delta E_\eta / R$。不同聚合物的流动活化能不同，意味着各种聚合物的表观黏度具有不同的温度敏感性。直线斜率 $\Delta E_\eta / R$较大，则流动活化能较高，即黏度对温度变化敏感。一般分子链越刚硬或分子间作用力越大，则流动活化能越高，这类聚合物是温敏性的。例如，聚碳酸酯和聚甲基丙烯酸甲酯的熔体，温度每升高 50℃左右，表观黏度可以下降一个数量级。因此，在加工过程中，可采用提高温度的方法调节刚性较大的聚合物的流动性。而柔性高分子如聚乙烯、聚甲醛等，它们的流动活化能较小，表观黏度随温度变化不大，温度升高 100℃，表观黏度也下降不了一个数量级，故在加工中调节流动性时，单靠改变温度是不行的，需要改变切变速率。因为大幅度提高温度，可能造成聚合物降解，从而降低制品的质量。而且成型设备等的损耗也较大。

当温度处于一定的范围即 $T_g < T < T_g + 100℃$时，由于自由体积减小，链段跃迁速率不仅与其本身的跃迁能力有关，也与自由体积大小有关，因此，聚合物黏度与温度的关系不能再用 Arrhenius 方程来描述。对于大多数非晶态聚合物，T_g 时黏度 η（T_g）$= 10^{12}$Pa·s，因此可由 WLF 方程计算温度在 $T_g < T < T_g + 100℃$范围内的黏度。

挤出物胀大现象又称巴拉斯效应，是指熔体挤出模孔后，挤出物的截面积比模孔截面积大的现象。当模孔为圆形时，挤出胀大现象可用胀大比 B 来表征。B 定义为挤出物直径的最大值 D_{max} 与模孔直径 D_0 之比。

$$B = \frac{D_{max}}{D_0} \tag{30-3}$$

挤出物胀大现象也是聚合物熔体弹性的表现。目前公认，至少由两方面因素引起。一是聚合物熔体在外力作用下进入模孔，入口处流线收敛，在流动方向上产生速度梯度，因而分子受到拉伸力产生拉伸弹性形变，这部分形变一般在经过模孔的时间内还来不及完全松弛，出模孔之后，外力对分子链的作用解除，高分子链就会由伸展状态重新回缩为蜷曲状态，形变回复，发生出口膨胀。另一个原因是聚合物在模孔内流动时由于切应力的作用，表现出法向应力效应，法向应力差所产生的弹性形变在出模孔后回复，因而挤出物直径胀大。当模孔长径比 L/D 较小时，前一原因是主要的；当模孔长径比 L/D 较大时，后一原因是主要的。

研究表明，加入填料能减小聚合物的挤出物胀大。刚性填料的效果最为显著。

挤出物胀大比对纺丝、控制管材直径和板材厚度、吹塑制瓶等均具有重要的实际意义。

为了确保制品尺寸的精确性和稳定性，在模具设计时，必须考虑模孔尺寸与胀大比之间的关系，通常模孔尺寸应比制品尺寸小一些，才能得到预定尺寸的产品。

测定聚合物熔体黏度的流变仪分为两类：一类是挤压式流变仪，它采用直线挤压，使用最多的是高剪切毛细管流变仪；另一类是旋转式流变仪，它采用旋转方式产生聚合物熔体的流动。聚合物熔体黏度与许多因素有关，如剪切速率、温度、时间、压力以及自身的分子结构等。研究这些依赖关系是聚合物流变学的主要任务。本实验采用高剪切毛细管流变仪测定聚合物的熔体黏度。

聚合物熔体在毛细管流变仪中的流动可看作是等温流动，可以导出流体在圆形管内作稳定流动（层流）的平均流速方程。

如图 30–1 所示，液体在半径为 R 的圆形导管内作等温稳定层流流动，取距圆管中心为 r 处的流体圆柱体单元，其长度为 L，当它向左或向右移动时，在流体层间产生摩擦力，于是其中压力降 ΔP 与圆柱截面的乘积必等于剪切力 τ 与液体层接触面面积的乘积，即：

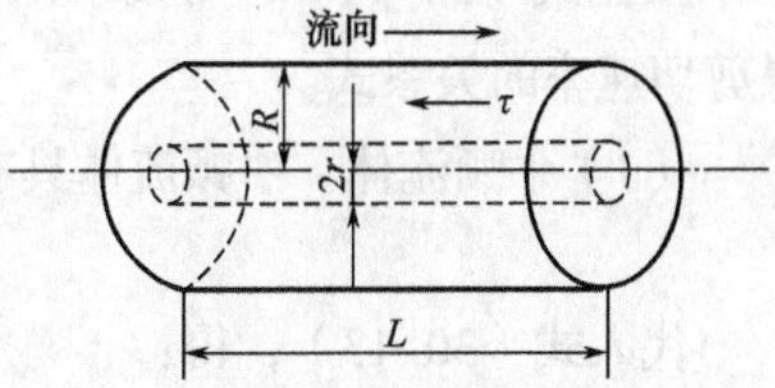

$$\Delta p(\pi r^2) = \tau(2\pi rL) \tag{30–4}$$

图 30–1　流体在毛细管中流动分析示意图

整理得：

$$\tau = \frac{r\Delta p}{2L} \tag{30–5}$$

同理，在管壁处，$r = R$，而 $\tau = \tau_w$，则：

$$\tau_w = \frac{R\Delta p}{2L} \tag{30–6}$$

式中，τ_w 为管壁的真实剪切应力。

将式（30–5）与式（30–6）相除，得：

$$\tau = \frac{\tau_w r}{R} \tag{30–7}$$

由此看出，剪切应力在管中心为零，逐渐增加而在管壁处为最大，据此进一步推导，可说明流体在管内的速度分布。

聚合物熔体为非牛顿流体，而非牛顿流体的普遍流变方程式为：

$$\dot{\gamma} = f(\tau) \tag{30–8}$$

根据$\dot{\gamma}$的意义可知，$\dot{\gamma} = \mathrm{d}v/\mathrm{d}r$，代入式（30–8），得：

$$\frac{\mathrm{d}v}{\mathrm{d}r} = f(\tau) \tag{30–9}$$

将式（30–9）积分，r 由 r 到 R，相应流速 v 由 v 到 0（因为在管壁处流速为零），得：

$$v = \int_r^R f(\tau)\mathrm{d}r \tag{30–10}$$

相应的，体积流量为（r 为变量，r 可由 0 到 R 进行积分）：

$$Q = \int_0^R 2\pi rv\mathrm{d}r \text{ 或 } Q = \pi\int_0^R v\mathrm{d}r^2 \tag{30–11}$$

将上列定积分进行分步积分：

$$Q = \pi\left(vr^2\int_0^R - \int_0^R r^2 \mathrm{d}v\right) \tag{30-12}$$

由图 30-1 可知，$v_w = 0$，将 $\mathrm{d}v = f(\tau)\,\mathrm{d}r$ 代入式（30-12），得：

$$Q = \pi\int_0^R r^2 f(\tau)\mathrm{d}r \tag{30-13}$$

将$r = R\tau/\tau_w$代入，得：

$$Q = \frac{\pi R^3}{\tau_w}\int_0^{\tau_w} \tau^2 f(\tau)\mathrm{d}\tau \tag{30-14}$$

根据式（30-14），可以求出牛顿或非牛顿流体的压力降与体积流量的关系式，从而获得剪切速率的关系式。

（1）牛顿流体。牛顿流体具有$\tau = \eta\dot{\gamma}$或$\dot{\gamma} = \tau/\eta$，也即：

$$f(\tau) = \tau/\eta \tag{30-15}$$

代入式（30-13），得：

$$Q = \frac{\pi R^3}{\eta\tau_w}\int_0^{\tau_w} \tau^3 \mathrm{d}\tau \tag{30-16}$$

积分后得：

$$Q = \frac{\pi R^3 \tau_w}{4\eta} \tag{30-17}$$

将$\tau_w = R\Delta p/2L$代入上式，得：

$$Q = \frac{\pi R^4 \Delta p}{8\eta L} \tag{30-18}$$

式（30-18）可改写为：

$$\frac{R\Delta p}{2L} = \eta\left(\frac{4Q}{\pi R^3}\right) \tag{30-19}$$

将式（30-19）与牛顿流体定律$\tau = \eta\dot{\gamma}$对比，即可得出：

$$\dot{\gamma}_w = \frac{4Q}{\pi R^3} \tag{30-20}$$

同时也可得出黏度计算公式：

$$\eta = \frac{\pi R^4 \Delta p}{8QL} \tag{30-21}$$

（2）符合指数函数方程的非牛顿流体的聚合物熔体在一定范围内符合指数函数形式。即：

$$\tau = K\dot{\gamma}^n \text{ 或 } \dot{\gamma} = \left(\frac{\tau}{K}\right)^{1/n}$$

因而有：

$$f(\tau) = \left(\frac{\tau}{K}\right)^{1/n}$$

代入式（30-14），得：

$$Q=\frac{\pi R^3}{\tau_w}\int_0^{\tau_w}\tau^2\left(\frac{\tau}{K}\right)^{1/n}\mathrm{d}\tau \tag{30-22}$$

积分得：

$$Q=\frac{n\pi R^3}{3n+1}\left(\frac{\tau_w}{K}\right)^{1/n} \tag{30-23}$$

将$\tau_w=R\Delta p/2L$代入式（30-23），则：

$$Q=\frac{n\pi R^3}{3n+1}\left(\frac{R\Delta p}{2LK}\right)^{1/n} \tag{30-24}$$

移项整理得：

$$\frac{R\Delta p}{2L}=K\left(\frac{3n+1}{4n}\cdot\frac{4Q}{\pi R^3}\right)^n \tag{30-25}$$

将上式与指数函数方程$\tau=k(\dot{\gamma})^n$比较，可得：

$$\dot{\gamma}_w=\frac{3n+1}{4n}\cdot\frac{4Q}{\pi R^3} \tag{30-26}$$

由此可见：对于非牛顿型的聚合物熔体，$\dot{\gamma}=4Q/\pi R^3$仅能作为表现值，而欲得到真实值，尚需进行修正；另外$\tau_w=R\Delta p/2L$并没有考虑入口效应，也需要修正。

（1）非牛顿性修正——Rabinowitsch 修正。由式（30-24）可知，对于非牛顿型流体，$\dot{\gamma}_w=\frac{3n+1}{4n}\cdot\frac{4Q}{\pi R^3}$，与式（30-20）相比多了一个系数（$3n+1$）/$4n$，$n$为非牛顿指数，可通过$\lg\tau_w$对$\lg\dot{\gamma}$作图得到，

$$n=\frac{\mathrm{d}\lg\tau_w}{\mathrm{d}\lg\dot{\gamma}}$$

（2）入口效应修正——Bagley 修正。当黏弹性的熔体从料筒进入毛细管的入口处，由于黏性摩擦损耗和弹性变形带来的能量损失，使实际的τ值减小。式（30-6）的前提是流体的不可压缩性以及毛细管的无限长，所以 Bagley 提出用“变长”毛细管的方法进行等效处理：

$$\text{真实 }\tau_w'=\frac{\Delta p}{2\left(\frac{L}{R}+B\right)} \tag{30-27}$$

对照式（30-6），可见毛细管的长度从L变为（$L+BR$），B称为 Bagley 修正因子。对于“长径比”（L/D）较小的毛细管，入口修正是必要的。B值可依据式（30-27）求得：在给定的$\dot{\gamma}$下，测试 Δp 随 L/R 的变化，以 Δp 对 L/R 作图得一直线，直径在 L/R 轴上的截距即为 B。大量实验表明，当 $L/D\geqslant 30$ 时，B 值可忽略不计。

三、实验材料和仪器

1. 主要实验材料

聚乙烯或聚丙烯粒料。

2. 主要实验仪器

XLY-Ⅱ型流变仪（吉林大学科教仪器厂）。

四、实验步骤

（1）打开程序升温控制器电源开头，设定温度定值，将升温速度调到10℃/min，观察数字温度显示盘和电流计工作是否正常，等待温度恒定。本次实验设定的实验温度分别为180℃、200℃、220℃和240℃。

（2）打开记录仪电源开关，打开笔—1、笔—2开关，观察温度笔（红笔）工作是否正常。关闭油阀，压千斤顶抬起压头，观察位移笔（蓝笔）工作是否正常。若记录仪工作正常，调节合适的走纸速度。

（3）移出炉体，取出毛细管托、支架和指定长度的毛细管（若进行Bagley修正，需要0.5cm、1.0cm、2.0cm和4.0cm四种毛细管），组装完成后用扳手安装于炉体底部（顺时针），用托盘天平称取3g预先干燥的聚乙烯（或聚丙烯）粒料，用漏斗从炉体上端加入料筒中，并用压杆（柱塞）尽量压实，移入炉体并使柱塞和压头对齐，旋动调整螺母，使压头压紧柱塞，恒温10min后，开始实验。

（4）打开记录开关，观察走纸是否正常，准备好预加的砝码，打开电阀，实验正式开始，观察直线斜率，调整砝码重量。蓝笔完成一次扫描，可改变五次重量。

（5）关闭记录开关，关闭电阀，压千斤顶抬起压头，移出炉体。用扳手卸下毛细管托及毛细管（逆时针），清理毛细管，从料筒底部压出柱塞及残余料，用清料杆缠上纱布清理料筒（操作时要戴上手套）。重新设置温度，待温度恒定后，重复操作步骤（4）、步骤（5）。

（6）实验过程中要记录实验温度和压力以及一些相关数据，实验完成后，要关闭电源，清理好料筒和毛细管，剪下实验记录纸，把实验所用各种工具恢复原位。

注意事项：

①为了尽量减少熔体中的气泡，样品应在80℃真空烘箱中至少干燥5h，使用前应密封保存。

②在整个实验期间必须戴工作手套以防止操作时烫伤。

③实验前应将流变仪的加热器预热半小时，以使温度稳定。

④料筒和毛细管的清洗，可用LDPE粒料充填清洗，还可用黄铜刷子清理和棉布擦净。

五、实验结果分析与讨论

（1）进行Bagley修正，计算Bagley修正因子。

（2）计算不同测试条件下的剪切应力、表观剪切速率。

（3）进行Rabinowitsch修正，计算非牛顿指数n。

（4）计算剪切速率、表观黏度，绘制不同温度下的τ—$\dot{\gamma}$流动曲线和η_a—$\dot{\gamma}$关系图。

（5）依据Arrhenius方程$\eta = Ae^{-\Delta E/RT}$，计算黏流活化能ΔE。

（6）观察和记录挤出物的表面状况，计算挤出胀大比$B = d_j/D$值。

（7）聚合物熔体的流动规律与低分子的液体相比有什么不同？

（8）挤出物“胀大”现象产生的根本原因是什么？

（9）由实验测得的剪切应力和剪切速率为什么要进行 Rabinowitsch 修正和 Bagley 修正？

（10）如何理解表观黏度这一概念？

［附］实验结果分析与讨论基本公式

1. 熔体流动的线速度

$$V=\frac{\Delta n}{\Delta t}$$

式中：V 为熔体在柱塞作用下的流动线速度（cm/s）；Δn 为柱塞的位移量（cm）。相应的蓝笔在记录纸上的位移总量为 L_0，若实验过程中蓝笔的位移量为 L，则柱塞的实际位移量为 $\frac{L}{L_0}\times 2$；Δt 为柱塞位移 Δn 所需的时间（s）。若走纸速度为 a（mm/h），则在记录纸上位移 l，所需的时间为 $l/a\times 3600$。

2. 熔体流动的体积流速

$$Q=VS=V$$

式中：Q 为熔体在柱塞作用下的体积流速（cm^3/s）；S 为料筒截面积，XLY—Ⅱ型流变仪料筒截面积为 $1cm^2$。

3. 剪切速率（未修正）

$$\dot{\gamma}=\frac{4Q}{\pi R^3}$$

式中：$\dot{\gamma}$ 为剪切速率（未修正）（1/s）；R 为毛细管半径，XLY—Ⅱ型流变仪的毛细管半径为 0.05cm。

4. 毛细管两端压力差

$$\Delta p=9.8\times 10^4\times(10+20W)$$

式中：Δp 为毛细管两端压力差（Pa）；W 为砝码重量（kg）。由 XLY—Ⅱ型流变仪加压系统可知，加压系统自重 10kg，而在横梁的加力端加重量为 W 砝码（包括挂架，挂架重 0.5kg），在压头处将产生 $20W$（kg）重力。又因为料筒的截面积为 $1cm^2$，所以才有上式。

5. 剪切应力（未修正）

$$\tau_w=\frac{\Delta p\cdot R}{2L}$$

式中：τ_w 为剪切应力（未修正，Pa）；L 为毛细管长度（cm）。

6. 剪切黏度

$$\eta_a=\tau'_w/\dot{\gamma}_w$$

式中：η_a 为表观剪切黏度（Pa·s）；τ'_w 为修正过的剪切应力；$\dot{\gamma}_w$ 为修正过的剪切应变。

7. 黏流活化能

$$\eta=Ae^{\Delta E/RT}$$

（王雅珍）

实验31　平板流变仪法测定聚合物熔体的动态流动特性

一、实验目的

（1）加深对聚合物流变特性与聚合物内部结构关系的认识。

（2）了解动态旋转流变仪的测试原理和基本测试方法。

（3）掌握储能模量、损耗模量、复数黏度、损耗角正切等动态流变数据的处理方法，理解各流变数据与聚合物黏弹性的关系。

二、实验原理

动态旋转流变仪是以连续旋转和振荡的形式作用于聚合物样品，在一定温度、频率、应力/应变条件下测试聚合物的储能模量、损耗模量、复数黏度、损耗角正切等动态流变数据。从测得的流变数据分析可得到聚合物黏弹性信息、相对分子质量、重均分子量分布、长支链含量、聚合物松弛特性、聚合物共混物相分离、时温等效性等众多聚合物的性质。聚合物的宏观流变特性反映了聚合物的内部微观结构，这对深入研究聚合物性质及应用加工有重要的指导意义。

1. 储能模量、损耗模量、复数黏度、损耗角正切的物理意义

理想弹性体受到外力作用后，平衡形变瞬时达到，与时间无关；理想黏性体（牛顿流体）受外力作用后，形变随时间线性发展；聚合物受到外力作用后，材料形变与时间有关，介于理想弹性体和理想黏性体之间。

当聚合物受到一个交变应力$\sigma=\sigma_0\sin\omega t$作用下，由于聚合物链段运动受到内摩擦力的作用，链段的运动跟不上应力的变化，以致应变落后于应力，存在一个相位差δ，故应变为$\varepsilon=\varepsilon_0\sin(\omega t-\delta)$。也可以控制聚合物的应变，来研究聚合物的应力变化情况：

$$\varepsilon=\varepsilon_0\sin\omega t \tag{31-1}$$

因为应力变化比应变领先δ，故：

$$\sigma=\sigma_0\sin(\omega t+\delta) \tag{31-2}$$

将该式展开得：

$$\sigma=\sigma_0\sin\omega t\cos\delta+\sigma_0\cos\omega t\sin\delta \tag{31-3}$$

由此可见，应力有两部分组成，一部分与应变同相位，幅值为$\sigma_0\cos\delta$，这是弹性形变的主动力；另一部分与应变相位差$\frac{\pi}{2}$，该力所对应的形变是黏性形变，将消耗于克服摩擦力阻力上。幅值为$\sigma_0\sin\delta$，如图31-1所示。

设：

$$G'=\left(\frac{\sigma_0}{\varepsilon_0}\right)\cos\delta \tag{31-4}$$

$$G''=\left(\frac{\sigma_0}{\varepsilon_0}\right)\sin\delta \tag{31-5}$$

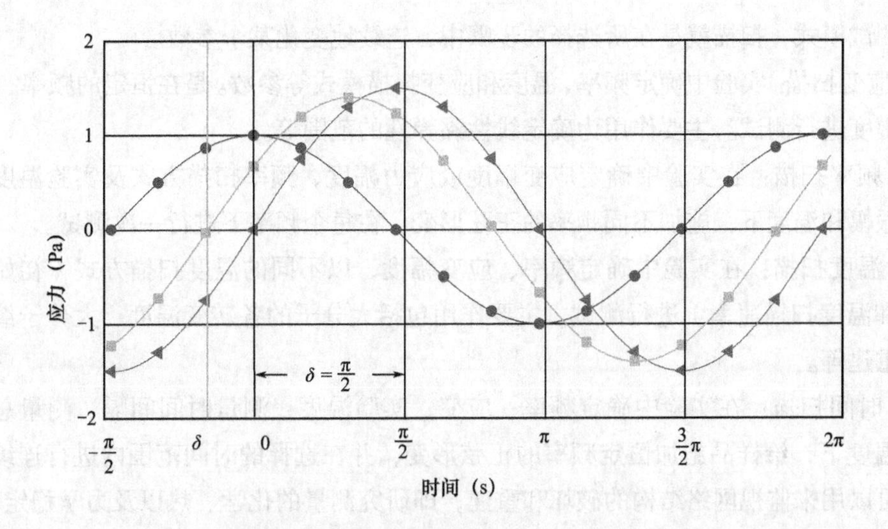

图 31–1 黏弹性流体、牛顿流体和理想固体的动态流变特性示意图

$$\sigma=\varepsilon_0 G'\sin\omega t+\varepsilon_0 G''\sigma_0\cos\omega t \tag{31-6}$$

将 G'、G'' 写成复数的形式：

$$G^*=G'+\mathrm{i}G'' \tag{31-7}$$

式中：G^* 为剪切复数模量；G' 为储能模量或“实数”部分模量，它反映材料形变时能量储存的大小，即回弹能力；G'' 为损耗模量或“虚数”部分模量，它反映材料形变时能量损耗的大小，与黏性有关。

损耗角正切：

$$\tan\delta=\frac{G''}{G'} \tag{31-8}$$

式中：δ 为损耗角正切，反映力学损耗的大小，与聚合物分子链的链段运动紧密相关。

复合黏度：

$$\eta^*=\frac{G^*}{\mathrm{i}\omega} \tag{31-9}$$

$$\eta^*=\frac{G'}{\mathrm{i}\omega}+\frac{\mathrm{i}G''}{\mathrm{i}\omega}=\frac{G''}{\omega}+\frac{G'}{\mathrm{i}\omega}=\eta'-\mathrm{i}\eta'' \tag{31-10}$$

式中：η^* 为物质对动态剪切的总阻抗；η' 为动态黏度，它与损耗模量有关，表示黏性的贡献，是复数黏度中的能量耗散部分；η'' 为虚数黏度，它与动态模量相关，表示弹性的贡献，是弹性和储能的量度。

采用复数黏度可以表征聚合物流体的黏弹性质。

2. 旋转流变仪的测量模式

在动态测试中，流变仪可以控制振动频率、振动幅度、测试温度和测试时间。典型的测试中，将其中两项固定，而系统地变化第三项。应变扫描、频率扫描、温度扫描和时间扫描是基本的测试模式，扫描就是在所选择的步骤中，连续地变化某个参数。

（1）应变扫描：实验中确定频率、温度和应变扫描模式等参数。是在恒定的频率、温度下，改变应变幅度进行测试。主要作用为确定线性黏弹性的范围等。

（2）频率扫描：在实验中确定应变幅度或应力幅度、频率扫描方式及实验温度。在一定的应变振幅和温度下，施加不同频率的正弦形变，在每个频率下进行一次测试。

（3）温度扫描：在实验中确定频率、应变幅度，以不同的温度扫描方式（初始温度、最终温度和温度扫描速率）进行测试。主要作用包括大分子的各转变温度、大分子缠结结构的破坏和重建等。

（4）时间扫描：在实验中确定频率、应变、实验温度，测量时间间隔、测量总时间。在恒定的温度下，给样品施加恒定频率的正弦形变，并在选择的时间范围内进行连续测量。时间扫描可以用来监视网络结构的破坏和重建，即研究测量的化学、热以及力学稳定性。

本实验采用动态旋转流变仪测定聚丙烯的动态流变行为。

三、实验材料和仪器

1. 主要实验材料

聚丙烯（PP）（熔体流动速率 = 2 ~ 20g/min）。

2. 主要实验仪器

平板硫化机（TA 公司的 ARES-RFS 流变仪）。

四、实验步骤

1. 原料的干燥

将 PP 置于阔口的铁盘子里放入真空烘箱内，关好烘箱门。开启抽真空机和加热器，先在 90℃下干燥 2 ~ 3h。

2. 样品的制备

将干燥好的 PP 放入圆形模具中，采用热压法（220℃，5MPa），在平板硫化机中将 PP 粉末压成直径 25mm，厚度 2.0mm 的圆形试样。

3. 流变性能测试

（1）开机。

①启动空气压缩机，压力达到 0.6MPa 后方可开机，低于 0.6MPa 不可开机。

②启动循环冷却和加热系统、电源。如果使用 CTD600 高温系统，还需启动控温仪。

③启动计算机，双击“US200”图标，开启程序，打开“MCR300”。

（2）实验操作。

①卸下空气轴承保护套，点击“Initiation”进行仪器初始化。

②安装所选的锥板、平板或圆筒配件，安装过程不要用力过猛，以免损伤空气轴承。点击“Zero Gap”图标调零。

③设置实验参数，本实验主要是测试聚丙烯在不同温度下的频率扫描，首先进行应变

扫描找出线性黏弹性范围内的应变幅度；频率：0.1 ~ 100Hz；温度点：170℃、180℃、190℃、200℃。抬起上夹具，装入样品，放下上夹具，除去多余样品后，拔开插销，待温度平衡后，开始测试。

④开始实验，实验过程中操作人员不得离开。

⑤实验完毕后卸下所有配件，在拆卸过程中注意不要碰空气轴承。仔细清洗配件，注意不要损伤配件表面。

（3）关机。

①关闭 ARES 电源。

②锁住 ARES 的保险锁。

③关闭冷干机电源，关闭水浴循环装置。

④关闭空压机。

⑤必须排去空压机内的积水。

五、实验结果分析与讨论

（1）用 ORIGIN 程序处理流变数据，绘制 G'、G''、η^*、$\tan\delta$ 与 ω 关系曲线图，分析温度对聚丙烯熔体各流变特性的影响。

（2）对不同相对分子质量及其分布的材料进行流变测试，分析它们的流变学曲线有何不同，为什么？

（张清华　闫伟霞）

实验 32　光学解偏振法测聚合物的结晶速率

一、实验目的

（1）加深对聚合物的结晶动力学特征的认识。

（2）了解光学解偏振法测定结晶速度的基本原理。

（3）掌握用 GJY- Ⅲ型结晶速率仪测定聚合物结晶速率的实验技术。

二、实验原理

处在熔融状态下的聚合物，其分子链是无序排列的，在光学上表现出各向同性，将其转置于两个正交的偏振片之间，透射光强度为零；而聚合物晶区中的分子链是有序排列的，其在光学上是各向异性的，具有双折射性质，将其置于两个正交的偏振片之间时，透射光强度不为零，而且透射光的强度与结晶度成正比，透过的这一部分光称为解偏振光。因此，当置于两正交偏振片之间的聚合物样品，从熔融状态开始结晶时，随着结晶的进行，解偏振光（透射光）强度会逐渐增大。这样，通过测定透射光强度的变化，就可以跟踪聚合物的结晶过程，从而研究聚合物的结晶动力学，并测定其结晶速率。

如果在时刻0、t和结晶完成时的解偏振光强度分别为I_0、I_t和I_∞，则以$(I_\infty-I_t)/(I_\infty-I_0)$对结晶时间作图，可得到等温结晶曲线。解偏振光强度在结晶初期没有变化，这一段时期为诱导期，随后解偏振光强度迅速增加，之后解偏振光强度缓慢增加，最后变化极为缓慢。

由于结晶终了时的时间难以确定，因此不能用结晶所需的全部时间来衡量结晶速率。而结晶完成一半时所需的时间能较准确测定，因为在此点附近，解偏振光强度的变化速率较大，时间测量的误差就较小。以解偏振光强度增大到基本不变时的值（I_∞）作为一个平衡值，采用结晶完成一半的时间（$t_{1/2}$）的倒数作为聚合物的结晶速率。$t_{1/2}$称为半结晶时间。

聚合物的等温结晶过程可用Avrami方程来描述：

$$1-C=e^{-Kt^n} \tag{32-1}$$

式中：C为时刻t时的结晶转化率；K为结晶速率常数；n为Avrami指数。

在t时刻，已结晶部分引起的解偏振光强度变化为（I_t-I_0），结晶完成时，全部结晶引起的解偏振光强度变化为（$I_\infty-I_0$）。则t时刻的结晶转化率可用下式进行计算：

$$C=\frac{I_t-I_0}{I_\infty-I_0} \tag{32-2}$$

代入式（32-1），整理后可得：

$$\lg\left[-\ln\left(\frac{I_\infty-I_t}{I_\infty-I_0}\right)\right]=\lg K+n\lg t \tag{32-3}$$

以上式左边对$\lg t$作图可得一直线，由直线截距$\lg K$可求得结晶速率常数K，由直线斜率可求得Avrami指数n。

本实验以聚丙烯粒料为试样，采用结晶速度仪测定其结晶速率。

三、实验材料和仪器

1. 主要实验材料

聚丙烯粒料。

2. 主要实验仪器

GJY-Ⅲ型结晶速率仪、盖玻片。

四、实验步骤

（1）接通整机电源，并接通熔融炉和结晶炉的加热电源。

（2）调节偏振光使之正交，此时输出光强信号最弱。

（3）接通光电倍增管负高压电源开关（900V），再接通直流光源开关（1.5V）。

（4）调节结晶速率仪的结晶温度为120℃，熔融温度为280℃，使两炉加热，并恒温至所需的温度值。

（5）接通电子记录仪电源，并选择适当的量程范围和走纸速度。

（6）将一盖玻片放在熔融炉平台上，然后将聚丙烯样品粒子置于盖玻片上熔融，并盖上另一盖玻片，压平对齐，制作实验样品，并将制作好的样品迅速放入结晶炉内。

（7）在恒温状态下样品开始结晶，记录仪记录结晶曲线。

（8）实验结束后取出样品。

注意事项：

①手不要接触到熔融炉和结晶炉，以免被灼伤。

②被熔融的样品必须完全熔化，否则会影响样品的结晶速率及其曲线。

③应迅速地将熔融样品放入结晶炉内结晶。

五、实验结果分析与讨论

（1）从记录仪给出的等温结晶曲线上，计算并标出此温度下的半结晶时间 $t_{1/2}$。

（2）求出此结晶温度下的半结晶时间的倒数 $1/t_{1/2}$ 作为聚合物的等温结晶速率。

（3）取不同结晶时间的实验数据计算，以 $\ln(I_\infty - I_t)/(I_\infty - I_0)$ 对 $\lg t$ 作图，由直线的截距和斜率求出 K 和 n。

（4）结晶温度对聚合物的结晶速度有什么影响？

（5）根据计算的 n 值，讨论聚丙烯的结晶过程。

（王雅珍）

实验 33　偏光显微镜法观察聚合物结晶形态

一、实验目的

（1）加深对外界条件对聚合物的结晶形态影响的理解。

（2）掌握用熔融法制备聚合物球晶、观察聚合物的结晶形态、测定球晶半径及生长速度的操作技能。

（3）熟悉偏光显微镜的构造及使用方法。

二、实验原理

球晶的基本结构单元具有折叠链结构的片晶（晶片厚度在 10mm 左右）。许多这样的晶片从一个中心（晶核）向四面八方生长，发展成为一个球状聚集体。

根据振动的特点不同，光有自然光和偏振光之分。自然光的光振动（电场强度 E 的振动）均匀地分布在垂直于光波传播方向的平面内；自然光经过反射、折射、双折射或选择吸收等作用后，可以转变为只在一个固定方向上振动的光波，这种光称为平面偏光或偏振光。偏振光振动方向与传播方向所构成的平面叫做振动面。如果沿着同一方向有两个具有相同波长并在同一振动平面内的光传播，则两者相互起作用而发生干涉。由起偏振物质产生的偏振光的振动方向，称为该物质的偏振轴，偏振轴并不是单独一条直线，而是表示一种方向。自然光经过第一偏振片后，变成偏振光，如果第二个偏振片的偏振轴与第一片平行，则偏振光能继续透过第二个偏振片；如果将其中任意一片偏振片的偏振轴旋转 90°，使它们的偏振轴相互垂直。这样的组合，便变成光的不透明体，这时两偏振片处于正交。

光波在各向异性介质（如结晶聚合物）中传播时，其传播速度随振动方向不同而发生变化，其折射率值也因振动方向不同而改变，除特殊的光轴方向外，都要发生双折射，分解成振动方向互相垂直，传播速度不同，折射率不等的两条偏振光。两条偏振光折射率之差叫做双折射率。光轴方向，即光波沿此方向射入晶体时不发生双折射。晶体可分两类：第一类是一轴晶，具有一个光轴，如四方晶系、三方晶系、六方晶系；第二类是二轴晶，具有两个光轴，如斜方晶系、单斜晶系、三斜晶系。二轴晶的对称性比一轴晶低得多，故亦可称为低级晶系。聚合物由于化学结构比低分子链长，对称性差，大多数属于二轴晶系。一种聚合物的晶体结构通常属于一种以上的晶系，在一定条件可相互转换，聚乙烯晶体一般为正交晶系，如反复拉伸、辊压，发生严重变形，晶胞便变为单斜晶系。

高分子链的取向排列使球晶在光学性质上是各向异性的，即在不同的方向上有不同的折光率。在正交偏光显微镜下观察时，在分子链平行于起偏器或检偏器的方向上，将产生消光现象。因此可以看到球晶特有的黑十字消光图案（称为 Maltase 十字），黑十字的两臂分别平行于起偏镜和检偏镜的振动方向。

在某些情况下，晶片会周期性地扭转，从一个中心向四周生长（如聚乙烯的球晶），这样，在偏光显微镜中就会看到由此而产生的一系列消光同心圆环。

本实验以聚丙烯粒料、聚乙烯粒料为试样，采用偏光显微镜观察其结晶形态并测定其球晶半径。

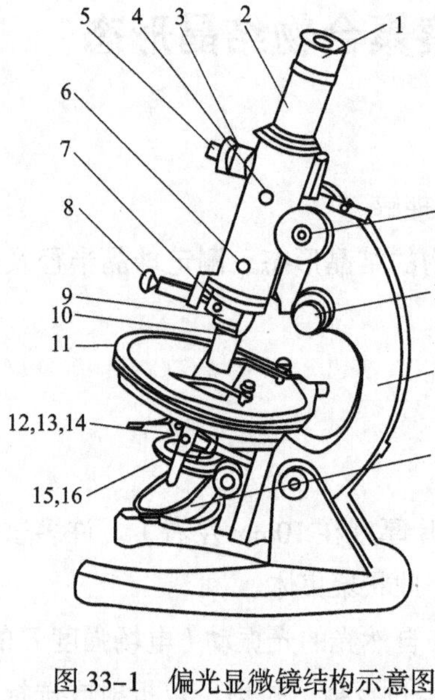

图 33-1　偏光显微镜结构示意图

1—目镜　2—目镜筒　3—勃氏镜手轮　4—勃氏镜左右调节手轮　5—勃氏镜前后调节手轮　6—检偏镜　7—补偿器　8—物镜定位器　9—物镜座　10—物镜　11—旋转工作台　12—聚光镜　13—拉索透镜　14—可变光栏　15—起偏镜　16—滤色片　17—反射镜　18—镜架　19—微调手轮　20—粗调手轮

三、实验材料和仪器

1. **主要实验材料**

聚丙烯粒料、聚乙烯粒料、甘油。

2. **主要实验仪器**

偏光显微镜及附件（图 33-1）、载玻片、盖玻片、电炉。

四、实验步骤和结果

（1）将 1 粒聚丙烯树脂颗粒放在电炉上恒温的载玻片上，待树脂熔融后，加上盖玻片，加压成膜。保温 2min，然后迅速放入 40 ~ 150℃的干燥箱中，结晶 2h 后取出。

（2）将1粒聚乙烯树脂颗粒同上用熔融加压法制得薄膜，然后切断电炉电源，使样品缓慢冷却至室温。

（3）标定显微镜目镜分度尺。

（4）将制备好的样品放在载物台上，在正交偏振条件下观察球晶形态。

五、实验结果分析与讨论

（1）记录所观察到的现象，并估算球晶的半径。

（2）随着晶体生成条件的变化，聚合物结晶可能具有哪些不同的形态？

（3）聚合物球晶是单晶体还是多晶体？

（4）结合实验讨论聚合物球晶的生成过程及主要影响因素。

（王雅珍）

实验 34　显微镜法观察共混物的相区形态

一、实验目的

（1）加深对聚合物共混体系相容性及其判别原理的理解。

（2）学会用熔融法制备聚合物共混物样品。

（3）了解相差显微镜的基本原理，熟悉显微镜的基本构造和使用方法。

（4）掌握用相差显微镜法观察聚合物共混物形态的方法及操作技能。

二、实验原理

聚合物共混已成为高分子科学发展的前沿之一，也是高分子材料开发的主要途径之一。由于聚合物共混体一般为多相体系，因此其形成的形态和尺寸对高分子材料的使用性能有重要的影响。

从热力学上讲，绝大多数聚合物共混体系是不相容的，即各组分之间没有分子水平的化学反应发生，例如在聚合物熔融状态下进行共混，不同的组分受到应力场的作用，混合成宏观上均一的共混材料。而这种材料从亚微观上看（几微米至几十微米）则是分相的；由于共混体系的各组分在普通光学显微镜的条件下均为无色透明的，所以用普通的光学显微镜不能分辨出这种分相结构。

因为共混体系中各组分的折射率不同，可以通过相差显微镜观察共混物的分相结构。其基本原理是：光波在进入一厚度但折射率不同的共混物薄膜（透明）样品后，因光程不同而产生一定的相位差：

$$\delta = \frac{2\pi}{\lambda}(n_A - n_B)\ l$$

式中：λ 为光波波长；n_A、n_B 分别为组分 A、B 的折射率；l 为光波在薄膜内所走的距离。

相位差既不能被眼睛所识别，也不能造成照相材料上的反差，而通过一定的光学装置可以把相位差转变为振幅差。利用光的干涉和衍射现象，相位差在相差显微镜中可以被转变为振幅差，因此能看到两种组分间有明暗的差别，从而可以考查共混物的形态。

共混聚合物的研究对于改善材料的性能，特别是力学性能，具有重要的实际意义。对于两相共混结构的聚合物，一般含量少的组分形成分散相，而含量较多的组分形成连续相。在共混体系中分散相与连续相的相容性如何，分散相的分散程度和颗粒大小以及分散相与连续相的比例都直接影响材料的性能。

相差显微镜是这方面研究的有效方法之一。相差显微镜的种类很多，用法也各不相同。很多普通光学显微镜可带有相差附件（也可称为相衬附件）。相差附件包括环状光栏和相板，环状光栏多与聚光镜装在一起而组成转盘聚光镜；相板多装在物镜中组成相差物镜。相差装置也有安装在专用镜座上的。相差镜检装置通常包括转助聚光镜（或聚光镜与手插入式环状光栏）。几个相差物镜和合轴调整用的望远镜绿色滤光镜。进行相差镜检测时，目镜可用普通的惠更斯目镜。

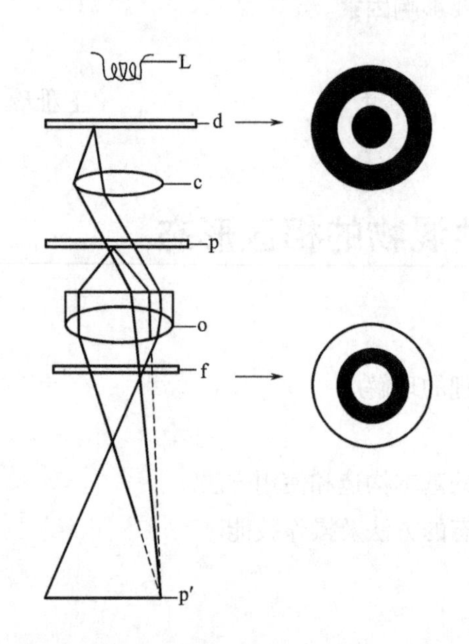

图 34–1　相差显微镜原理图

L—光源　d—环状光栏　c—聚光镜　p—样品　o—物镜
f—物镜后焦点，此处放置有相板　p′—被检测物所呈现的像

图 34–1 是相差显微镜的原理图，其中实线表示通过光栏的两个光束，它们基本上会聚在 f 面上（因为 f 面为物镜的焦平面）。虚线表示被检物（样品）所衍射的光线，它们以很广的面通过相板，这些衍射光束包含全部的相位差的信息，通过相板的作用，这种相位差通过光的干涉形成视场中的明暗差别。

本实验将 PP 和 SBS 共混作为试样，采用相差显微镜观察共混物的相区形态。

三、实验材料和仪器

1. 主要实验材料

PP（折射率 1.49）、SBS（折射率 1.533）。

2. 主要实验仪器

相差显微镜（带有相差附件的普通倒置光学显微镜，XSZ–H7 型，照明条件：波长 A = 0.55 μm；媒质：空气 n = 1.000）、目镜（放大倍数 10×）、相差物镜（放大倍数 10×、数值孔径：α = 0.4；分辨率：$\delta = \lambda/\alpha$）、热台、载玻片、盖玻片、镊子、刀片等。

四、实验步骤

（1）制样。采用压片法。按共混配比 A/B = 70/30 用刀片切下少许 PP（A 组分）和 SBS（B 组分），放在已于热台上恒温好的载玻片上，待样品熔融后，加上盖玻片，用镊子均匀用力压成适当厚度的薄膜（约 10 μm），取下自然冷却至室温即可。

（2）调整好相差显微镜，注意光亮调节。将样品置于载物台上，对准焦距后观察共混物形态。

五、实验结果分析与讨论

（1）简述所观察到的样品形态，标出各组分。

（2）为什么说绝大多数共混聚合物在热力学上是不相容的？

（3）常用的制样方法除了切片法外还有什么方法？它们各有什么优缺点？

（4）结合实验讨论为什么要求样品膜片厚度尽可能一致？若样品较厚能否看到分相结构？

（李青山 张海全）

实验 35 高分子材料拉伸性能的测定

一、实验目的

（1）了解聚合物材料拉伸强度及断裂伸长率的意义，加深对高分子材料在拉伸过程中应力—应变性质变化规律的认识。

（2）掌握用电子拉力试验机测定高分子材料拉伸应力—应变曲线的实验技术。

（3）熟悉应力—应变曲线判断不同聚合物材料的力学性能。

二、实验原理

为了评价聚合物材料的力学性能，通常用等速施力下所获得的应力—应变曲线来进行描述。这里，所谓应力是指拉伸力引起的在试样内部单位截面上产生的内力；而应变是指试样在外力作用下发生形变时，相对其原尺寸的相对形变量。不同种类聚合物有不同的应力—应变曲线。

等速条件下，无定形聚合物典型的应力—应变曲线如图 35-1 所示。图中的 a 点为弹性极限，σ_a 为弹性（比例）极限强度，ε_t 为弹性极限伸长。在 a 点前，应力—应变服从虎克定律：$\sigma = E\varepsilon$。曲线的斜率 E 称为弹性（杨氏）模量，它反映材料的硬性。y 称屈服点，对应的 σ_y 和 ε_y，称屈服强度和屈服伸长。材料屈服后，可在 t 点处，也可在 t' 点处断裂。因而视情况，材料断裂强度可大于或小于屈服强度。E_t（或 ε_t）称断裂伸长率，反映材料的延伸性。

从曲线的形状以及 σ_t 和 ε_t 的大小，可以看出材料的性能，并借以判断它的应用范围。如

从 ε_t 的大小，可以判断材料的强与弱；而从 ε_t 的大小，更准确来讲是从曲线下的面积大小，可判断材料的脆性与韧性。从微观结构看，在外力的作用下，聚合物产生大分子链的运动，包括分子内的键长、键角变化，分子链段的运动以及分子间的相对位移。沿力方向的整体运动（伸长）是通过上述各种运动来达到的。由键长、键角产生的形变较小（普弹形变），而链段运动和分子间的相对位移（塑性流动）产生的形变较大。材料在拉伸到破坏时，链段运动或分子位移基本上仍不能发生，或只是很小，此时材料就脆。若达到一定负荷，可以克服链段运动及分子位移所需要的能量，这些运动就能发生，形变就大，材料就韧。如果要使材料产生链段运动及分子位移所需要的负荷较大，材料就较强及硬。

结晶型聚合物的应力—应变曲线与无定形聚合物的曲线是有差异的，它的典型曲线如图 35–2 所示。

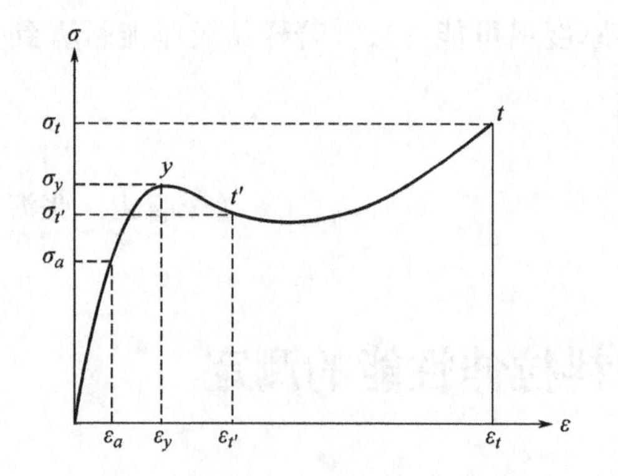

图 35–1　无定形聚合物的应力—应变曲线

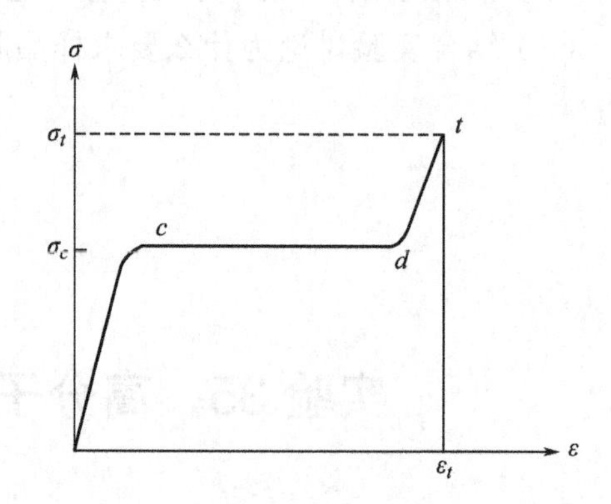

图 35–2　结晶型聚合物的应力—应变曲线

微晶在 c 点以后将出现取向或熔解，然后沿力场方向进行重排或重结晶，故 σ_c 称重结晶强度，它同时也是材料“屈服”的反映。从宏观上看，材料在 c 点将出现细颈，随着拉伸的进行，细颈不断发展，至 d 点细颈发展完全，然后应力继续增大至 t 点时，材料就断裂。

对于结晶型聚合物，当结晶度非常高时（尤其当晶相为大的球晶时），会出现聚合物脆性断裂的特征。总之，当聚合物的结晶度增加时，模量将增加，屈服强度和断裂强度也增加，但屈服形变和断裂形变却减小。

聚合物晶相的形态和尺寸对材料的性能影响也很大。同样的结晶度，如果晶相是由很大的球晶组成，则材料表现出低强度、高脆性倾向。如果晶相是由很多的微晶组成，则材料的性能有相反的特征。

另外，聚合物分子链间的化学交联对材料的力学性能也有很大的影响，这是因为有化学交联时，聚合物分子链之间不可能发生滑移，黏流态消失。当交联密度增加时，对于 T_g 以上的橡胶态聚合物来说，其抗张强度增加，模量增加，断裂伸长率下降。交联度很高时，聚合物成为三维网状链的刚硬结构。因此，只有在适当的交联度时抗张强度才有最大值。

综上所述，材料的组成、化学结构及聚态结构都会对应力与应变产生影响。归纳各种不同类聚合物的应力—应变曲线，主要有以下 5 种类型，如图 35–3 所示。

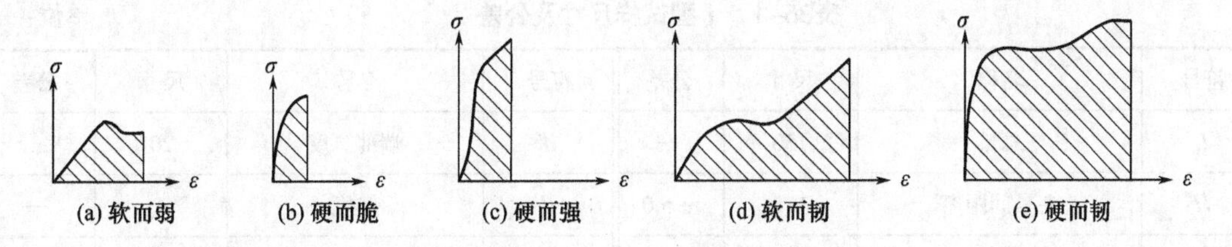

图 35-3　5 种类型聚合物的应力—应变曲线

应力—应变实验所得的数据也与温度、湿度、拉伸速度有关，因此，应规定一定的测试条件。

拉伸实验的试样共有 4 种类型：Ⅰ型试样（双铲型）；Ⅱ型试样（哑铃型）；8 字型试样；长条型试样。不同的材料优选的试样类型及相关条件及试样的类型和尺寸参照 GB 1040—2006 执行。

本实验采用聚丙烯为原料，制成Ⅰ型试样，采用拉力试验机测定其拉伸性能。

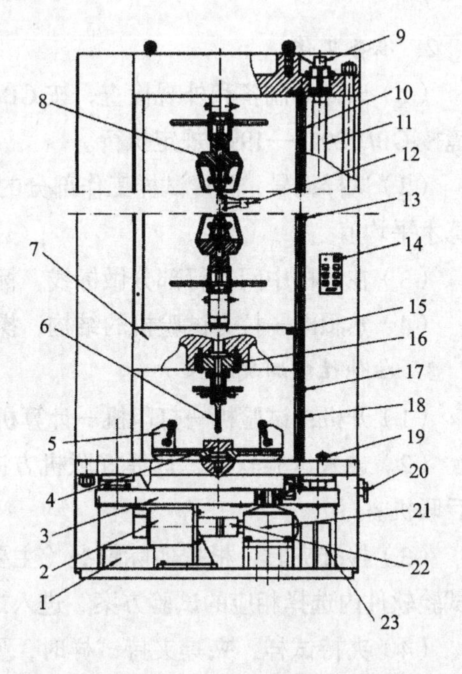

图 35-4　电子万能试验机结构

1—伺服器　2—伺服电动机　3—传动系统　4—压缩下压板
5—弯曲装置　6—弯曲压头　7—移动横梁　8—拉伸楔形夹具
9—位移传感器　10—固定挡圈　11—滚珠丝杠　12—电子引伸计
13—可调挡圈　14—手动控制盒　15—限位碰块　16—力传感器
17—可调挡圈　18—固定挡圈　19—急停开关　20—电源开关
21—减速机　22—联轴器　23—电器系统（微处理器）

三、实验材料和仪器

1. 主要实验材料

聚丙烯。

2. 主要实验仪器

CSS-2000 型电子万能试验机。电子万能试验机的工作原理见图 35-4，最大测量负荷 500kg，速度 1 ~ 500mm/min，试验类型有拉伸、压缩、弯曲、剪切等。

四、实验步骤

1. 试样制作

以 PP 为原料，采用多型腔模具注射成型制成Ⅰ型试样（图 35-5），每组试样不少于 5 个，尺寸及公差参考表 35-1。试样要求表面平整，无气泡、裂纹、分层、伤痕等缺陷。

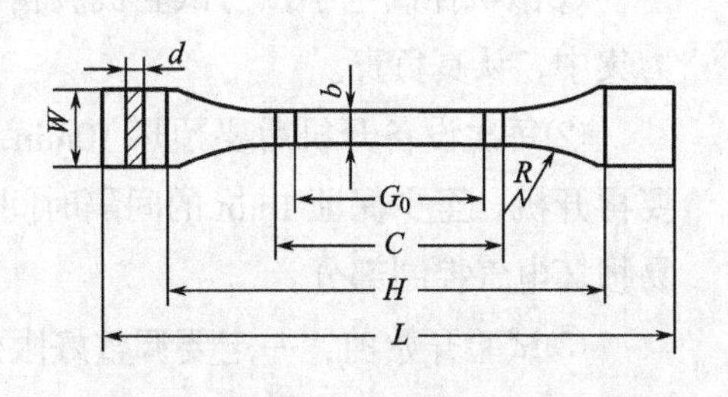

图 35-5　Ⅰ型试样

表35-1 Ⅰ型试样尺寸及公差 单位：mm

符号	名称	尺寸	公差	符号	名称	尺寸	公差
L	总长	150	—	W	端部宽度	20	±1
H	夹具间距离	115	±5.0	d	厚度	4	—
C	中间平行部分长度	60	±2	b	中间平行部分宽度	10	±0.2
G_0	标距	50	±1	R	半径	60	—

2. **准备工作**

（1）试样的制备和外观检查，按 GB/T 1040.1—2006 规定进行；试样的状态调节和实验环境按 GB/T 2918—1998 规定执行。

（2）试样编号，测量试样工作部分的宽度和厚度，精确至 0.01 mm。每个试样测量三点，取算术平均值。

（3）在试样中间平行部分做标线，标明标距 G_0，此标线对测试结果不应有影响。

（4）熟悉电子拉力试验机的结构，操作规程和注意事项。

3. **拉伸性能测试操作**

（1）开机：试验机→打印机→计算机。

（2）进入试验软件，选择好联机方向，选择正确的通信口，选择对应的传感器及引伸仪后联机。

（3）检查夹具，根据实际情况（主要是试样的长度及夹具的间距）设置好限位装置；在试验软件内选择相应的试验方案，进入试验窗口，输入“用户参数”。

（4）夹持试样，夹具夹持试样时，要使试样纵轴与上、下夹具中心线相重合，并且要松紧适宜，以防止试样滑脱或断在夹具内。

（5）点击“运行”，开始自动试验。

（6）试片拉断后，打开夹具取出试片。

（7）重复步骤（3）~（6），进行其余样条的测试。若试样断裂在中间平行部分之外时，此试样作废，另取试样补做。

（8）试验自动结束后，软件显示试验结果；点击“用户报告”，打印试验报告。

注意事项：

①微机控制电子拉力试验机属精密设备，在操作材料试验机时，务必遵守操作规程，精力集中，认真负责。

②每次设备开机后要预热 10min，待系统稳定后，才可进行实验工作；如果刚关机，需要再开机，至少保证 1min 的间隔时间。任何时候都不能带电插拔电源线和信号线，否则很容易损坏电气控制部分。

③试验开始前，一定要调整好限位挡圈，以免操作失误损坏力值传感器；试验过程中，不能远离试验机，除停止键和急停开关外，不要按控制盒上的其他按键，否则会影响试验；

试验结束后，一定要关闭所有电源。

五、实验结果分析与讨论

（1）记录拉伸实验得到的数据，按下式计算试样的拉伸强度、拉伸断裂应力或拉伸屈服应力（MPa）：

$$\sigma_t = \frac{p}{bd}$$

式中：p 为最大负荷或断裂负荷或屈服负荷（N）；b 为试样工作部分宽度（mm）；d 为试样工作部分厚度（mm）。

各应力值在拉伸应力—变曲线上的位置如图 35–6 所示。

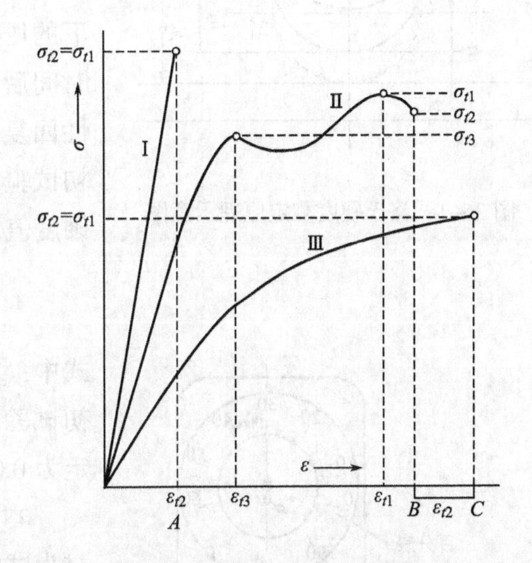

图 35–6　拉伸应力—变曲线

σ_{t1}—拉伸强度　ε_{t1}—拉伸时的应变　σ_{t2}—断裂应力
ε_{t2}—断裂时的应变　σ_{t3}—屈服应力　ε_{t3}—屈服时的应变
Ⅰ—脆性材料　Ⅱ—具有屈服点的韧性材料
Ⅲ—无屈服点的韧性材料

（2）按下式计算试样的断裂伸长率 ε_t：

$$\varepsilon_t = \frac{L - L_0}{L_0} \times 100\%$$

式中：L 为试样原始标距（mm）；L_0 为试样断裂时标线间距离（mm）。

计算结果以算术平均值表示，σ_t 取三位有效数字，ε_t 取两位有效数字。

（王雅珍）

实验 36　高分子材料硬度的测定

一、实验目的

（1）了解高分子材料硬度的概念。

（2）了解洛氏硬度计的实验原理与结构。

（3）掌握测定高分子材料洛氏硬度的实验技术。

二、实验原理

将一个硬的压头压入欲检查零件（或试样）的待测表面时，材料抵抗这种压入的能力称为“硬度”。最常用的硬度实验方法有布氏硬度和洛氏硬度。

洛氏硬度是指用规定的压头对试样先施加初试验力，接着再施加主试验力，然后卸除主试验力，只保留初试验力，用前后两次初试验力作用下压头压入试样的深度差经计算得出的

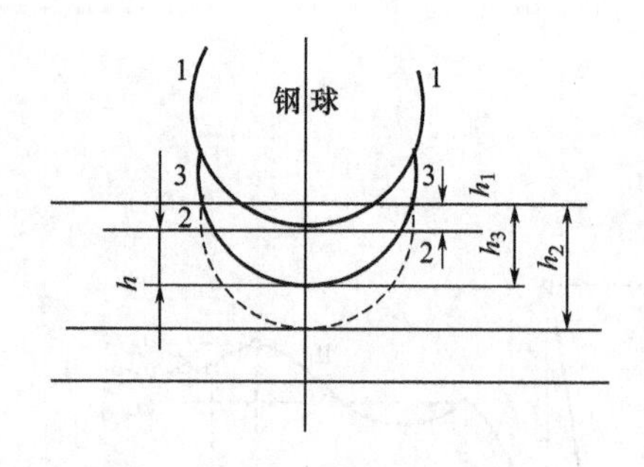

图 36–1 洛氏硬度测定原理示意图

值表示。洛氏硬度原理（图 36–1）采用钢球作为压头，分两次对试样加荷，首先施加初试验力，压头压入试样的压痕深度为 h_1；接着再施加主试验力，压头在总试验力作用下的压痕深度为 h_2；然后压头在总试验力作用下保持一定时间后卸除主试验力，只保留初试验力，压痕因试样的弹性回复最终形成的压痕深度为 h_3；最后用 h 表示前后两次初试验力作用下的压痕深度差，即 $h = h_3 - h_2$，按下式计算硬度值。

$$HR = K - \frac{h}{c}$$

式中：HR 为塑料的洛氏硬度值，准确到分度值；h 为两次初试验力作用下的压痕深度差（mm）；c 为常数，其值规定为 0.002mm；K 为换算常数，其值规定为 130。

本实验根据国家标准 GB/T 3398.2—2008，以聚合物板材为试样，采用洛氏硬度法测定其硬度。

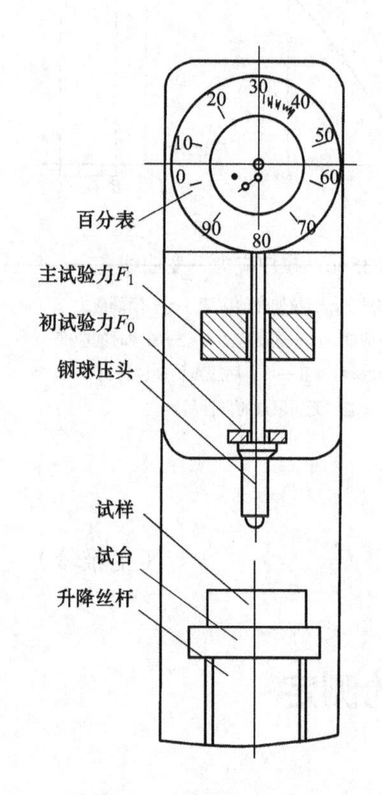

图 36–2 洛硬度计示意图

三、实验材料和仪器

1. **主要实验材料**

聚合物板材（聚合物如 PVC、PP、PS、PE 等，厚度 10 ~ 15mm，试样无裂纹、弯曲及凸凹不平等缺陷）。

2. **主要实验仪器**

XHR–150 型塑料洛氏硬度计（图 36–2）。

四、操作步骤

（1）接通电源，开启船形开关，打开照明灯，根据试样大小选择试台。

（2）用已知硬度的标准块用 E 标尺进行校准。上升丝杆旋轮，标准试块慢慢无冲击地接触钢球压头。然后渐渐上升试台，使表盘大指针转过三圈，对准 30 处，小指针从黑点移到红点。此时已施加了 98.07N 的初试验力，长指针偏移不得超过 ±5 个分度值，若超此范围应改换测试点位置重新测试。按一下按钮，仪器处于加总试验力状态，此时指示照明灯熄灭。保持一定时间后，指示照明灯亮（从灯熄灭到灯亮即为试验力保持时间，洛氏硬度计的保持时间为 15s，时间的调整可旋转晶体管延时器）。蜂鸣器声响，立即读取数值。反方向轻轻旋转升降丝杆手轮，试台下降，更换测试点。

（3）试样的选择。试样的厚度应不小于 6mm，否则允许由同种材料的薄试样叠合组成，但各试样表面间应接触紧密，叠层数不得多于三层，其结果不能与非叠合试样进行比较。试样的大小应保证能在试样的同一表面上进行7点的测试。每个试点中心距离以及到试样边缘距离均不得小于10mm。

（4）根据材料软硬程度选择适宜的标尺。尽可能使塑料洛氏硬度值处于50～115之间，少数材料不能处于此范围的，也不得超过125。如果同一种材料可以用两种标尺进行试验时，所得值都处于限值内，则选用较小试验力的标尺；相同材料应选用同一标尺。根据标尺选择钢球压头大小和主试验力大小。

（5）硬度示值读取。记录施加主试验力时大指针通过 O 点的次数与卸除主试验力时，大指针通过 O 点的次数，并相减，按下法读取：

①差数是0，硬度值为标尺的读数加100。

②差数是1，硬度值为标尺的读数。

③差数是2，硬度值为标尺的读数减100。

（6）将试样放在试台上，按实验步骤（2）重复操作7次。最前两点不计，选取5点数据求平均值，并取三位有效数字，洛氏硬度值用前缀字母和数字表示，如HRM70。

（7）实验完毕后，将试台和钢球压头涂上防锈油，防止锈蚀。关闭照明灯和电源开关。

五、实验结果分析与讨论

（1）求取5个试点的平均硬度值。

（2）影响高分子材料硬度实验的因素有哪些？

（王雅珍）

实验37　高分子材料冲击性能的测定

一、实验目的

（1）了解高分子材料的冲击性能，加深对高分子材料在受到冲击而断裂机理的认识。

（2）掌握冲击强度的测试方法和简支梁冲击试验机的使用。

二、实验原理

冲击强度是衡量材料韧性的一种强度指标，表征材料抵抗冲击载荷破坏的能力。通常定义冲击强度为试样受冲击载荷而折断时单位面积所吸收的能量：

$$a_k = \frac{A}{bh} \qquad (37\text{-}1)$$

式中：a_k 为冲击强度（J/cm^2）；A 为冲断试样所消耗的功（J）；b 为试样宽度（mm）；h 为试样厚度（mm）。

冲击强度的测试方法很多，应用较广的有摆锤式冲击试验、落球法冲击试验和高速拉伸试验。其中摆锤式冲击试验法是将标准试样放在冲击机规定的位置上，然后让重锤自由落下冲击试样，测量摆锤冲断试样所消耗的功，根据式（37–1）计算试样的冲击强度。

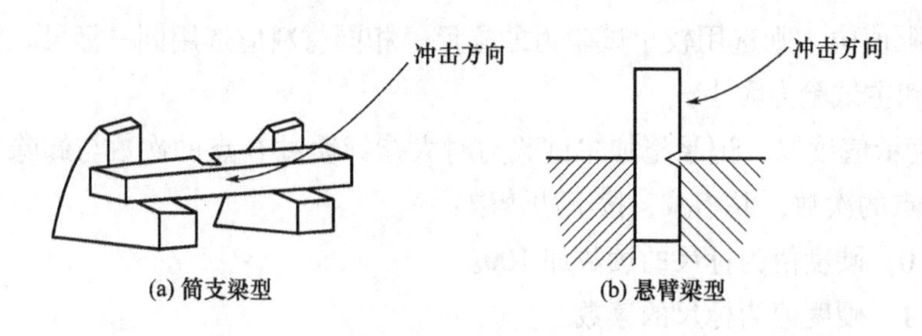

图 37–1　摆锤冲击试验中试样的安放方式

摆锤冲击试验机的基本构造有三部分：机架部分、摆锤冲击部分和指示系统部分。根据试样的安放方式，摆锤式冲击试验又分为简支梁型（Charpy 法）和悬臂梁型（Lzod 法）。前者试样两端固定，摆锤冲击试样的中部；后者试样一端固定，摆锤冲击自由端，如图 37–1 所示。

试样可采用带缺口和无缺口两种。采用带缺口试样的目的是使缺口处试样的截面积大为减小，受冲击时，试样断裂一定发生在这一薄弱处，所有的冲击能量都能在这局部的地方被吸收，从而提高试验的准确性。

改进后的冲击试验机 JJ–20 型智能冲击试验机具有高速数据采集数据处理系统。其主要功能有：

（1）测定材料断裂过程的载荷和变形瞬时值。

（2）在计算机配合下，可以计算、显示和打印出动态屈服载荷、最大载荷及相应的变形时间和变形大小。

（3）把总冲击功分解成裂纹形成功和扩展功。

测定时的温度对冲击强度有很大影响。温度越高，分子链运动的松弛过程进行越快，冲击强度越高；相反，当温度低于脆化温度时，几乎所有的塑料都会失去抗冲击的能力。当然，结构不同的各种聚合物，其冲击强度对温度的依赖性也各不相同。

湿度对有些塑料的冲击强度也有很大影响。如尼龙类塑料，特别是尼龙 6、尼龙 66 等在湿度较大时，其冲击强度更主要表现为韧性的大大增加，在绝干状态下几乎完全丧失冲击韧性。这是因为水分在尼龙中起着增塑剂和润滑剂的作用。

试样尺寸和缺口的大小和形状对测试结果也有影响。用同一种配方，同一成型条件而厚度不同的塑料作冲击试验时，会发现不同厚度的试样在同一跨度上做冲击试验，以及相同厚度在不同跨度上试验，其所得的冲击强度均不相同，且都不能进行比较和换算。而只有用相同厚度的试样在同一跨度上试验，其结果才能相互比较，因此在标准试验方法中规定了材料的厚度和跨度。缺口半径越小，即缺口越尖锐，则应力越易集中，冲击强度就越低。因此，同一种试样，加工的缺口尺寸和形状不同，所测得冲击强度数据也不一样。

本实验采用摆锤式冲击试验法，测定聚合物板材的冲击性能。

三、实验材料和仪器

1. 主要实验材料

板材（厚度 10 ~ 15mm，材料为 PVC、PP、PS、PE 等，无裂纹，弯曲及凸凹不平等缺陷）。

2. 主要实验仪器

JJ-20 型智能冲击试验机、ZHY-W 型万能制样机。

四、试验步骤

1. 试样的准备

（1）试样的形状和尺寸按表 37-1、表 37-2 而定。

表37-1　无缺口试样类型、尺寸、支撑线间距　　单位：mm

试样类型	长度（l）		宽度（b）		厚度（d）		支撑线距离（L）
	基本尺寸	极限偏差	基本尺寸	极限偏差	基本尺寸	极限偏差	
1	80	± 2	10	± 0.5	4	± 0.2	60
2	50	± 1	6	± 0.2	4	± 0.2	40
3	120	± 2	15	± 0.5	10	± 0.5	70
4	125	± 2	3	± 0.5	13	± 0.5	95

表37-2　缺口试样的缺口类型尺寸　　单位：mm

试样类型	缺口类型	缺口剩余厚度（d_k）	缺口底部圆弧半径（r）		缺口宽度	
			基本尺寸	极限偏差	基本尺寸	极限偏差
1 ~ 4	A	0.8d	0.25	0.05	—	—
	B		1.0			
1、3	C	2/3d	≤0.1	—	2	0.2
2	C				0.8	0.1

注　利用板材制取试样时，厚度在3 ~ 13mm之间，取原厚度尺寸；如果厚度大于13mm，用制样机加工至（10 ± 0.5）mm，A型加工到13mm。使用非标准厚试样时，缺口深与试样厚度尺寸之比也应满足表37-2要求，厚度小于3mm不得做冲击试验。

（2）试样的形状及缺口形状按图 37-2 ~ 图 37-4 而定。

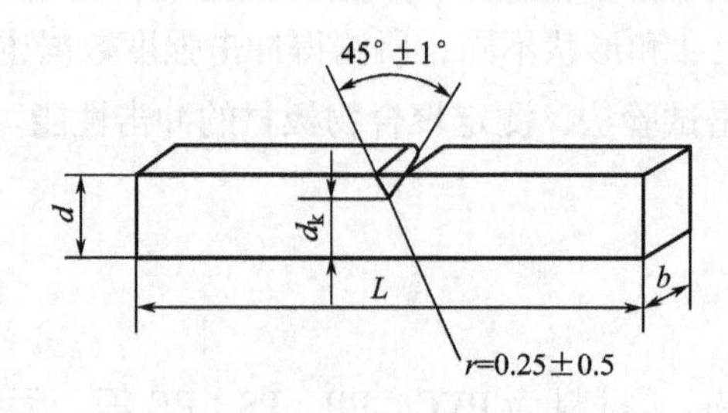

图 37–2　A 型缺口试样

L—试样长度　d—试样厚度　r—缺口底部半径　b—试样宽度　d_k—试样缺口剩余厚度

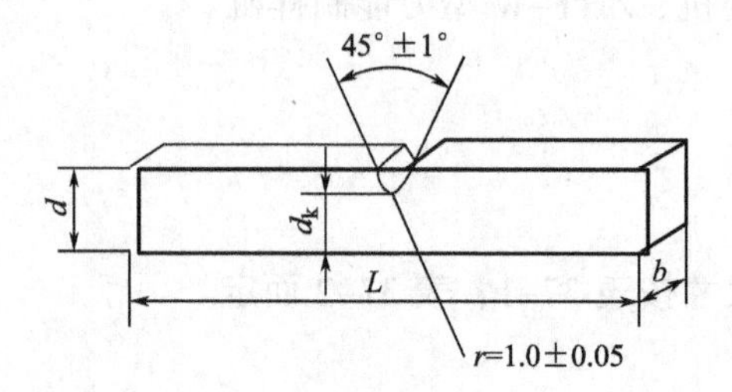

图 37–3　B 型缺口试样

L—试样长度　d—试样厚度　r—缺口底部半径　b—试样宽度　d_k—试样缺口剩余厚度

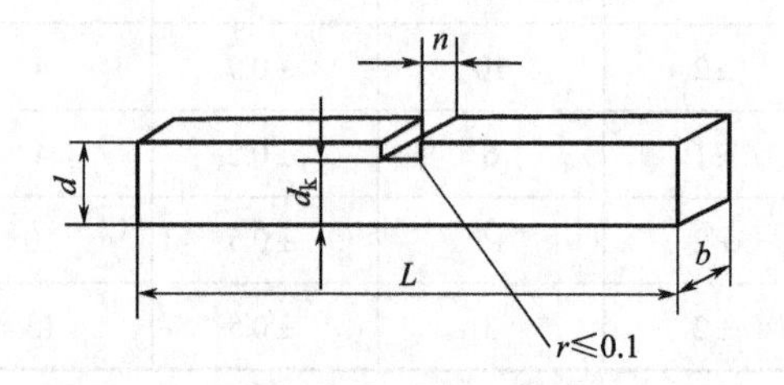

图 37–4　C 型缺口试样

n—缺口宽度　L—试样长度　d—试样厚度　r—缺口底部半径　b—试样宽度　d_k—试样缺口剩余厚度

2. **冲击性能测试**

（1）在万能制样机上，将试样切成（120 ± 2）mm ×（15 ± 0.5）mm ×（10 ± 0.2）mm 的样条，准备 5 个样条。

（2）按表 37–1、表 37–2 选择缺口类型，根据试样厚度计算缺口尺寸。利用万能制样机铣出缺口，并用游标卡尺测量剩余缺口尺寸。

（3）根据试样类型选择好支座垫片抬起摆锤，摆升角为 160°。将试样缺口背向冲击方向用定位器定准试样放置位置，不再移动。

（4）启动微机外部设备，打开主机电源，进入试验操作系统，输入数据，在试验方法处输入。

（5）冲击试验完毕后，进行数据存取，数据显示，打印出图形及数据。关闭微机主机电源，关闭微机外部设备电源，放下摆锤，将定位器与垫片放回配件箱。

注意事项：试样若不破裂、破裂在试样两端 1/3 处或者缺口试样不破裂在缺口处，所得到的数据作废，需重新进行实验。

五、实验结果分析与讨论

（1）按式（37–2）和式（37–3）计算冲击强度：

无缺口冲击强度　　$a_k = A/(bh)$（J/mm²）　　（37–2）

缺口冲击强度　　$a_k = A/[b(h-a)]$（J/mm²）　　（37–3）

式中：A 为冲断试样所消耗的功。

标准试样：宽度 $b = 15$mm，厚度 $h = 10$mm，缺口深度 $a = 3$mm。

（2）按式（37–4）~式（37–6）计算所测冲击强度值的算术平均值、标准偏差和离散系数。

算术平均值　　$$X = \sum \frac{X_i}{n}$$　　（37–4）

式中：X_i 为每个试样的性能值；n 为试样数。

标准偏差　　$$S = \sqrt{\sum \frac{(X_i - X)^2}{n-1}}$$　　（37–5）

离散系数　　$$C_V = \frac{S}{X}$$　　（37–6）

（3）影响冲击强度实验的因数有哪些？

（4）为什么注射成型的试样比模压成型的试样冲击测试结果往往偏高？

（王雅珍）

实验 38　DSC 法测聚合物的热性能

一、实验目的

（1）了解 DSC（示差扫描量热）仪的工作原理及其在聚合物研究中的应用。

（2）掌握测试聚合物常规热性能的实验技术。

二、实验原理

示差扫描量热法是在差热分析基础上发展起来的一种热分析技术。DSC 仪主要有功率补偿型和热流型两种类型。热流型的测试仪是在同一个炉中或相同的热源下加热样品和参比物。当炉子按程序升降温时，测温热电偶测得参比物的温度 T_r，输入计算机，并由计算机控制。差值热点偶测得试样和参比物之间的温差 ΔT 或热流差。功率补偿型的测试仪则有两个相对独立的测量池，其加热炉中分别装有测试样品和参比物。这两个加热炉具有相同的热容及导热系数，并按相同的温度程序扫描。参比物在所选的扫描温度范围内不具有任何热效应。因此，在测试过程中记录下来的热效应就是样品的变化引起的。当样品发生放热或吸热变化时，系统将自动调整两个加热炉的加热功率，以补偿样品所发生的热量改变，使样品和参比物的温度始终保持相同，使系统始终处于热零位状态。

功率补偿型示差扫描量热仪的热分析系统可以分两个控制回路：初始温度按预定的速率升高或降低的平均温度控制回路和维持两个测量池总是处于等同温度的“示差温度控制回路”。平均温度控制回路中，样品和参比物的温度由固定在各测量池上的铂电阻温度计测定，温度信号经平均温度计算网络平均后输入平均温度放大器，在此与程控仪所提供的程序温度信号进行比较，由比较结果反馈回两个独立的装载测量池上的电加热器，以控制两个测量池的温度。

示差温度控制回路中，分别接在样品池和参比池上的铂电阻温度计测量样品和参比物的温度差，控制装在样品和参比物上的另一组电加热器来维持两个测量池的温度相等。同时有一个示差温度放大器提供给两个测量池的功率成正比的信号——热流率被送到记录仪进行纪录，同时记录仪还记录两测量池的平均温度。作 d*H*/d*t*—*T* 图，即得 DSC 谱图。

在聚合物研究领域，DSC 技术可以用来研究玻璃化转变过程、等温或不等温结晶过程、熔融过程、共混体系的相容性、固化反应过程等。图 38–1 为一个典型的半结晶性聚合物的 DSC 图，可以看出，玻璃化转变一般表现为热容跃变台阶，以结晶放热峰和熔融吸热峰的定点所对应的温度为结晶温度和熔点，两峰的积分面积分别为相应的结晶热焓和熔融热焓。

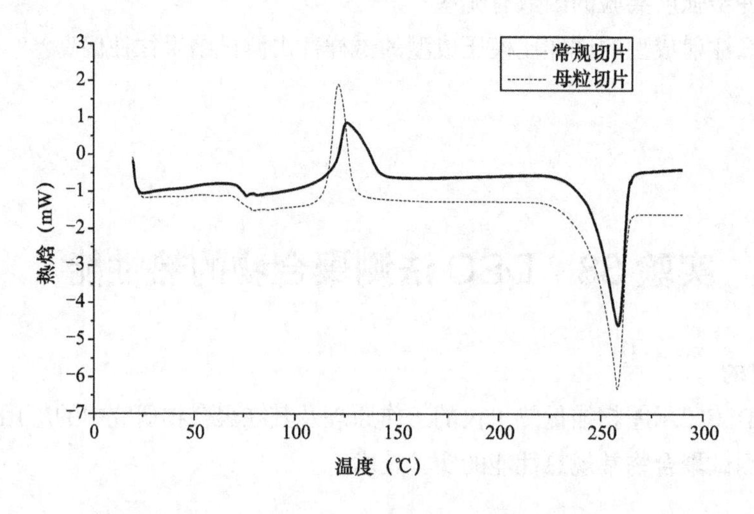

图 38–1　PET 切片及加入电气石粉体的 PET 切片的 DSC 图

DSC 测量结果的精度与下列因素有关：

（1）试样的形状及数量。试样一般为粉末状，研究金属时，也常用与坩埚尺寸相近的圆片试样。试样质量一般为几毫克到几百毫克。而且，试样和参比试样的质量要匹配。

（2）参比试样的选择。参比试样必须采用在试验的湿度范围内不发生相变的材料，它的热容及热导率和试样材料应尽可能相近。

（3）升温速度的影响。一般情况下升温速度变化会引起峰温移动和峰高及峰的面积变化。

（4）气氛控制。本仪器可以在空气和N_2、He、Ar等保护气氛下进行加热。

本实验在高纯氮气保护下用热分析仪测定PET切片的玻璃化转变温度、结晶放热峰、熔点以及相应的热焓。

三、实验材料和仪器

1. 主要实验材料

PET切片、高纯氮气。

2. 主要实验仪器

STA449C型综合热分析仪、分析天平。

四、实验步骤

（1）将试样PET切片和参比试样分别置于坩埚内（经常用的参比试样为Al_2O_3，对PET也可不用参比试样）。

（2）将“差热”“差动”选择开关置于“差动”位置，微伏放大器和量程开关置于“±100kV”处。

（3）选择升温速度，按下温度程序控制单元的“工作”旋钮，然后通过“加热炉电源”，炉温按预定加热速度升温。

（4）升温开始，DSC曲线往往偏离基线，当偏差过大，加热又未出现峰温前，可旋动差热放大器单元的“移位”旋钮，把DSC曲线移到中间的位置。相变开始，曲线即偏离正常走向，相变温度可以根据要求选择切点或峰值，峰的面积即代表相变的热效应。对玻璃化转变温度T_g的确定一般采取台阶前后两基线和台阶切线交点的中点。

五、实验结果分析与讨论

（1）记录试样和参比试样重量、量程、气氛、升温速度等试验条件。

（2）确定试样的玻璃化转变温度T_g、结晶放热峰T_c和熔点T_m以及相应的热焓。

（3）如果没有明显的结晶放热峰T_c可能是什么原因？

（李青山　于金库）

实验39　TGA法测聚合物的热稳定性

一、实验目的

（1）加深对聚合物的热稳定性和热分解作用的理解。

（2）掌握通过热重分析测定聚合物热分解温度及利用热谱图研究热分解动力学的实验技术。

（3）掌握热天平的结构和原理。

二、实验原理

热重分析法（Thermogravimetric Analysis，简称 TGA）是测定试样在温度等速上升时质量的变化，或者测定试样在恒定的高温下质量随时间变化的一种分析技术。

TGA 的谱图是以试样的质量 W 对温度 T 的曲线或者是试样的质量变化速度（dW/dt）对温度 T 的曲线来表示，后者称为微分曲线。开始阶段试样有少量的质量损失（W_0—W_1）这是聚合物中溶剂的解吸所致，如果发生在 100℃附近，则可能是失水所致。试样大量地分解是从 T_1 开始的，质量的减少是 W_1—W_2，在 T_2 到 T_3 阶段存在其他的稳定相，然后再进一步分解。图 39–1 中 T_1 称为分解温度，有时取 C 点的切线与 AB 延长线相交处的温度 T_1 作为分解温度，后者数值偏高。

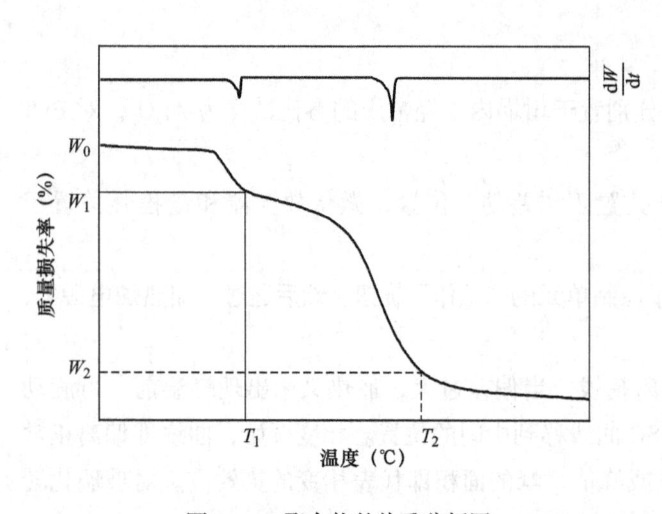

图 39–1 聚合物的热重分析图

（W_0、W_1、W_2 分别表示初始状态、第一次和第二次质量变化时试样的质量分数；T_1、T_2 分别是第一次和第二次质量变化时所对应的温度）

在 TGA 的测定中，升温速度的加快会使分解温度明显升高，如果升温速度太快，试样来不及达到平衡，会使两个阶段的变化并为一个阶段，所以要有合适的升温速度，一般为 5 ~ 10℃/min。试样颗粒不能太大，否则会影响热量的传递，而颗粒太小则开始分解的温度和分解完毕的温度都会降低。放试样的容器不能很深，要使试样铺成薄层，以免放出大量气体时将试样冲走。如果分解出来的气体或其他气体在试样中有一定的溶解性，会使测定不准确。

当然，使用单一的 TGA 法，有时只能从一个侧面说明问题；若能和其他方法联用（例如 TGA—DTA，TGA—GC，TGA—MS），就可相互引证，迅速简便地阐明反应或转变之本质。

TGA 可以有升温法和等温法两种。本实验采用升温法，测定试样聚乙烯和聚苯乙烯的热稳定性。

三、实验材料和仪器

1. 主要实验材料

聚乙烯、聚苯乙烯等。

2. 主要实验仪器

热天平。它是一种不等臂天平，感量为 1mg，可以直接从光屏中读出 50mg 内试样质量的变化，在安放天平的桌子下面装有加热炉。盛有试样的白金小盘，用一细的链条从天平的一臂通过桌子上的小孔悬挂在炉子的中央。炉子加热时的温度是用热电偶（镍铬—镍铝）通过动圈式自动定温控制器来控制的，可以维持恒温，也可以等速升温。另外，还可以用记录仪连续记录温度随时间的变化。如果在天平的另一臂装有差动变压器，可以直接用记录仪连续记录试样质量随时间的变化，更为方便。

四、实验步骤

（1）精确称取 50 ~ 60mg 的试样，盛放在白金小盘内。

（2）使小盘悬挂在炉膛内（不要碰炉壁），加砝码使天平达到平衡，将炉子的升温速度调节到 5℃ /min，在程序升温的同时每隔数分钟记录一次质量 W 和温度 T（快要分解时需要 30s 或 10s 记录一次），直至分解完毕关好天平。每一试样必须重复分析两次。

（3）以 W 对 T 作图。从图中可确定试样的分解温度 T_d。

注意事项：

①试样的颗粒大小适中，样品量不能太大，如果挥发分（特别是低挥发分）不是检测对象，试样在实验前最好经真空干燥。

②升温速度要适中，否则将影响测定结果。

③有关天平使用的一些注意事项在此实验中同样适用。

五、实验结果分析与讨论

（1）以 W 对 T 作图，从图中确定试样的分解温度 T_d。

（2）从 TGA 曲线上可得到哪些信息？

（3）影响聚合物热重分析实验结果的因素有哪些（不考虑仪器因素）？

（4）如何利用 TGA 曲线求出热分解动力学参数？

（王雅珍）

实验 40　高分子材料电阻率的测定

一、实验目的

（1）加深对高分子材料体积电阻率、表面电阻率物理意义的理解。

（2）掌握通过超高电阻测试仪测定高分子材料体积电阻率、表面电阻率的实验技术。

（3）掌握超高电阻测试仪的使用方法。

二、实验原理

高分子材料的电学性能是指材料在外加电压或电场作用下的行为及其所表现出来的各种物理现象，包括在交变电场中的介电性质，在弱电场中的导电性质，在强电场中的击穿现象以及发生在材料表面的静电现象。在各种高分子材料的制造及使用中都必须了解其电学性能。

因此研究测定高分子材料的电学性质，具有非常重要的理论和实际意义。

在直流电场中，对于一定长度的材料，电阻 R 与试样面积 A 成反比，与单位电位下流过每立方厘米材料的电流 I 成正比：

$$\rho=\frac{RA}{I} \tag{40-1}$$

式中：ρ 为电阻率。

电流由两部分组成：

$$I=I_V+I_S \tag{40-2}$$

式中：I_V 为体积电流；I_S 为表面电流。

因而电阻率 ρ 有体积电阻率 ρ_V 和表面电阻率 ρ_S。体积电阻率 ρ_V 的单位为 Ω·m（欧姆·米）或 Ω · cm（欧姆 · 厘米），表面电阻率 ρ_S 的单位为 Ω（欧姆）。

R_S 和 ρ_V 一般用超高阻仪法和检流计法测定。

超高阻测试仪（ZC36 型）的主要原理如图 40-1 所示。测试时，被测试样 R_x 与高阻抗直流放大器的输入电阻 R_0 串联，并跨接于直流高压测试电源上。放大器将其输入电阻 R_0 上的分压信号经放大后输出给指示仪表 CB，由指示仪表可直接读出 R_x 值。

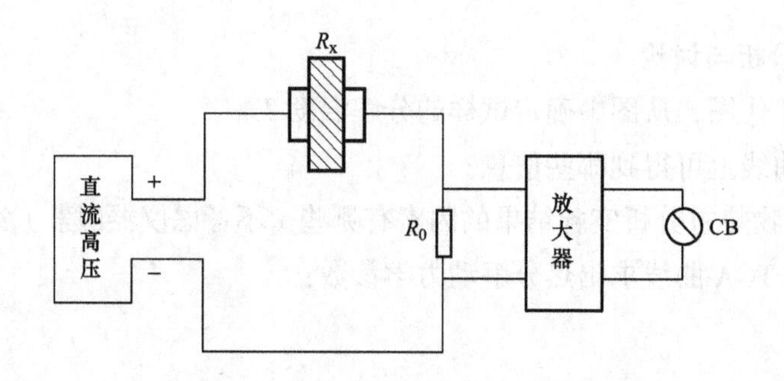

图 40-1 超高阻测试仪（ZC36 型）原理图

按下式计算体积电阻率 ρ_V 值：

$$\rho_V=R_V\times\frac{\pi r^2}{d} \tag{40-3}$$

式中：r 为测量电极半径（由仪器本身给出）；d 为试样的厚度（cm）。

计算表面电阻率 ρ_s 的公式如下：

$$\rho_S=R_S\times\frac{2\pi}{\ln\frac{D_2}{D_1}} \tag{40-4}$$

式中：D_1 为测量电极直径（由仪器给出）；D_2 为保护电极（环电极）内径（由仪器给出）。

因此，$2\pi/[\ln(D_2/D_1)]=80$，为一定值。

本实验以聚砜和聚碳酸酯为试样，采用超高阻测试仪测定其电阻率。

三、实验材料和仪器

1. **主要实验材料**

聚砜（标准圆片）、聚碳酸酯（标准圆片）。

2. **主要实验仪器**

超高阻测试仪（高阻仪）（C36 型）

四、实验步骤

（1）对照仪器面板，熟悉各开关、旋钮。

（2）将体积电阻—表面电阻转换开关指在所需位置。当指在 R_V 时，高压电极加上测试电压，保护电极接地；当指在 R_S 时，保护电极加上测试电压，高压电极接地，如图 40-2 所示。

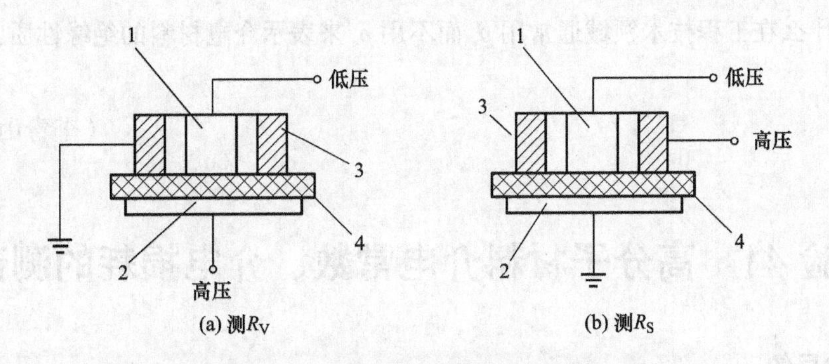

图 40-2 体积电阻—表面电阻开关的转换

1—测量电极 2—高压电极 3—保护电极 4—被测试样

（3）校正高阻仪的灵敏度。

（4）将被测试样用导线（屏蔽线）接至两测试端钮。

（5）将测试电压选择开关置于所需的测试电压位置。在测试前须再注意一下仪表的指针所指的“∞”有否变动，如有变动，可再借“∞”及“0”校正器将其调至“∞”。

（6）把“放电—测试”转换开关自“放电”位置转至“测试”位置，进行充电。这时输入端短路按钮仍处于将放大器输入端短路，在试样经一定时间充电后（一般 15s 左右），即可将输入端短路按钮打开，进行读数。如发现指示仪表很快打出满度，则马上把输入端短路按钮回复到使放大器输入端短路的位置。“放电—测试”开关也转回“放电”位置，待查明情况后，再做试验。

（7）当输入端短路按钮打开后，如发现仪表尚无读数，或指示很小，可将倍率开关升高一挡，并重复以上操作步骤（3）、（4），这样逐挡地升高倍率开关，直至试样的被测绝缘电阻读数能清晰读出为止（尽量读取在仪表刻度 1 ~ 10 间的读数）。一般情况下，可读取合上测试开关后的 1min 时的读数，作为试样的绝缘电阻。

（8）将仪表上的读数（单位是 MΩ）乘以倍率开关所指示的倍率及测试电压开关所指的系数（10V 为 0.01，100V 为 0.1，250V 为 0.25，500V 为 0.5，1000V 为 1.0）即为被测试样的绝缘电阻值。

（9）测试完毕，即将“放电—测试”开关退回至“放电”位置，输入端短路按钮也须回复到使放大器输入端短路的位置，然后可卸下试样。

注意事项：

①高阻仪和电极箱的接地端必须妥善接地。

②测试时人体不许触及 R_x 的高端压，以防电击。

③不能让高端压碰地，以免引起高压短路。

五、实验结果分析与讨论

（1）计算各试样的 ρ_V 和 ρ_S。

（2）比较各试样的实验结果并说明与聚合物结构的关系。

（3）为什么在工程技术领域通常用 ρ_v 而不用 ρ_s 来表示介电材料的绝缘性质？

（李青山　张克勤）

实验 41　高分子材料介电常数、介电损耗的测试

一、实验目的

（1）加深对高分子材料介电常数、介电损耗物理意义的理解。

（2）掌握通过优值计测定高分子材料介电常数、介电损耗的实验技术。

（3）掌握优值计的使用方法。

二、实验原理

电介质的一个重要性质指标是介电常数。在交变电场的作用下，电阻不能单独表征电学性能，必须引入电容的概念。电容 C_0 与所加电压的大小无关，而决定于电容器的几何尺寸，如果每个极板的面积为 A（m^2），而两极板间的距离为 l（m），则有：

$$C_0 = \frac{\varepsilon_0 A}{l} \tag{41-1}$$

式中：ε_0 为真空电容率（或真空介电常数）。

如电容器的两极板间充满电介质，这时极板上的电荷将增加到 Q，电容器的电容 C 比真空电容增加了 ε_r 倍：

$$C = \frac{Q}{V} = \varepsilon_r C_0 = \frac{\varepsilon A}{l} \tag{41-2}$$

$$\varepsilon_r = \frac{C}{C_0} = \frac{\varepsilon}{\varepsilon_0} \tag{41-3}$$

式中：ε_r是一个无因次的纯数，为电介质的相对介电常数，表征电介质储存电能能力的大小，是介电材料的一个十分重要的性能指标；ε为介质的电容率（或介电常数），表示单位面积和单位厚度电介质的电容值，量纲与ε_0相同。

材料作为电介质使用时，在交变电场作用下，除了由于纯电容作用引起的位相与电压正好差90°的电流I_C外，总有一部分与交变电压同位相的漏电电流I_R，前者不消耗任何电功率，而后者则产生电功率损耗。总电流$I=I_C+I_R$。定义损耗因子（或介电损耗角正切，简称介电损耗）为：

$$\tan\delta=I_R/I_C \tag{41-4}$$

式中：δ为损耗角，它是流过介质的总电流I与I_C之间的相位角。

材料的介电损耗即介电松弛与力学松弛原则上是一样的，它是在交变电场刺激下的极化响应，取决于松弛时间与电场作用时间的相对值。当电场频率ω与某种分子极化运动单元松弛时间τ的倒数接近或相等时，相位差较大，产生的共振吸收峰即介电损耗峰。从介电损耗峰位置和形状可推断所对应的偶极运动单元的归属。

测定介电常数和介电损耗的仪器常用优值计（Q表）。优值计由高频信号发器、LC谐振回路、电子管电压表和稳压电源组成，其原理如图41-1所示。图41-2为优值计面板图。在图41-1中，R作为一个耦合元件，且设计成无感的。如果保持回路中电流不变，那么当回路发生谐振时，其谐振电压E_0比输入电压E高Q倍，即$E_0=QE$，因此，直接把电压指示刻成Q值，Q又称品质因数。

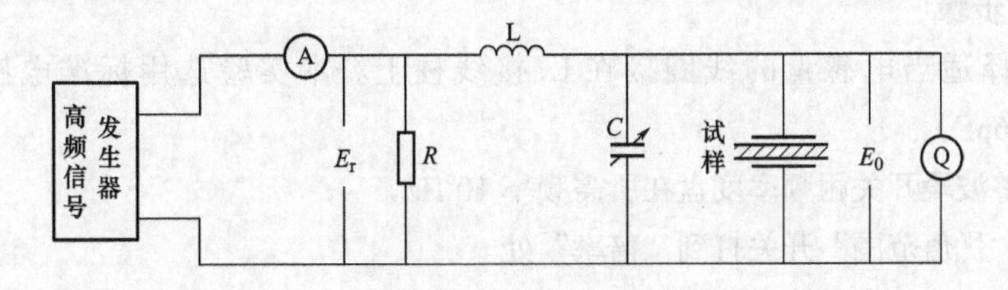

图41-1　优值计原理图

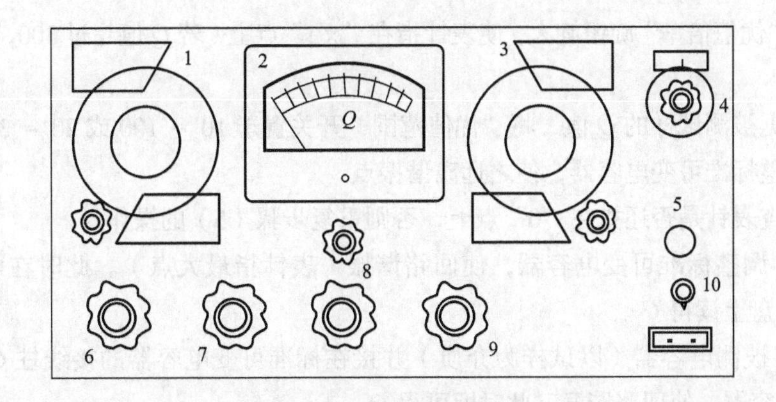

图41-2　优值计面板图

1—频率度盘　2—电压表　3—电容度盘　4—电容微调　5—指示灯　6—波段开关　7—零位校直
8—优值倍率　9—优值范围　10—电源开关

不加试样时，回路的能量损耗小，Q 值最高；加了试样后，Q 值降低。分别测定不加与加试样时的 Q 值（以 Q_1、Q_2 表示）以及相应的谐振电容 C_1、C_2，则介电常数和介电损耗的计算公式如下：

$$\varepsilon = 14.4 \times \frac{b\,(C_1 - C_2)}{D^2} \tag{41-5}$$

式中：b 为试样厚度（cm）；D 为电极直径（cm）。

$$\tan\sigma = \frac{Q_1 - Q_2}{Q_1 Q_2} \times \frac{C_1}{C_1 - C_2} \tag{41-6}$$

影响高分子材料的 ε 和 $\tan\delta$ 的因素很多，如湿度、温度、施于试样上的电压、接触电极材料等。因此在测试时，必须在标准湿度、标准温度、一定的电压范围等条件下才能进行。

本实验以聚砜和聚碳酸酯为试样，采用优值计测定其介电常数、介电损耗。

三、实验材料和仪器

1. 主要实验材料

聚砜（标准圆片）、聚碳酸酯标准圆片。

2. 主要实验仪器

优值计（615-A 型）。

四、实验步骤

（1）选择适当电感量的线圈接在 Lx 接线柱上。本实验选用标准电感 LK-9（$L = 100\,\mu H$，$C_0 = 6pF$）。

（2）调整波段开关粗频率度盘在所需频率 10^6Hz。

（3）将“优值范围”开关打到“倍率”处。

（4）将“优值倍率”旋钮旋到零。

（5）调整“零位校直”，使表针指向零点。

（6）将“优值倍率”旋钮旋大，使表针指在“×1”点上（若 Q 值超过 300，则指在“×2”点上）。

（7）根据被测试样的 Q 值，将“优值范围”开关置于 10 ~ 100 或 20 ~ 300 处。

（8）调整标准可变电容器，使之远离谐振点。

（9）检查表针是否还指在“0”点上，否则重复步骤（5）的操作。

（10）再调整标准可变电容器，使回路谐振（表针指最大点）。此时在电压表上测得 Q_1，在电容度盘上读得 C_1。

（11）将被测电容器（以试样为介质）并接在标准可变电容器的接线柱 C_x 上，重新调整标准可变电容器，使回路谐振。此时即可得 Q_2、C_2。

注意事项：

①被测件和测试电路的接线柱间的接线应该尽量短和足够粗，并要接触良好可靠，以减

少因接线的电阻和分布参数所带来的测量误差；

②被测件不要直接搁在面板顶部，必要时可用低耗损的绝缘材料做成衬垫物衬垫其下；

③不要让手靠近试件，以避免人体感应影响而造成测量误差；

④估计被测件的 Q 值，将“Q 值范围”开关放在适当的挡级上；

⑤使用的仪器应安放在水平的工作台上，校正定位指示电表的机械零件；开通电源后预热 20min 以上，待仪器稳定后方可进行测试，仪器调整后勿随便乱动，电极和样品用前要经过擦拭。

五、实验结果分析与讨论

（1）将实验测得的 Q_2、C_2 代入公式计算 ε 和 $\tan\delta$。

（2）聚合物产生介电损耗的原因是什么？

（3）说明造成各试样实验结果差异的原因。

（李青山　张克勤）

实验 42　塑料弯曲性能的测定

一、实验目的

（1）加深对塑料在弯曲过程中应力—应变曲线变化规律的认识。

（2）掌握用电子拉力试验机测定塑料弯曲性能的实验技术。

二、实验原理

弯曲试验主要用来检验材料在经受弯曲负荷作用时的性能，生产中常用弯曲试验来评定材料的弯曲强度和塑性变形的大小，是质量控制和应用设计的重要参考指标。弯曲性能是力学性能的一项重要指标。

材料的弯曲性能主要包括以下指标：

（1）挠度：弯曲试验过程中，试样跨度中心的顶面或底面偏离原始位置的距离。

（2）弯曲应力：试样在弯曲过程中的任意时刻，中部截面上试样的最大正应力。

（3）弯曲强度：在达到规定挠度值时或之前，负荷达到最大值时的弯曲应力。

（4）定挠度弯曲应力：挠度等于试样厚度 1.5 倍时的弯曲应力。

（5）弯曲破坏应力：在弯曲负荷作用下，材料产生破坏或断裂的瞬间所达到的弯曲应力。

（6）弯曲屈服强度：在负荷—挠度曲线上，负荷不增加而挠度骤增点的应力。

（7）应变速率：指在单位时间内，试样相对变形的改变量。以每分钟变形的百分率表示。

（8）弯矩：在施加弯曲负荷时，材料的各部分受到的力矩，其大小由荷重 P 与力的作用距 L 的乘积表示。

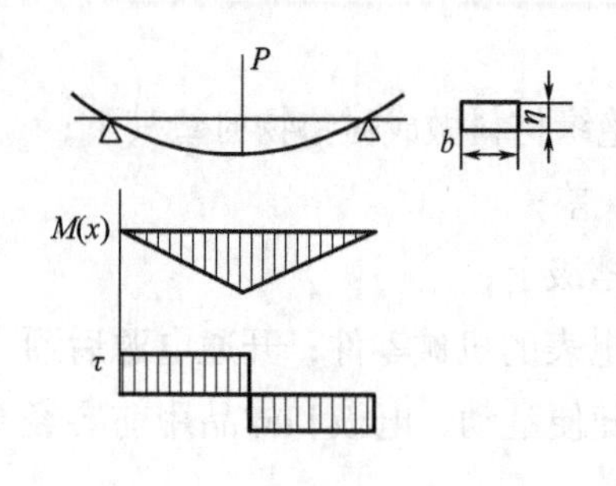

图 42-1　三点式弯矩［$M(x)$］和剪力（τ）的定性分布图

塑料弯曲试验一般采用三点式加载法（图 42-1），试验时将一规定形状和尺寸的试样置于两支座上，并在两支座的中点施加一集中负荷，使试样产生弯曲应力和变形。此法使试样在最大弯矩处及其附近破坏，由于弯矩分布不均匀，某些部位的缺陷不易显示出来，且存在剪力的影响，但由于加载方法简单，目前在工厂的实验室中最常用的还是此种方法，因此，塑料弯曲性能试验方法中也规定了对试样施加静态三点式弯曲负荷。

试样通常采用注塑、模塑或由板材经机械加工制成矩形截面的试样。试样的标准尺寸为 80mm 或更长，（10 ± 0.5）mm 宽，（4 ± 0.2）mm 厚；也可以从标准的哑铃型多用途试样的中间平行部分裁取；若不能获得标准试样，则长度必须为厚度的 20 倍以上，试样宽度由表 42-1 选定。

表42-1　试样标称厚度与宽度的关系

标称厚度h（mm）	试样宽度b（mm）	
	基本尺寸	极限偏差
$1 < h \leqslant 3$	25	± 0.5
$3 < h \leqslant 5$	10	
$5 < h \leqslant 10$	15	
$10 < h \leqslant 20$	20	
$20 < h \leqslant 35$	35	
$35 < h \leqslant 50$	50	

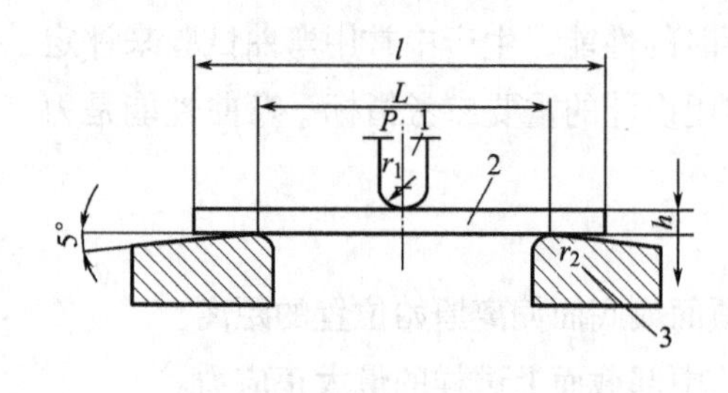

图 42-2　试验装置示意图

1—加荷压头　2—试样　3—试样支柱

r_1—加荷压头半径　r_2—支柱圆弧半径　l—试样长度

P—弯曲负荷　L—跨度　h—试样厚度

实验时应按要求调节试验跨度和试验速度。ISO 标准规定：跨度应为试样厚度的 15 ~ 17 倍，本实验采用 4mm 厚的标准试样，试验跨度设定为 64mm；试验速度选择对标准试样为（2.0 ± 0.4）mm/min。

实验装置见图 42-2。

本实验以 PVC、PE/PP 为试样，采用万能材料试验机测定其弯曲性能。

三、实验材料和仪器

1. 主要实验材料

PVC 试样、PE/PP 试样。

2. 主要实验仪器

ZHY-W 万能制样机、游标卡尺（精度 0.01mm）、CSS-2000 型微机控制万能材料试验机。

四、实验步骤

1．**试样准备**

制备 150mm × 10mm × 4mm 的样条或注塑哑铃型样条 5 根，测量试样中间平行部分的宽度和厚度，每根样条测量 3 点取算术平均值。

2．**弯曲性能测试**

（1）先开主机，后开控制器。

（2）选用弯曲夹具，按测试标准调整好夹具两个支撑块的跨度为 60mm。

（3）正确安装夹具、拧紧，勿使其松动。

（4）调整好限位螺丝的位置。

（5）启动测试程序，单击“通讯—联机”。

（6）软件设置。

①单击“系统配置—试验方法”：选定试验方法（弯曲试验）；

②单击“下一步”，硬件设置：

a．根据所用负荷传感器，设定其正确的量程（一号传感器 30kN，二号传感器 5kN）。

b．根据测试材料可能的变形量选用绝对位移传感器（750mm 绝对位移传感器）。

③点击下一步进行“软件设置”：

a．估计试样的弯曲断裂应力，按其值的 2% ~ 5% 估算，并设定开始监测试样断裂的负荷（N）。

b．设定断裂点的判断依据。

c．断裂点的负荷 / 最大负荷为 50% ~ 90%。

d．设定是否自动返车。

④点击下一步设定“运行控制”：

a．设定控制模式，弯曲试验采用位置。

b．根据测试标准，选用正确的速率（mm/min）。

c．判断试样可能的挠度，设定目标（mm）。

⑤点击下一步设定“环境参数”。

⑥点击下一步设定“数据选择”。

a．设定结果显示方式（一般取平均值）。

b．数据选择项目最多不超过 8 项。

⑦点击下一步输入“运行参数”。

a．判断试样的弯曲断裂应力和挠度范围，设定恰当的纵坐标（N）和横坐标（mm）。

b．根据测试标准设定试验速度、跨度和弯曲挠度，试验速度须与运行控制所选定的速率相一致，跨度须与夹具两个支撑块之间的实际跨度相一致，弯曲挠度须根据测试标准确定（弯曲挠度是指规定挠度与试样厚度的比值）。

c．选定“试样形状”：一般选用板材。

d．根据试样实测的宽度和厚度输入数据（mm），注意每输入一个数据必须回车。

e．单击确定，完成设置。

（7）装夹试样。将试样平放在夹具的两个支撑块上（必须使试样与两个支撑块保持垂直状态）。

（8）开启控制器面板上的 ON 键。

（9）负荷清零（按控制器 F_1 键或在计算机操作面板上清零）。

（10）使用手动操作盒上的方向键和旋钮将上端夹具调整至合适位置（使上夹具刚好与试样上表面接触，控制器负荷显示为 0.5 ~ 1N）。

（11）变形清零（按控制器 F_2 键或在计算机操作面板上清零）。

（12）运行，开始试样测试（可按控制器 F_3 键或在计算机操作面板上按 RUN 键）。

（13）一个试样测试完毕后，从夹具中取出残留试样，重复步骤（5）~（10）进行下一个试样的测试。

（14）结果计算与打印报告。

（15）测试完毕，先关闭计算机软件，再关闭控制器，最后关闭主机电源。

五、实验结果分析与讨论

（1）将实验数据记录于表 42-2 中：

实验温度：________；样品名称：________；实验方法：________；设备名称：________。

表42-2 实验数据记录

编号	试样尺寸（mm）												面积（mm^2）
	长度G_0			平均值	宽度b			平均值	厚度d			平均值	
1													
2													

（2）按下式计算塑料弯曲应力或弯曲强度：

$$\sigma_f = \frac{3PL}{2bh^2}$$

式中：σ_f 为弯曲应力或弯曲强度（MPa）；P 为试样承受的弯曲负荷（MN）；L 为跨度（mm）；b 为试样宽度（mm）；h 为试样厚度（mm）。

（3）简述塑料弯曲性能的测试原理。

（4）分析 PVC、PE 和 PP 各配方因素（如填充剂、抗冲击改性剂、增塑剂等的用量）对材料弯曲强度的影响。

（王雅珍）

实验 43　塑料压缩性能的测定

一、实验目的

（1）加深对塑料在压缩过程中应力—应变曲线变化规律的认识。

（2）掌握用电子拉力实验机测定塑料压缩性能的实验技术。

二、实验原理

工程上的压缩强度是指在试样上施加压缩载荷使其破坏时单位面积上所能承受的载荷 σ_c：

$$\sigma_c = \frac{P}{S_0} \tag{43-1}$$

式中：P 为试样压缩破坏载荷，对脆性材料是破裂时的载荷，对非脆性材料是屈服点载荷；S_0 为试样初始横截面积。

与拉伸弹性模量相似，压缩弹性模量 E_c 是指在比例极限范围内，任一点的应力与应变之比：

$$E_c = \frac{\sigma_c}{\varepsilon_c} \tag{43-2}$$

式中：σ_c、ε_c 分别为压缩应力—应变曲线上在比例极限范围内某一点的应力与应变。

试样的形状和尺寸、试样高度、平行度和实验速度等因素均影响实验的结果。试样形状一般以成型和加工方便、实验中不失稳为宜。一般板材多采用长方体，模制样品均采用圆柱体。试样高度在 1.75 ~ 3.0cm 之间，对压缩强度影响不大。在 1.75cm 以下有显著影响，随试样高度的增加其压缩强度下降，因此在国家标准实验方法中，试样高度规定为 20mm。试样上下端面必须平行并与各侧面垂直，否则会影响测试结果。这是因为压缩载荷不能均匀作用在试样各部分，使试样某些局部应力集中造成破坏而影响测试结果。实验速度对压缩强度影响很大，为了便于相互比较，国家标准实验方法中规定压缩实验速度为（5 ± 2）mm/min。

本实验以线型和支化聚乙烯为试样，采用拉力试验机测定其压缩强度。

三、实验材料和仪器

1. 主要实验材料

热塑性聚合物（本实验采用线型和支化聚乙烯）。

2. 主要实验仪器

拉力试验机（如果不能直接压缩，可以采用一个换向夹持器）。

四、实验步骤

（1）将试样制成哑铃形。

（2）在测试之前，除了在制作中对试样进行必要的后处理（如退火、淬火等）之外，还须在与实验条件相同的条件下放置一定时间，使试样与实验条件的环境达到平衡。一般试样越硬厚，这段放置时间应越长一些。

（3）测定试样尺寸，准确至0.005cm，至少测量三点，取算术平均值（不测高度）。

（4）将试样放在压板中心，按规定的实验速度施加压缩载荷，试样屈服或破裂后即停止加载，所得 Y—T（载荷—时间）曲线与拉伸曲线相似。每个试样重复5次。

五、实验结果分析与讨论

（1）从 Y—T 曲线上读出最大破坏（屈服或破裂）载荷。

（2）求出压缩应力—应变曲线上在比例极限范围内某一点的应力与应变。

（李青山　李青松）

实验44　塑料维卡软化点的测定

一、实验目的

（1）加深对高分子材料在受到冲击而断裂机理的认识。

（2）掌握测定聚丙烯与有机玻璃的维卡软化点的实验技术。

二、实验原理

塑料的耐热性能，通常是指在温度升高时保持其力学性能的能力。塑料在使用时要承受外力的作用，其耐热温度是指在一定外力作用下达到某一形变值时的温度。

马丁耐热和维卡软化点是工业部门常用塑料耐热性能的测试方法。

维卡软化点的测试方法，是塑料试样在液体传热介质中，在一定的负荷、一定的升温速度下，被 $1mm^2$ 的压针压入1mm深度时的温度，它适用于大多数的热塑性塑料。

本实验以聚丙烯与有机玻璃为试样，采用维卡软化点测定仪测定其耐热性能。

三、实验材料和仪器

1. 主要实验材料

聚丙烯、有机玻璃。

2. 主要实验仪器

维卡软化点测定仪。

四、实验步骤

（1）将试样放入维卡软化点测定仪的支架中，其中心位置约在压针头之下，经机械加工的试样，加工面应紧贴支座底座；再插入水银温度计，使温度计的水银球与试样间相距小于 3mm 而不触及试样。

（2）将支架浸入维卡软化点测定仪的浴槽内，试样应在液面 35mm 以下，起始温度应至少低于试样维卡软化点 50℃；再加砝码，使试样承受负载（1000 ± 50）g 或（5000 ± 50）g，开始搅拌，5min 后调节变形测量装置使之为零。

（3）按（5 ± 0.5）℃ /6min 或（12 ± 1.0）℃ /6min 的升温速度加热。

（4）当试样被压针头压入 1mm 时的温度，迅速记录，此温度即为试样的维卡软化点。

注意事项：

①试样的尺寸为 10mm × 10mm ×（3 ~ 6）mm；

②模塑试样厚度为 3 ~ 4mm；板材试样取原厚度，原厚度超过 6mm 可单面加工至 3 ~ 4mm；原厚度不足 3mm，由 2 ~ 3 块叠合至规定厚度；

③每组试样 2 个，表面应平整光滑，无气泡、凹痕、飞边等缺陷，上下表面应平行；

④注明实验所采用的负荷及升温速度，若同组试样测定温差大于 2℃时，必须重做实验。

五、实验结果分析与讨论

（1）对聚丙烯和有机玻璃维卡软化点的测试结果进行比较，并探讨其原因。

（2）理论研究和工业应用上，塑料耐热性能的表征方法还有哪些？

（刘晓洪）

实验 45　纤维长度的测定

一、实验目的

（1）了解纤维长度的基本概念。

（2）掌握采用切断称重法测定纤维长度的实验技术。

二、实验原理

纤维长度，是指伸直纤维两端间的距离。伸直长度，是指纤维拉直但不产生伸长时的长度。

化纤长度因是通过机械加工获得的，其长度一般用集中性与离散性两类指标来表达。集中性指标表示纤维长度的平均性质。在等长纤维中可用根数平均长度来表示；在不等长纤维中用根数平均长度或重量加权平均长度指标来表示。长度离散性指标反映纤维长度的不匀情况，在化纤中主要有长度不匀率、变异系数以及短纤维率、超长纤维率等指标。

长度的测试方法有切断称重法、单根纤维测量法、半机械测量法和光电仪仪器测定法等。

由于化学纤维长度系机械加工制得，且多系等长纤维，其长度方向任何一段线密度基本是相同的，由于长度整齐度高，短纤维含量少，故可用切断称重的方法求得平均长度、短纤维率、超长纤维率三项指标。此法操作简便，测试稳定性好，目前在短化纤的长度检验中普遍采用。

本实验采用切断称重法测试化学短纤维的长度。

三、实验材料和仪器

1. 主要实验材料

化学短纤维（名义长度51mm以下，切断器选用20mm；纤维名义长度51mm及以上，切断器选用30mm）。

2. 主要实验仪器

Y171型纤维切断器（规格有10mm、20mm、30mm，黏胶纤维检验用10mm，其他棉型、中长型纤维用20mm，毛型用30mm）、扭力天平（称量100mg，感量0.2mg；称量25mg，感量0.05mg）、限制器绒板、小钢尺、挑针、一号夹子、梳子、镊子、压板等。

四、实验步骤

（1）从经过标准温湿度处理的试样中用镊子随机从多处取出4000 ~ 5000根纤维，用手扯的方法整理成束。

（2）一只手握住纤维束整齐一端，另一只手用一号夹子从纤维束尖端层夹取纤维移置于限制器绒板，叠成长纤维在下，短纤维在上的一端整齐、宽约25mm的纤维束。

（3）用一号夹子夹住纤维束整齐一端的5 ~ 6mm处，先用稀梳、后用密梳从纤维束尖端开始，逐步靠近夹子部分多次梳理，直至游离纤维被梳除。

（4）用一号夹子将纤维束不整齐一端夹住，整齐一端露出夹子外20mm或30mm，按步骤（3）所述从另一方向梳除短纤维。

（5）梳下的游离纤维不能丢弃，应置于绒板上加以整理，扭结纤维用镊子细心解开，长于短纤维界限的仍归入已梳理的纤维束内。短纤维排在黑绒板上。

（6）在整理纤维束时发现有超长纤维时应取出，称重后仍归入纤维束中（如有漏切纤维挑出另作处理，不归入纤维束中）。

（7）将已梳理过的纤维束在切断器上切取中段纤维，切时纤维束整齐一端距切断器刀口5 ~ 10mm，保持纤维束平直并与刀口垂直（合成纤维受卷缩影响，排好后分两束切断）。

（8）将切断的中段及两端纤维和整理出的短纤维，超长纤维在标准温湿度条件下平衡后（一般为1h以上），用扭力天平分别称其重量。

超长纤维界限名义长度51mm以下：名义长度 + 5mm（进口化纤），名义长度 + 7mm（国产化纤）；名义长度51mm及以上：名义长度 + 10mm。

五、实验结果分析与讨论

（1）根据式（45-1）计算纤维的平均长度：

$$平均长度\ L_n(\text{mm})=\frac{L_c\times W_o}{W_c}=\frac{L_c\times(W_c+W_t)}{W_c} \quad (45\text{–}1)$$

式中：W_o 为纤维总质量（mg），$W_o=W_c+W_t+W_s$；W_c 为中段纤维质量（mg）；W_t 为切下纤维束两端质量合计（mg）；W_s 为短纤维的质量（mg）；L_c 为中段纤维长度（mm）。

注意式（45–1）仅适用于基本是切成等长的化学纤维。

（2）根据式（45–2）和式（45–3）计算纤维的短纤维率和超长纤维率：

$$短纤维率=\frac{W_s}{W_o}\times 100\% \quad (45\text{–}2)$$

$$超长纤维率=\frac{W_{ov}}{W_o}\times 100\% \quad (45\text{–}3)$$

式中：W_{ov} 为超长纤维质量（mg）。

（沈新元）

实验 46　纤维细度的测定

一、实验目的

（1）了解纤维细度的基本概念。

（2）掌握测定纤维细度的实验技术。

二、实验原理

纤维的细度，一般指纤维的粗细程度。表示纤维细度有直接制（定长制）和间接制（定重制）两种方式。直接制（定长制）是用规定长度的纤维所具有的重量表示细度的方法，如旦尼尔制、特克斯制属于直接制。间接制（定重制）是用规定重量的纤维、纱线所具有的长度数值表示细度的方法，如支数制属于间接制。

国际上化学纤维一般用线密度表示。线密度是一种直接制（定长制），是单位长度的重量，符号为 Tt，其法定单位为特克斯，简称特（tex）："特"的定义为 1000m 长度纤维的重量克数。若 1000m 长度的纤维重 1g，该纤维即为 1tex。当纤维较细，用特数来表示细度时数值较小，可用分特来表示。分特为特数的 1/10，即 10000m 长度纤维的重量克数。若 10000m 长度的纤维重 1g，该纤维即为 1dtex。

测定化学纤维细度的方法，可分为直接法和间接法。直接法中用得最广的是中段切取称重法，圆形截面的化纤也可直接量出纤维的直径，求得单根纤维的细度。间接法利用振动仪或气流仪测定纤维的细度。

化学短纤维因系机械加工制得，头尾粗细均匀，线密度基本一致，用中段切取称重，方法较简单。

本实验采用中段切取称重法测试纤维的细度。

三、实验材料和仪器

1. 主要实验材料

纤维（名义长度51mm以下，切断器选用20mm；纤维名义长度51mm及以上，切断器选用30mm）。

2. 主要实验仪器

Y171型纤维切断器，精密扭力天平（感量0.02mg），投影仪或显微镜、限制器绒板，一号夹子，梳子（稀梳10针/cm、密梳20针/cm），压板，玻璃片等。

四、实验步骤

（1）将经过标准试验条件处理的试样铺成约20cm×20cm薄薄一层，从正反面各取20点，用镊子随机取出下列数量的纤维：

纤维名义长度：31～50mm约1200根，51mm及以上约1000根。取样重量一般棉型取10mg，毛型30mg左右。

（2）将纤维用手扯整理数次后，一手握住纤维束整齐的一端，另一手用一号夹子从纤维束尖端层夹取纤维移置于限制器绒板。移成长纤维在下，短纤维在上的一端整齐，宽5～6mm的纤维束。

（3）用一号夹子夹住纤维束整齐的一端，先用稀梳，继用密梳从纤维束尖端开始，逐步靠近夹子部分多次梳理，直到游离纤维都被梳除。

（4）用一号夹子将纤维束不整齐一端露出夹子外20mm或30mm按步骤（3）所述从另一方向梳除游离纤维。

（5）将梳理后的纤维束放在切断器上，切取中段纤维，切时整齐一端稍靠近切刀，两手用力一致，并注意使纤维束和切力保持垂直。

（6）将切下中段纤维在标准温湿度条件下平衡后（一般为1h以上），再在扭力天平上称重，称重前扭力天平需校正水平和零位。称重准确到0.02mg。

（7）将称重后的中段纤维用衬有黑绒布的小弹簧夹夹住，再用扁口镊子分次钳出纤维移置于载玻片上，拍妥后，用另一片载玻片盖住，用橡皮筋扎好，并记上编号。

（8）将排有纤维的玻璃片放在100倍左右的投影仪或显微镜上，数其纤维根数并记录下来（也可不排片用肉眼直接计数）。

五、实验结果分析与讨论

（1）根据式（46-1）～式（46-3）计算纤维的线密度Tt、平均线密度和线密度偏差率D_T：

$$Tt = 10000 \times \frac{m}{nL} \tag{46-1}$$

式中：Tt为纤维的线密度（dtex）；m为所数根数试样的质量（mg）；L为中段纤维长度（mm）；n表示纤维根数。

$$\bar{\mathrm{T}}\mathrm{t}=\frac{\Sigma \mathrm{Tt}_i}{n} \tag{46-2}$$

式中：$\bar{\mathrm{T}}\mathrm{t}$为平均线密度（dtex）；$\mathrm{Tt}_i$ 为实测线密度（dtex）；n 为纤维根数。

$$D_{\mathrm{T}}=\frac{\bar{\mathrm{T}}\mathrm{t}-\mathrm{Tt}_{\mathrm{m}}}{\mathrm{Tt}_{\mathrm{m}}} \tag{46-3}$$

式中：Tt_{m} 为实名义线密度（dtex）。

（2）中段切取称重法的主要缺点是什么？应怎样改进？

（沈新元）

实验 47 纤维取向度的测定

一、实验目的

（1）加深对纤维取向原理的理解。

（2）了解声速法测定纤维取向度的基本原理。

（3）了解声速仪装置的基本结构，学会使用声速测量仪。

（4）掌握声速法测定纤维取向度和模量的实验技术。

二、实验原理

纤维的取向度和模量是表征纤维材料超分子结构和力学性质的重要参数，测定取向度是生产控制和纤维结构研究的一个重要问题。测定取向度的方法有 X 射线衍射法、双折射法、二色性法和声速法等，这些方法分别有不同的含义。

声速法是通过对声波在材料中传播速度的测定来计算材料的取向度。其原理是基于在纤维材料中因大分子链的取向而导致声波传播的各向异性，即在理想的取向情况下，声波沿纤维轴方向传播时，其传播方向与纤维大分子链平行，此时声波是通过大分子内的主价键的振动传播的，其声速最大；而当声波传播方向与纤维分子链垂直时，则是依靠大分子间次价键的振动传播的，此时声速最小。实际上大分子链总不是沿纤维轴呈理想取向的状态，所以各种纤维的实际声速值总是小于理想的声速值，且随取向度的增高而增高。

当声波以纵波形式在试样中传播时，由于纤维中大分子链与纤维轴有一个交角（取向角）θ，如果假设声波作用在纤维轴上的作用力为 F，则 F 将分解为两个互相垂直的分力：一个平行于大分子链轴向，为 $F\cos\theta$，这个力使大分子内的主价键产生形迹；另一个垂直于大分子链轴向，为 $F\sin\theta$，使分子间的次价键产生形变。

如以 d 表示形变，K 表示力常数，则 $K=F/d$；如以模量 E 代替常数 K，则基本意义不变。因此，由平行于分子链轴向的分力 $F\cos\theta$所产生的形变为 $F\cos\theta/E_{\mathrm{m}}$，由垂直于分子链轴向的分力 $F\sin\theta$所产生的形变为 $F\sin\theta/E_{\mathrm{t}}$。其中，$E_{\mathrm{m}}$ 为平行于分轴向的声模量；E_{t} 垂直于分子轴向的声模量。

根据莫斯莱（Moseley）理论，总形变 d_a 为：

$$d_a = \frac{F}{E} = \frac{F \cdot \overline{\cos^2\theta}}{E_m} + \frac{F \cdot \overline{(1-\cos^2\theta)}}{E_t} \quad (47\text{–}1)$$

根据声学理论，当一个纵波在介质中传播时，其传播速度 C 与材料介质的密度 ρ、模量 E 的关系如下：

$$C = \sqrt{\frac{E}{\rho}} \quad (47\text{–}2)$$

式（47–2）可改写为 $E = \rho C^2$（模量关系式）。将式（47–1）中各项的 E 值以 ρC^2 代入，并消去 F 和 ρ，则得：

$$\frac{1}{C^2} = \frac{\overline{\cos^2\theta}}{C_m^2} + \frac{1-\overline{\cos^2\theta}}{C_t^2} \quad (47\text{–}3)$$

式中：C 为声波沿纤维轴向传播时的速度；C_m 为声波传播方向平行于纤维分子链轴时的声速；C_t 为声波传播方向垂直于纤维分子链轴时的声速。

在式（47–3）中，由于 $C_m >> C_t$，因此右端第一项可看作为零，则式（47–3）变为：

$$\frac{1}{C^2} = \frac{1-\overline{\cos^2\theta}}{C_t^2}$$

即：

$$\frac{C_t^2}{C^2} = 1 - \overline{\cos^2\theta} \quad (47\text{–}4)$$

根据赫尔曼取向函数式：$f = \frac{1}{2}(3\overline{\cos^2\theta} - 1)$。当试样在无规取向的情况下，即当 $C = C_u$ 时，取向因子 $f = 0$，则此时 $\overline{\cos^2\theta} = 1/3$，代入式（47–4），得：

$$\frac{C_t^2}{C_u^2} = 1 - \frac{1}{3} = \frac{2}{3}$$

即：

$$C_t^2 = \frac{2}{3} C_u^2 \quad (47\text{–}5)$$

式（47–5）给出了无规取向时的声速 C_u 与垂直于分子链轴传播时的声速 C_t 之间的关系。将 C_t 与 C 的关系转换成 C_u 与 C 的关系式，即以式（47–5）代入式（47–4），得：

$$\overline{\cos^2\theta} = 1 - \frac{2}{3}\frac{C_u^2}{C^2} \quad (47\text{–}6)$$

以式（47–6）代入取向函数式 $f = \frac{1}{2}(3\overline{\cos^2\theta} - 1)$，则得声速取向因子为：

$$f_a = 1 - \frac{C_u^2}{C^2} \quad (47\text{–}7)$$

式（47–7）称为莫斯莱公式，f_a 为纤维试样的声速取向因子；C_u 为纤维在无规取向时的声速值；C 为纤维试样的实测声速值。

根据莫斯莱声速取向公式，求取纤维的 f_a，只需要两个实验量，除了测定试样的声速外，还需要知道该种纤维在无规取向时声速值 C_u。

测定纤维的 C_u 值一般有两种方法：一种是将聚合物制成基本无取向的薄膜，然后测定其声速值；另一种是反推法，即先通过拉伸试验，绘出某种纤维在不同拉伸倍率下的声速曲线，然后将曲线反推到拉伸倍率为零处，该点的声速值即可看作该纤维的无规取向声速值 C_u（图 47–1）。

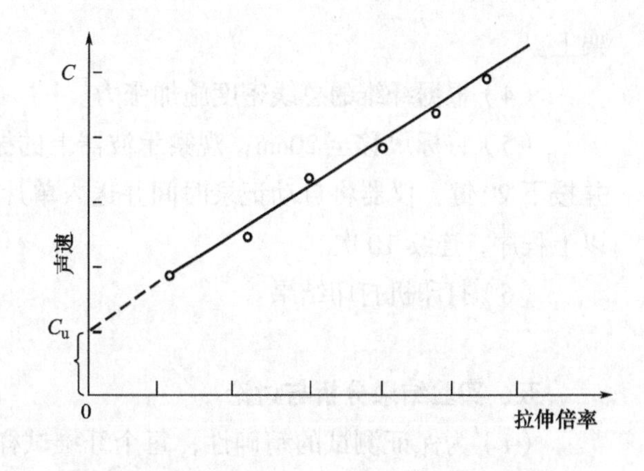

图 47–1　用反推法求取 C_u 值

表 47–1 列出了几个主要纤维品种的 C_u 值以供参考。

表47–1　主要纤维品种的 C_u 值

聚合物	C_u（km/s）	
	薄　膜	纤　维
涤　纶	1.4	1.35
尼龙66	1.3	1.3
黏胶纤维	—	2.0
腈　纶	—	2.1
丙　纶	—	1.45

本实验以涤纶、锦纶和丙纶为试样，采用声速取向测定仪测定其取向度和模量。

三、实验材料和仪器

1. 主要实验材料

涤纶、锦纶、丙纶。

2. 主要实验仪器

SCY–Ⅲ型智能型声速取向测定仪（图 47–2）。

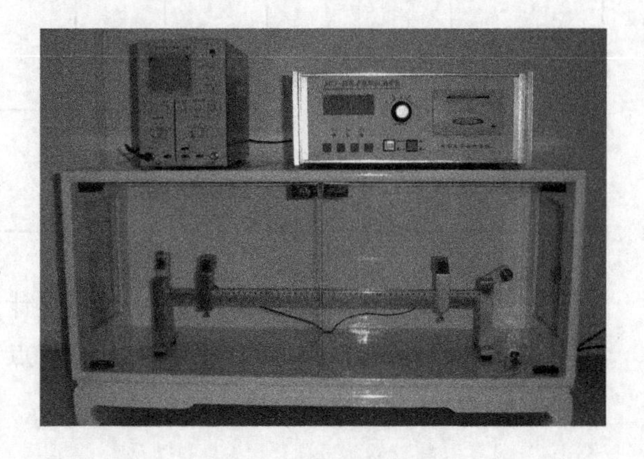
图 47–2　声速取向测定仪

四、实验步骤

（1）准备纤维试样：将纤维进行恒温恒湿处理；如实验室无恒温恒湿设备，则可将试样预先在 25℃及相对湿度 60% 左右的条件下放置 24h，以使含湿量保持平衡，然后取出放在塑料薄膜袋中备用。

（2）开启主机电源与示波器电源开关。

（3）取一定长度的纤维试样放至样品

架上。

（4）根据纤维的总线密度施加张力。

（5）将标尺移至20cm，观察示波器上的振动波形；待其稳定，将准备开关切入测量挡并按下20键，仪器将自动记录时间并送入单片机储存，记录结束再将标尺移至40cm，重复以上程序，连续10次。

（6）打印机打印结果。

五、实验结果分析与讨论

（1）为保证测试的精确性，每个纤维试样至少取3根以上进行测定。实验结果与数据处理可参照表47-2填写。

表47-2　数据记录表

试样号：＿＿＿＿ 试样名称：＿＿＿＿ 线密度：＿＿＿＿ 张力：＿＿＿＿											
长度（cm）	读数（t/μs）										
	1	2	3	4	5	6	7	8	9	10	平均
40 20											
40 20											
40 20											
40 20											
40 20											
Δt（μs）= $2t_{20}-t_{40}$			C （km/s）			f_a			E（N/tex）		

（2）影响实验数据精确性的关键问题是什么？

（3）声速法与双折射法比较各有什么特点？

（刘晓洪　黄象安）

实验 48 橡胶门尼黏度的测定

一、实验目的

（1）加深对门尼黏度物理意义的了解。

（2）了解门尼黏度仪的结构及工作原理。

（3）掌握测定橡胶门尼黏度的实验技术。

二、实验原理

门尼黏度实验是用转动的方法来测定生胶、未硫化胶流动性的一种方法。

在橡胶加工过程中，从塑炼开始到硫化完毕，都与橡胶的流动性有密切关系，而门尼黏度值正是衡量此项性能大小的指标。近年来门尼黏度计在国际上成为测试橡胶黏度或塑性的最广泛、最普及的一种仪器。

本实验采用门尼黏度仪。工作时转子转动时，转子对腔料产生力矩的作用，推动贴近转子的胶料层流动，模腔内其他胶料将会产生阻止其流动的摩擦力，其方向与胶料层流动方向相反，此摩擦力即是阻止胶料流动的剪切力，单位面积上的剪切力即剪切应力。剪切应力 τ 与切变速率 $\dot{\gamma}$、表观黏度 η_a 存在下述关系：

$$\tau = \eta_a \dot{\gamma} \tag{48-1}$$

在模腔内阻碍转子转动的各点表观黏度 η_a 以及切变速率 $\dot{\gamma}$ 值是随着转动半径不同而有异，故须采用统计平均值的方法来描述 η_a、τ、$\dot{\gamma}$，由于转子的转速是定值，转子和模腔尺寸也是定值，故 $\dot{\gamma}$ 的平均值对相同规格的门尼黏度计来说，是一个常数，因此可知平均的表观黏度 η_a 和平均的剪应力 τ 成正比。

在平均的剪切应力 τ 作用下，将会产生阻碍转子转动的转矩，其关系式如下：

$$M = \tau SL \tag{48-2}$$

式中：M 为转矩；τ 为平均剪应力；S 为转子表面积；L 为平均的力臂长。

转矩 M 通过蜗轮、蜗杆推动弹簧板，使它变形并与弹簧板产生的弯矩和刚度相平衡，从材料力学可知，存在以下关系：

$$M = Fe = \omega\sigma = \omega E\varepsilon \tag{48-3}$$

式中：F 为弹簧板变形产生的反力；e 为弹簧板力臂长；ω 为抗变形断面系数；σ 为弯曲应力；ε 为弯曲变形量；E 为杨氏模量。

由式（48-3）可知，ω 和 E 都是常数，所以 M 与 ε 成正比。

综上所述，由于 $\eta_a \propto \tau \propto M \propto \varepsilon$，所以可利用差动变压器或百分表测量弹簧板变形量来反映胶料的黏度大小。

本实验以胶料为试样，采用门尼黏度仪测定其门尼黏度。

三、实验材料和仪器

1. **主要实验材料**

胶料。

2. **主要实验仪器**

门尼黏度仪（EK-2000M型，优肯科技股份有限公司制造，图48-1），工作时电机→小齿轮→大齿轮→蜗杆→蜗轮→转子，使转子在充满橡胶试样的密闭室内旋转，密闭式由上、下模组成，左上、下模内装有电热丝，其温度可以自动控制。

图48-1 EK-2000M型门尼黏度仪

四、操作步骤

1. **试样准备**

（1）胶料加工后在实验室条件下停放2h即可进行实验，但不准超过10天。

（2）从无气泡的胶料上裁取两块直径约45mm、厚度约3mm的橡胶试样，其中一个试样的中心打上直径约8mm的圆孔。

（3）试样不应有杂质、灰尘等。

2. **门尼黏度测试**

（1）将主机电源及电动机电源开启，打开计算机，启动测试程式。

（2）设定测试条件。

（3）将实验胶料放入模腔内，压下合模按钮至上模下降，开始实验。

（4）测试完毕，压下开模按钮，打开模腔取出试样，打印实验数据。

（5）实验完毕，结束程式，关掉电源，清洁现场。

五、实验结果分析与讨论

（1）以转动4min的门尼黏度值表示试样的黏度，并用ML_{1+4}^{100}表示。其中：M为门尼黏度值；L表示用大转子；1表示预热1min；4表示转动4min；100表示实验温度为100℃。

（2）读数精确到 0.5 个门尼黏度值，实验结果精确到整数位。

（3）用不少于两个试样实验结果的算术平均值表示样品的黏度（两个试样结果的差不得大于 2 个门尼黏度值，否则应重复实验）。

（4）记录曲线的分析。记录仪所记录的是门尼黏度与时间的关系曲线，如图 48-2 所示。

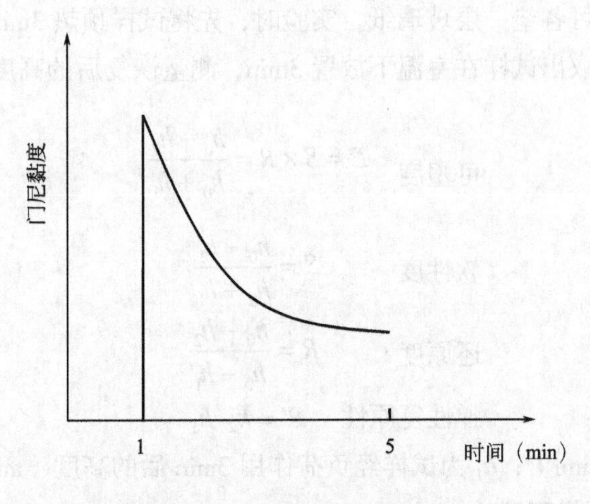

图 48-2　门尼黏度—时间曲线

（刘大晨）

实验 49　橡胶可塑度的测定

一、实验目的

（1）加深对胶料可塑度物理意义的理解。

（2）了解门威廉氏可塑计的结构及工作原理。

（3）掌握测定橡胶可塑度的实验技术。

二、实验原理

胶料的可塑性是指物体受外力作用而变形，当外力除去后，不能恢复原来形状的性质。橡胶胶料在进行混炼、压延、压出和成型时，必须具备适当的可塑性。因为胶料的可塑性直接关系到整个橡胶加工工艺过程和产品质量。可塑度过大时，胶料不易塑炼，压延时胶料粘辊，胶料黏着力降低；可塑度过小时，胶料混炼不均匀，且收缩力大，模压时制品表面粗糙，边角不整齐。因此，加料在加工前必须测定并控制胶料的黏度，以保证加工的顺利进行。

可塑性测定仪可分为压缩型、转动型和压出型三大类。威廉氏可塑计、快速塑性计和德弗塑性计属压缩型。这类塑性计结构简单，操作简易，适用于工厂控制生产用。威廉氏可塑性是指试样在外力作用下产生压缩变形的大小和除去外力后保持变形的能力。

威廉氏可塑计是至今仍为广泛应用的较早期的可塑计。它可以测定生胶或胶料的可塑性，还可以在测定回复值时同时测出橡胶的弹性。威廉氏可塑计至今仍保持在美国的标准之中。

按标准规定，威廉氏可塑性测定采用直径为 16 + 0.5mm、高为 10 + 0.3mm 的圆柱形试样。为防止发黏，试样上下可各垫一层玻璃纸。实验时，先将试样预热 3min 测量在负荷作用下的高度，然后去掉负荷，取出试样在室温下放置 3min，测量恢复后的高度。

计算公式：

$$\text{可塑度}\quad P = S \times R = \frac{h_0 - h_2}{h_0 + h_1} \tag{49-1}$$

$$\text{软性度}\quad S = \frac{h_0 - h_1}{h_0 + h_1} \tag{49-2}$$

$$\text{还原度}\quad R = \frac{h_0 - h_2}{h_0 - h_1} \tag{49-3}$$

$$\text{弹性复原性}\quad R' = h_2 - h_1 \tag{49-4}$$

式中：h_0 为试样原高（mm）；h_1 为试样经负荷作用 3min 后的高度（mm）；h_2 为除去负荷，在室温下恢复 3min 的试样高度（mm）。

假设物质为绝对流体，则 $h_1 = h_2 = 0$，故 $P = 1$；假设物质为绝对弹性体，则 $h_2 = h_0$，故 $P = 0$。由此可知，用威廉氏可塑计测得的可塑度是 0 ~ 1 之间的无名数；从 0 到 1，则表示可塑性是增加的。数值越大，胶料越柔软。

可塑度的测定参照 GB/T 12828—2006。

本实验以胶料为试样，采用威廉氏可塑计测定其可塑度。

三、实验材料和仪器

1. 主要实验材料

胶料。

2. 主要实验仪器

威廉氏可塑计结构如图 49–1 所示，其负荷由上压板与重锤等组成，压砣可作上下移动，其总重为 49 + 0.0049N（5 + 0.005kgf），在支架上装有百分表，分度为 0.01mm，可塑计垂直装在恒温箱内的架子上，离箱底不少于 60mm，重锤温度可调节为 70 + 1℃和 100 + 1℃。重锤的温度由温度计读出。试样置于重锤与平板之间，压缩变形量由百分表指示。

图 49–1 威廉氏可塑度计

四、实验步骤

1. *试样制备*

胶片加工后，在 24h 内用专用的裁片机裁出直径为 15.0 + 0.5mm、高为 10.00 + 0.25mm 的圆柱样标准试样。试样不得有气孔、杂质及机械损伤等缺陷。

2. *可塑度测试*

（1）调节恒温箱温度，保持在 70 + 1℃，用厚度计测量室温下试样的原始高度 h_0（精确到 0.01mm）。

（2）将测过高度的试样放入恒温箱内仪器的底座上，在 70 + 1℃下预热 3min。

（3）将预热好的试样放在上、下压板之间的中心位置上（为防止试样粘压板，可预先在试样两工作面上个贴一层玻璃纸。计算结果时应将玻璃纸厚除去）。轻轻放下负荷加压，同时预热第二个试样。

（4）加压 3min 后，立即读出试样在负荷作用下的高度 h_1。

（5）去掉负荷，取出试样，在室温下放置 3min，测量恢复后的高度 h_2（精确到 0.01mm）。

五、实验结果分析与讨论

（1）根据实验数据按式（49–1）计算可塑度，每个试样数量不少于 2 个，取算术平均值，允许偏差为 ±0.02，结果精确到 0.01。

（2）可塑度数值大小对胶料的加工性能有何影响？

（3）影响可塑度测定的因素有哪些？

（刘大晨）

实验 50 橡胶硫化特性曲线的测定

一、实验目的

（1）理解橡胶硫化特性曲线测定的意义。

（2）了解橡胶硫化仪的结构原理及操作方法。

（3）掌握橡胶硫化特性曲线测定和确定正硫化时间的方法。

二、实验原理

硫化是橡胶制品生产中最重要的工艺过程，在硫化过程中，橡胶经历了一系列的物理和化学变化，其力学性能和化学性能得到了改善，使橡胶材料成为有用的材料，因此硫化对橡胶及其制品是十分重要的。

硫化是在一定温度、压力和时间条件下使橡胶大分子链发生化学交联反应的过程。

橡胶在硫化过程中，其各种性能随硫化时间增加而变化。橡胶的硫化历程可分为诱导、预硫、正硫化和过硫四个阶段，如图 50–1 所示。

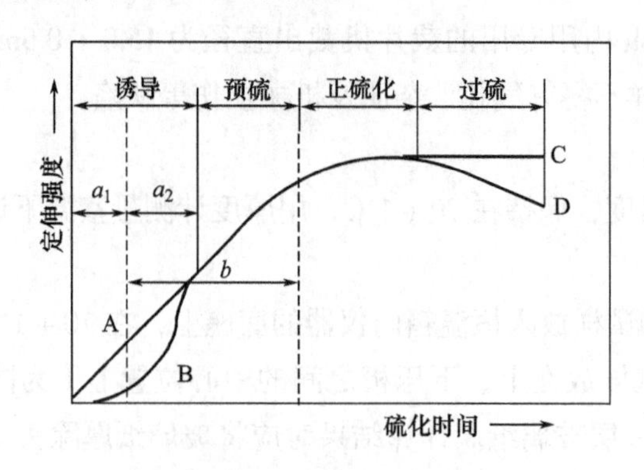

图 50–1　橡胶硫化历程

A—起硫快速的胶料　B—有延迟特性的胶料　C—过硫后定伸强度继续上升的胶料　D—具有还原性的胶料

a_1—操作焦烧时间　a_2—剩余焦烧时间　b—模型硫化时间

焦烧阶段又称硫化诱导期，是指橡胶在硫化开始前的延迟作用时间，在此阶段胶料尚未开始交联，胶料在模型内有良好的流动性。对于模型硫化制品，胶料的流动、充模必须在此阶段完成，否则就会发生焦烧。

预硫化阶段是焦烧期以后橡胶开始交联的阶段。随着交联反应的进行，橡胶的交联程度逐渐增加，并形成网状结构，橡胶的力学性能逐渐上升，但尚未达到预期的水平。

正硫化阶段，橡胶的交联反应达到一定的程度，此时的各项力学性能均达到或接近最佳值，其综合性能最佳。

过硫化阶段是正硫化以后继续硫化，此时往往氧化及热断链反应占主导地位，胶料会出现力学性能下降的现象。

由硫化历程可以看到，橡胶处在正硫化时，其力学性能或综合性能达到最佳值，预硫化或过硫化阶段胶料性能均不好。达到正硫化状态所需的最短时间为理论正硫化时间，也称正硫化点，而正硫化是一个阶段，在正硫化阶段中，胶料的各项力学性能保持最高值，但橡胶的各项性能指标往往不会在同一时间达到最佳值，因此准确测定和选取正硫化点就成为确定硫化条件和获得产品最佳性能的决定因素。

从硫化反应动力学原理来说，正硫化应是胶料达到最大交联密度时的硫化状态，正硫化时间应由胶料达到最大交联密度所需的时间来确定比较合理。在实际应用中是根据某些主要性能指标（与交联密度成正比）来选择最佳点，确定正硫化时间。

橡胶硫化仪通过硫化仪测得胶料随时间的应力变化（硫化仪以转矩读数反映），从而反映硫化交联过程的情况。图 50–2 为由硫化仪测得胶料的硫化曲线。

在硫化曲线中，最小转矩 M_L 反映胶料在一定温度下的可塑性，最大转矩 M_i 反映硫化胶的模量，焦烧时间和正硫化时间根据不同类型的硫化仪有不同的判别标准，一般取值是：转矩达到（$M_H - M_L$）×10% +M_L 时所需的时间 t_{10} 为焦烧时间；转矩达到（$M_H - M_L$）×90% +

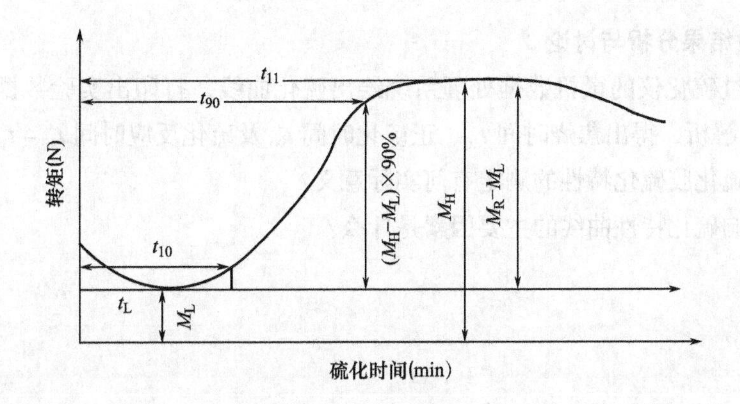

图 50-2　硫化曲线

M_L 时所需的时间 t_{90} 为正硫化时间，$t_{90}-t_{10}$ 为硫化反应速度，其值越小，硫化速度越快。

橡胶硫化一般采用微机控制无转子硫化仪，其基本结构主要包括主机传动部分、应力传感器与微机控制和数据处理系统等组成。该仪器的工作室（模具）内有一模子不断地以一定的频率作微小振幅的振动，而包围在模子外面的胶料在一定的温度和压力下随硫化程度逐渐增加，模量逐渐增大，造成模子振动力矩也成比例地增加。通过仪器内部的力矩感应器，将力矩值的变化转换成电信号传送到计算机中记录下来，得到力矩随时间变化的曲线，即为硫化特性曲线。

本实验以橡胶混炼胶为试样，采用橡胶硫化仪测定其硫化特性曲线。

三、实验材料和仪器

1. **主要实验材料**

橡胶混炼胶（一般胶料混炼后 2h 即可以进行实验，但不得超过 10 天）。

2. **主要实验仪器**

橡胶硫化仪。

四、实验步骤

（1）接通总开关，电源供电，指示灯亮。

（2）开动压缩机为模腔加压至 0.31MPa（3.2kgf/cm^2）。

（3）设定仪器参数：温度、量程、测试时间等。待上、下模温度升至设定温度，稳定 10 min。

（4）开模，将胶料试样置于模腔内，盖满模子，然后闭模。装料闭模时间越短越好。

（5）模腔闭合后立即启动电机，仪器自动进行实验。

（6）实验到预设的测试时间，转子停止摆动，上模自动上升，取出转子和胶样。

（7）清理模腔及转子。

（8）在其他条件不变的情况下，同一种胶料分别以几个不同的温度作硫化特性实验。

五、实验结果分析与讨论

（1）通过硫化仪的微机数据处理系统绘出硫化曲线，打印出实验数据及硫化曲线。对硫化曲线进行解析，得出焦烧时间 t_{10}、正硫化时间 t_{90} 及硫化反应时间 $t_{90}-t_{10}$。

（2）未硫化胶硫化特性的测定有何实际意义？

（3）影响硫化特性曲线的主要因素是什么？

（方庆红）

实验51 橡胶邵氏硬度的测定

一、实验目的

（1）了解橡胶硬度的表示方法。

（2）了解邵氏硬度计的工作原理。

（3）掌握测定橡胶邵氏硬度的实验技术。

二、实验原理

橡胶的硬度一般用邵氏硬度来表示，它是以玻璃的硬度为100来比较的相对硬度，以“度”表示，其值大小表示橡胶的软硬程度。

邵氏硬度计用1kg外力把硬度计的压针，以弹簧的压力压入试样表面的深浅来表示。橡胶受压将产生反抗其压入的反力，直到弹簧的压力与反力相平衡，橡胶越硬，反抗压针压入的力量越大，使压针压入试样表面深度越浅，而弹簧受压越大，金属轴上移越多，故指示的硬度值越大，反之则相反。

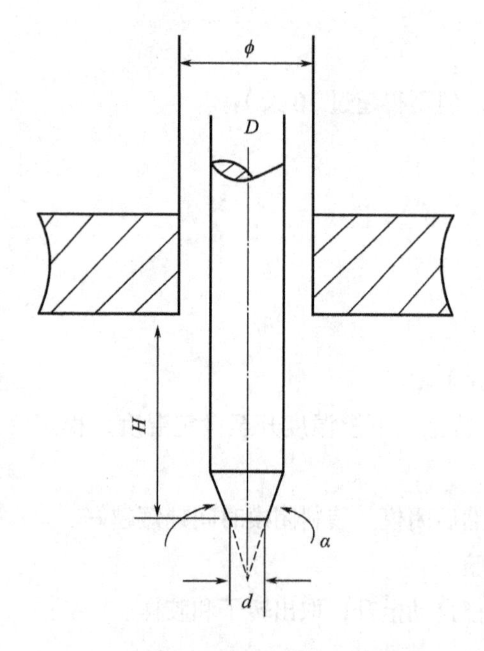

图51-1 邵氏A型硬度计压针几何构造与参数

邵氏硬度计有两种：邵氏A型硬度计，适用于橡胶常规硬度范围；邵氏D型硬度计，适用于橡胶高硬度范围。

邵氏A型硬度计，测定原理见图51-1。

影响实验数据的因素主要有：

（1）温度。当试样在温度较高时，由于高聚物分子的热运动加剧，分子间作用力减弱，内部产生结构松弛，降低了材料的抵抗作用，因而硬度值降低，反之则硬度值增高，故试样硫化完毕应在规定条件下停放和测试。

（2）试样厚度。试样必须具备一定的厚度，否则，如试样低于要求的厚度，硬度计压针则会受到承托试样用玻璃片的影响，使硬度值增大，影响测试结果的准确性。

（3）读数时间。由于橡胶是高分子黏弹性体，受外力作用后具有松弛现象，随着压针对试样加压时间的增长，其压缩力趋于减小，因而试样对硬度计压针的反抗力也减小，所以测量硬度时读数时间早晚对硬度值有较大影响，为了统一试验方法，提高数据可比性，现在规定“在试样缓慢的受到 1kg 负荷时立即读数”，此时的硬度值高于硬度计指针稳定后的指示值。

（4）压针形状和弹簧的性能。硬度计的锥形压针系靠弹簧压力作用于所测试样上，压针的行程为 2.5mm 时，指针应指于刻度盘上 100 度的位置。硬度计用久后，弹簧容易变形，或压针的针头易磨损，其针头长度和针尖和截面积有变化，均影响测试结果的准确性，如针头磨损长度为 0.05mm 时，会造成 1 ~ 3 度之差，截面积直径变化 0.11mm 时，会有 1 ~ 4 度的误差，因此硬度计应定期进行压针形状尺寸的检查和弹簧应力的校正，以保证测试结果的可靠性。

试样应满足如下要求：

（1）厚度应不小于 6mm，上下两面平行，测量面尺寸应能满足测量要求。试样厚度达不到要求时，可用同样胶片重叠起来测定，但不得超过三层，并要上下两面平行。

（2）表面光滑、平整，不应有缺胶、气泡、机械损伤及杂质等。

（3）试样按 GB 9865.1—1996《硫化橡胶样品和试样的制备》规定制备。

本实验以硫化橡胶为试样，采用邵氏 A 型硬度计测定其硬度。

三、实验材料和仪器

1. 主要实验材料

硫化橡胶。

2. 主要实验仪器

邵氏 A 型硬度计，其应该满足如下要求：

（1）硬度计压针的形状和尺寸应符合图 51–1、表 51–1 规定，并且压针应位于孔的中心。

表51–1 邵氏A型硬度计的形状和尺寸要求

D（mm）	d（mm）	H（mm）	α（度）	ϕ（mm）
1.25 ± 0.15	0.79 ± 0.03	2.50 ± 0.04	35 ± 0.25	$3.0^{+0.2}_{-0.5}$

（2）硬度计压针在自由状态时，其指针指零度；当压针被压入小孔，其端面与硬度计底面在同一平面时，硬度计所指刻度应为 100 度。

（3）对压针所施力的大小同硬度计指示值的关系应符合下列公式，允许偏差为 75mN（即硬度 1 度）。

邵氏 A 型硬度计：

$$F = 550 + 75H_A \tag{51–1}$$

式中：F 为对硬度计所施加的力（mN）；550 为压针未压入试样时（硬度计指零时）弹簧的力为 550mN；75 为硬度计每一度所对应的力（75mN）；H_A 为邵氏 A 型硬度计指示的度数。

邵氏 D 型硬度计：

$$F = 445H_D \tag{51-2}$$

式中：F 为施加在压针上的力；H_D 为邵氏 D 型硬度计示值。

四、实验步骤

（1）试样环境调节和试验的标准温度、标准相对湿度及标准时间，按 GB/T 2941—2006《橡胶试样环境调节和试验的标准温度，湿度及时间》规定进行。

（2）试验前检查试样，如表面有杂物需用纱布蘸酒精擦净。

（3）试样下面应垫厚 5mm 以上的光滑、平整的玻璃板或硬金属板。

（4）用定负荷架辅助测定或手持测定试样测定硬度时，在试样缓缓地完全受到质量为 1kg 的负荷时起 1s 内读数；手持硬度计测定时，当硬度计的底面与试样表面平稳的完全接合时起 1s 内读数。

（5）试样上的每一点只准测量一次，测量点间距不小于 6mm，测定点与试样边缘的距离不小于 12mm。

（6)每个试样的测试点应不少于3点，硬度计示值为测定值，取测定值中位数为实验结果。

五、实验结果分析与讨论

（1）根据硬度计示值确定试样的邵氏硬度。

（2）影响实验结果的主要因素有哪些？

（方庆红）

实验 52 橡胶屈挠龟裂的测定

一、实验目的

（1）了解硫化橡胶在周期性应力或应变作用下结构和性能产生的变化。

（2）掌握测定硫化橡胶屈挠龟裂的测定实验技术。

二、实验原理

许多橡胶制品，如轮胎、传动带、弹性联轴器、防震制品等，都是在动态下使用的。动态变形的特点一般是变形量小（不大于 10%），而频率很高。动态力学性能讨论的是橡胶在远未破坏的应力反复作用下的使用性能。动态实验的测试方法有动态黏弹谱、压缩疲劳和屈挠龟裂实验等。

屈挠龟裂实验是模拟橡胶制品实际应用过程中主要使用条件而设计的项目。如行速60km/h的汽车轮胎，相当于对胎体100次/s的反复拉伸压缩变形，仿此过程，即可对橡胶试样施加反复交变应力，观测一定负荷下的出现裂纹的现象。由于试样经过反复屈挠，拉伸应力集中部位产生龟裂裂口，并使该裂口在应力相垂直的方向进一步扩展。试样的龟裂程度按下列状态分为6级：

1级：试样出现肉眼可见的“针刺点”状的龟裂裂口，且其数目不超过10个。

2级：上述裂口数目超过10个，或虽不足10个，但其中的裂口已扩展超出“针刺点”阶级，即裂口长度小于0.5mm。

3级：一个或多个裂口的长度大于0.5mm，小于1mm。

4级：最大裂口长度大于1mm，小于1.5mm。

5级：最大裂口长度大于1.5mm，小于3mm。

6级：最大裂口长度大于3mm。测定其抗龟裂引发和龟裂扩展性能的优劣。

在该实验过程中，橡胶试样处于周期性应力应变的作用下，由于反复屈挠，橡胶分子链在热及氧的作用下发生化学键断裂或交联键断裂，由于应力集中，也可使分子链产生机械断裂；还由于分子链的移动，二次结合的滑动产生永久变形，导致硫化胶机械强度降低；此外，由于分子链的取向，使硫化橡胶柔性下降，刚性增加，促其耐屈挠性降低。

本实验以硫化橡胶为试样，采用德墨西亚屈挠试验机反复屈挠试样，测定其抗龟裂引发和龟裂扩展性能的优劣。

三、实验材料和仪器

1. 主要实验材料

硫化橡胶长条（有模压沟槽的半圆形断面的，用专用模具硫化，且使沟槽垂直压延方向，沟槽表面光滑，无导致龟裂过早出现的不规则现象；试样硫化后的停放时间不应少于16h，也不得超过一星期，对比实验的停放时间应相同）。

2. 主要实验仪器

德墨西亚（Da Mattia）屈挠龟裂实验机，装置如图52–1所示。

四、实验步骤

（1）在机械疲劳作用下，臭氧能够促进龟裂的发生。因此，获取纯粹机械疲劳的实验结果，必须排除臭氧的干扰。

（2）实验行程不应超出57mm ± 1mm（即两夹持器的最大距离为76mm ± 0.5mm，最小距离为19mm ± 0.5mm），如图52–1所示。

（3）将两夹持器分开到最大距离，装上试样，使试样平展而不受张力，且其沟槽位于两夹持器中心，其试样屈挠时，沟槽应在所形成折角的外侧，以便于观察结果。

（4）开动试验机，每屈挠1.5万次停机，把两夹持器分开到6.5mm，检查试样龟裂等级后，继续实验。

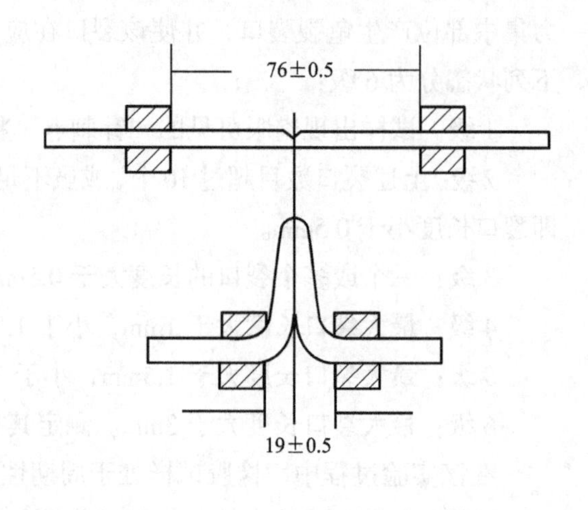

图 52–1 屈挠试验系统示意图

1—试样 2，3—夹持器 4—偏心轮

五、实验结果分析与讨论

（1）根据龟裂等级判别其试样的龟裂程度。

（2）硫化橡胶动态力学性能的测试方法有哪些？

（方庆红）

实验 53 橡胶阿克隆磨耗的测定

一、实验目的

（1）了解橡胶制品耐磨性能的表示方法。

（2）掌握阿克隆磨耗仪的工作原理和操作方法。

（3）掌握测定橡胶制品阿克隆磨耗的实验技术。

二、实验原理

橡胶制品的磨耗是一种普通常见的现象。橡胶制品耐磨性能的优劣在很大程度上决定着产品的使用寿命，因而是一项重要的技术指标。

归纳磨耗的产生通常有下列两种情况：

（1）橡胶与橡胶或橡胶同其他物体之间产生滑移时，两物体在接触表面有不同程度的磨损。

（2）橡胶受到沙粒等各种坚硬粒子的冲击作用，在橡胶表面产生磨损。

根据以上情况，国际上曾先后设计出阿克隆、格拉西里、邵坡尔、皮克等多种型号磨耗试验机。一般是用规定条件下试样同摩擦面接触，以被磨下的颗粒的质量或体积来表示测试结果，其中阿克隆磨耗机是早期应用而现今最为广泛使用的试验机之一，其结构简单、操作方便、价格低廉，我国现行的橡胶制品技术标准中的耐磨性能指标即以该仪器所定。

阿克隆磨耗的实验结果可用绝对磨耗值（磨损体积）和磨耗指数两种方法表示。测得的磨耗指数越大，表示试样的耐磨性能越好，以该值表示实验结果同以磨损体积表示实验结果相比有下列优点：

（1）对使用周期较长的磨损面，可以减小因其长期使用致摩擦面切割力降低，而造成对实验结果的影响。

（2）可减小由于更换摩擦面后其切割力的变化所带来的影响。

（3）可提高同一类型磨耗试验机在不同机器及不同实验室所得结果的可比性。

（4）对于不同类型的磨耗试验机所得结果也可以比较参考。

由于橡胶制品在实际使用过程中其磨耗往往伴随拉伸、压缩、剪切、生热、老化等复杂现象，故上述各种室内磨耗实验与实际磨耗存在一定的差距，其相关性有定局限性，但这些测试仍能判别橡胶耐磨性能的好坏或对同一胶料的耐磨程度进行相对比较。

影响实验结果的因素有：

（1）试样同砂轮的倾斜角度及在砂轮上所施加的负荷量。这是影响该试验结果的主要因素。磨耗量是随负荷的增加而逐渐增大，这是由于负荷增加使胶轮的压力增大，从而使摩擦力增大，致使磨耗量增加。砂轮倾斜角度不同，对磨耗量有显著影响，角度增大，磨耗量几乎呈线性急剧增加，这是由于胶轮角度增大，其滑动率也随之增大的原因。因而，操作之前须严格控制负荷值和倾斜角，由于当前橡胶制品中合成胶的大量掺用，在轮胎胎面中尤以顺丁胶与天然胶并用较多。

（2）试样的长度。条状试样的长度应适宜，以保证粘贴时不承受张力，如试样过短，则内应力大，将导致磨损量增加。

（3）温度。其影响较复杂，聚合物不同其影响结果有差异。在一般情况下，同一胶料试样的磨耗量随室温的提高而增加，这是由于温度升高，增大了橡胶分子链间距，分子的活动能增大，致磨耗量增加。

在磨耗过程中，有的胶料常出现发黏现象，这就使磨下来的微小粒子仍黏附在重复滚动的发黏试样的表面及砂轮摩擦面上，改变了摩擦面状态，由此所测出的磨耗体积过小，所得耐磨性结果是一虚假值，故需加以防止。消除虚假值的方法，一是用硬毛刷及时清除试样或砂轮上的胶屑，二是在试样和砂轮上沙防黏胶粉，如碳化硅或氧化铝粉末等。

本实验以硫化橡胶为试样，采用阿克隆磨耗实验机测定其磨耗性能。

三、实验材料和仪器

1．主要实验材料

硫化橡胶圆片（用专用模具硫化而得，具有一定厚度）。

2．主要实验仪器

阿克隆磨耗试验机（使试样与砂轮在一倾斜角度和 26.49N（2.7kgf）的负荷作用下进行摩擦，倾斜角度一般为 150°，当试样磨耗量小于 $0.1cm^3$ 时采用 250°，测量试样在 1.61km 里程内的磨损体积）。

四、实验步骤

（1）试样准备：将半成品胶料的试样用专用模具硫化为条状，长为（$D+h$）π = 0 ~ 5mm，宽为 12.7mm ± 0.2mm，厚为 320mm ± 0.2mm，其表面应平整，不应有裂痕杂质等现象。D 为胶轮直径，h 为试样厚度，π 为圆周率。硫化完毕的试样，按规定时间停放后，将其两面用砂轮打磨出均匀的粗糙面之后，清除胶屑，用橡胶水粘贴于胶轮上（粘贴时试样不应受到张力）。适当放置一段时间，使之粘贴牢固。

（2）将粘贴好试样的胶轮固定于试验机的回转轴上，开动电机，使胶轮按顺时针方向旋转。

（3）预磨 15 ~ 20min 后取下，用天平称重，准确至 0.001g。

（4）将试样胶轮固定于回转轴上进行实验，实验里程为 1.61km（3415r），试验完毕后取下试样，刷去屑，在 1h 内称量，准确至 0.001g。

五、试验结果分析与讨论

（1）按式（53-1）计算试样的磨损体积：

$$V=\frac{g_1-g_2}{\rho} \tag{53-1}$$

式中：g_1 为试样在实验后的质量（g）；g_2 为试样在实验前的质量（g）；ρ 为试样的密度（g/cm^3）。

（2）按式（53-2）求得试样的磨耗指数：

$$磨耗指数=\frac{S}{T}\times 100\% \tag{53-2}$$

式中：S 为标准配方的磨损体积；T 为实验配方在相同里程中的磨耗体积。

试样数量应不少于两个，以算术平均值表示实验结果，允许偏差为 ±10%。

（方庆红）

第三篇 高分子材料加工实验

实验 54 热塑性聚合物熔体流动速率的测定

一、实验目的

（1）了解热塑性塑料熔体流动速率的实质及其测定意义。

（2）了解熔体流动速率仪的工作原理。

（3）掌握测定聚烯烃树脂熔体流动速率的实验技术。

二、实验原理

大部分聚合物都是利用其黏流态下的流动行为进行加工成型，因此必须在聚合物的流动温度以上才能进行加工。但是究竟选择高于流动温度多少，要看在 T_f 以上黏稠聚合物的流动行为来决定。如果流动性能好，则加工时可选择略高于流动温度，所施加的压力也可小一些。相反，如果聚合物流动性差，就需要温度适当高一些，施加的压力也可大一些，以便改善聚合物的流动性能。

在聚合物加工成型中，衡量聚合物流动性能好坏的指标常用熔体流动速率（MFR）表示，它是热塑性聚合物在一定温度和压力下，熔体在10min内通过标准毛细管的重量值，以g/10min来表示。一般来说，对一定结构的聚合物，其熔体流动速率小，相对分子质量就大，则聚合物的断裂强度、硬度等性能都有所提高。而熔体流动速率大，相对分子质量就小，加工时流动性就好一些。因此熔体流动速率在聚合物的应用上，尤其是在加工上是一个重要指标。在工业上经常用它来表示熔体黏度的相对数值。值得注意的是，熔体黏稠的聚合物一般都属于非牛顿流体，即黏度与剪切应力或剪切速率有关。随着剪切应力或剪切速率的变化，黏度也发生变化。通常剪切速率增大，黏度反而变小，只有在低的剪切速率下才比较接近于牛顿流体。因此，从熔体流动速率仪中得到的流动性能数据，是在低切变速率的情况下获得的，而实际成型加工过程往往是在较高切变速率的情况下进行。所以在加工工艺中，还要研究熔体黏度对温度和切变应力的依赖关系。对某一热塑性聚合物来讲，只有当熔体流动速率与加工条件、产品性能从经验上联系起来之后，它才具有较大的实际意义。在聚合物加工中温度是进行黏度调节的重要手段，提高温度，所有聚合物的黏度几乎都急速下降。

按照阿累尼乌斯（Arrehnius）方程，液体（或熔体）的流动黏度可表示为：

$$\eta = Be^{\frac{\Delta E_\eta}{RT}}$$

此式表示黏度与温度的关系。式中：B 为频率因子；ΔE_η 为黏流活化能。

经对同一聚合物不同相对分子质量样品的 ΔE_η 值的测定，表明 ΔE_η 随相对分子质量的增大而增大，但相对分子质量到几千以上即趋于恒定，不再随相对分子质量而变化。因此可以推断，流动时高分子链的运动单元是链段，由于链段的跳跃，从而实现整个高分子链的运动。表 54–1 列出了一些聚合物在 T_g+100℃或更高温度时的黏流活化能。

表54–1 一些聚合物的表观黏流活化能

聚合物	ΔE_η（kJ/mol）
聚乙烯	27.2～29.3
聚丙烯	37.7～40.2
聚异丁烯	50.2～67.8
聚苯乙烯	94.6
聚–α–甲基苯乙烯	134.0

由表 54–1 可见，柔性链（如聚乙烯）链段易于运动，黏流活化能低；反之刚性链（如聚苯乙烯和聚 -α- 甲基苯乙烯）活化能则高。黏流活化能也反映了黏度对温度变化的敏感性。ΔE_η 值越大表明黏度随温度的变化率就越大。换言之，改变温度对刚性大的聚合物黏度影响较大。

此外，由于结构不同的聚合物测定熔体流动速率时选择的温度、压力均不相同，黏度与相对分子质量之间的关系也不一样，因此，它只能表示相同结构聚合物相对分子质量的相对数值，而不能在结构不同的聚合物之间进行比较。

熔体流动速率仪及其测定方法简便易行，工业上应用十分广泛，国内对聚烯烃树脂也附有熔体流动速率的指标。

本实验以聚乙烯（或聚丙烯）为试样，在 μpXRZ–400C 型熔体流动速率仪上测定其熔体流动速率。

三、实验原料和仪器

1. 主要实验原料

聚乙烯（或聚丙烯）样品、清理料筒用的纱布。

2. 主要实验仪器

μpXRZ–400C 型熔体流动速率仪、秒表（精确至 0.1s）、放置切割样品的表面皿 5 个，μpXRZ–400C 型熔体流动速率仪是由主机、温度测量系统、温度控制系统、取样控制系统几部分组成。

（1）主机（挤出系统）。主机是该仪器的中心也称挤出系统，它是由炉体、料筒、活塞、口模、砝码等部件构成，如图 54–1 所示。

（2）温度测量。采用精密直读式数字温度计自动测量温度，它可以直接准确地显示料筒内的任一实际温度值，测量范围 0 ~ 400℃，测量准确度为 ±0.2℃，分辨率为 0.1℃。电气原理图如图 54–2 所示。

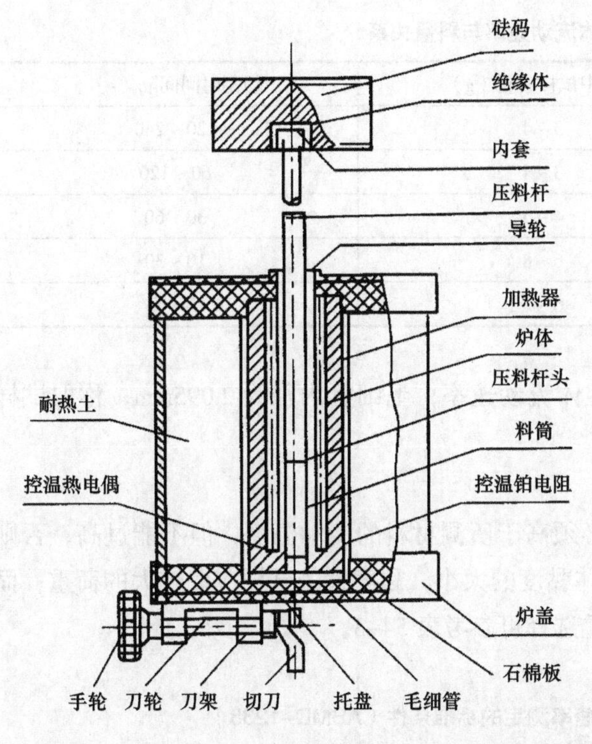

图 54–1 μpXRZ–400 型熔体流动速率测定仪主体结构

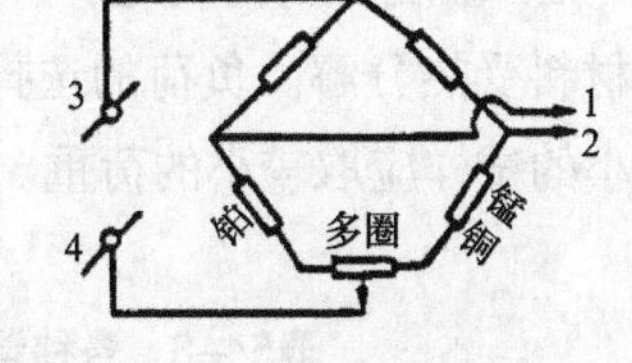

图 54–2 测温电气原理图

它是由分度号为 Pt100 的铂电阻作为测量温度的传感元件，在温度改变时引起铂电阻阻值变化，然后转换成直流电压变化，经过线性化处理后，送到$4\frac{1}{2}$的数字电压表显示出实际的温度值。

（3）温度控制系统。温度控制是由实测的温度经过数字温度计转换为 BCD 码输入计算机，与温度设定值进行比较，经过中央处理器（CPU）运算和判断后，计算出调节量来控制可控硅的导通角，从而控制炉体的加热功率，实现自动控温目的，由于该电路采用了微型计算机系统，所以电路简单，操作方便，温度控制准确度高，稳定可靠。

温度设定值是通过数字拨盘来实现的，定值拨盘是由四位数值组成，即百位、十位、个位和十分位，设定范围为 100.0（100℃）到 400.0（400℃），当设定值大于 400.0℃时，控温系统立即自动停止工作，输入设定值时应注意。

（4）取样系统。取样是采用步进电机带动切刀旋转来实现的，比用手旋转切力速度快、准确、减小人为误差，提高了测量准确度。

四、实验步骤

1. 试样准备

放入圆筒的试样可以是热塑性粉料、粒料、条状薄片或模压块料。并根据塑料的种类按相应的规定，进行去湿处理（常用红外灯烘照）。

根据熔体流动速率的大小决定所取试样量，其关系见表 54–2。

表54-2 熔体流动速率与料量关系

MFR（g/10min）	圆筒中试样料重（g）	切割时间间隔（s）
0.1 ~ 0.5	3 ~ 4	120 ~ 240
0.5 ~ 1.0	3 ~ 4	60 ~ 120
1.0 ~ 3.5	4 ~ 5	30 ~ 60
3.5 ~ 10	6 ~ 8	10 ~ 30
10 ~ 25	6 ~ 8	5 ~ 10

本实验测定聚乙烯（或聚丙烯）的熔体流动速率，毛细管内径为 2.095mm，称取试样约 4g。

2. **测试条件**

（1）温度、负荷的选择。测试温度必须高于所测材料的流动温度，但不能过高，否则易使材料受热分解。负荷的选择要考虑熔体黏度的大小，黏度大的试样应取较大的荷重；而黏度小的试样应取较小的荷重。温度及荷重选择可参考表 54-3。

表54-3 各种塑料熔体流动速率测定的标准条件（ASMD-1238）

<table>
<tr><th>条件</th><th>温度（℃）</th><th>荷重（g）</th><th>压力（MPa）</th><th>适用塑料</th></tr>
<tr><td>1</td><td>125</td><td>325</td><td>0.04</td><td rowspan="5">聚乙烯、纤维素酯</td></tr>
<tr><td>2</td><td>125</td><td>2160</td><td>0.30</td></tr>
<tr><td>3</td><td>190</td><td>325</td><td>0.04</td></tr>
<tr><td>4</td><td>190</td><td>2160</td><td>0.30</td></tr>
<tr><td>5</td><td>190</td><td>21600</td><td>3.0</td></tr>
<tr><td>6</td><td>190</td><td>10600</td><td>1.4</td><td rowspan="2">聚醋酸乙烯</td></tr>
<tr><td>7</td><td>150</td><td>2160</td><td>0.30</td></tr>
<tr><td>8</td><td>200</td><td>5000</td><td>0.70</td><td rowspan="4">聚苯乙烯、ABS树脂、丙烯酸树脂</td></tr>
<tr><td>9</td><td>230</td><td>1200</td><td>0.15</td></tr>
<tr><td>10</td><td>230</td><td>3800</td><td>0.53</td></tr>
<tr><td>11</td><td>190</td><td>5000</td><td>0.70</td></tr>
<tr><td>12</td><td>265</td><td>12500</td><td>1.75</td><td>聚三氯乙烯</td></tr>
<tr><td>13</td><td>230</td><td>2160</td><td>0.30</td><td>聚丙烯</td></tr>
<tr><td>14</td><td>190</td><td>2160</td><td>0.30</td><td rowspan="2">聚甲醛</td></tr>
<tr><td>15</td><td>190</td><td>1050</td><td>0.14</td></tr>
<tr><td>16</td><td>300</td><td>1200</td><td>0.16</td><td>聚碳酸酯</td></tr>
<tr><td>17</td><td>275</td><td>325</td><td>0.045</td><td rowspan="4">尼龙</td></tr>
<tr><td>18</td><td>230</td><td>1000</td><td>0.14</td></tr>
<tr><td>19</td><td>230</td><td>2060</td><td>0.30</td></tr>
<tr><td>20</td><td>230</td><td>5000</td><td>0.70</td></tr>
</table>

本实验选择 180℃、190℃、200℃，在 2160g 荷重下测定聚乙烯的熔体流动速率。先使温度稳定在 180℃，以后再逐步改变温度。

（2）切取样条时间的选择。当圆筒内试样达到规定温度时，就可以加上负荷，熔体通过毛细管而流出，用锐利的刀刃在规定时间内切割流出的样条，每个切割段所需时间与熔体流出速度有一定关系。用时间来控制取样速度，可使测试数据误差较小，提高精确度。本实验确定间隔 1（或 2）min 切割一次。

3. *测试步骤*

（1）接通熔体流动速率测试仪的电源，这时指示灯亮，表示仪器通电。

（2）按选定的测试温度，参照控温定值调节好控温旋钮（由精密多圈电位器来选定）的位置。此时电流表将给出大于 1.5A 的电流读数，表示炉体加热。当达到所控制的温度后，电流为零，停止供电。以后电流波动几次，直到小于 1.0A 的某一电流值而稳定下来，温度趋于稳定。

（3）料筒预热。待温度稳定后，将料筒毛细管和压料杆放入炉体中恒温预热 10min。

（4）装料。将压料杆取出，往料筒中装入称好的试样，将料压实，压料杆插入料筒，固定好导套，开始用秒表计时。

（5）切取试样。待试样预热 6 ~ 8min 后，在压料杆顶部装上选定的负荷砝码，试样即从毛细管挤出，切去料头 15cm 左右，连续切取至少 5 个切割段，舍去含有气泡的切割段。取 5 个无气泡的切割段分别称重。

（6）清洗。取样完毕，趁热将余料全部挤出，然后取出毛细管和压料杆，除去上面余料并清理干净。再取出料筒，将清料杆按上手柄，用纱布伸入筒中，边推边转，并更换几次，直到料筒内清洁光亮为止（可蘸少许乙醇擦洗）。

（7）实验完毕，停止加热，关闭电源，各种物件放回原处。

注意事项：

①装料、安装导套、压料都要迅速，否则料全熔之后，气泡难排出。

②整个取样及切割过程要在压料杆刻线以下进行，要求在试样加入圆筒后 20min 内切割完。

③整个体系温度要求均匀，在试样切取过程中，要尽量避免炉温波动。

④ XCZ-101 高温计仅作监视升温情况，不能精确指示真实温度。

五、实验结果分析与讨论

（1）将实验结果列于表 56-4：

试样名称：____________；测试条件：____________；负荷：____________g；

切割段所需时间：____________s。

表54-4 测试熔体流动速率实验记录

温度（℃）	切割段所需时间（s）	切割段重量（g）					W（g）	MFR（g/10min）
		1	2	3	4	5		
180								
190								
200								

（2）按下式计算其熔体流动速率：

$$\text{MFR} = \frac{W \times 600}{t}$$

式中：W为5个切割段重量的算术平均值（g）；t为每个切割段所需时间（s）。

（3）改变温度和剪切应力对不同聚合物的熔体黏度有何影响？

（4）聚合物的熔体流动速率与其相对分子质量有什么关系？为什么熔体流动速率值不能在结构不同的聚合物之间进行比较？

（5）为什么要切取5个切割段？是否可以直接切取10min流出的重量为熔体流动速率？

（王雅珍）

实验55 聚氯乙烯混合料的配方设计与制备

一、实验目的

（1）掌握高分子材料配方设计的基本原则及混合工艺条件的确定。

（2）了解高速混合机和双辊开炼机的基本结构及操作过程。

（3）掌握聚氯乙烯产品的配方设计与混合的实验技术。

二、实验原理

高分子材料所用的聚合物往往不是单一的，而是在加工过程中加入一些助剂，其目的是为改善聚合物的使用性能和加工性能，因此配方设计已成为聚合物加工成型中的一个重要领域。

配方设计是制备符合特定制品性能要求、特定加工工艺要求和特定经济成本要求的成型原料的关键步骤。塑料的配方设计，先要了解聚合物制品在使用中对其提出的各种性能要求及聚合物制品加工设备对其提出的各种加工工艺要求；还要了解聚合物、各种添加剂及填料的特性、相互作用及价格与来源等情况。在此基础上，根据经验确定基本配方组成和实验变量，再通过正交试验和均匀设计方法确定最后的塑料试验配方。试验配方确定后，至少还需经实际生产加工情况和制品质量的双重检验，必要时还必须进行反复的修正，才能确定为最终的生产工艺配方。

聚氯乙烯（PVC）没有明显的熔点，加热至120 ~ 150℃时具有可塑性。由于它的热稳性差，在该温度下会发生降解，并有少量的氯化氢（HCl）放出，HCl的放出促使其进一步分解。因此根据成型加工和使用要求，需要在PVC树脂中加入各种助剂。

在PVC树脂中添加增塑剂可以降低PVC黏流温度和熔体黏度，并可以根据增塑剂的份数获得软、硬程度不同的PVC产品。含少量（几份）增塑剂的PVC塑料，称为硬质PVC塑料；不含增塑剂的称为未增塑PVC塑料；含25份以上增塑剂的称为软质或增塑PVC塑料；增塑剂含量在几份到25份之间，则称为半硬质PVC塑料。增塑剂的种类很多，但综合性能较好的是邻苯二甲酸二辛酯（DOP），其他增塑剂可根据不同需要加入。稳定剂是PVC加工中必不可少的，PVC对热很敏感，未稳定的PVC甚至在较低温度下进行干混合也会引起热降解，因此PVC加工必须加入热稳定剂，以中和放出的HCl而抑制其自催化的裂解反应，防止老化。润滑剂的加入不仅能促进物料从设备的金属表面脱离，还能降低熔体黏度，其用量为0.25 ~ 4份。常用的填充剂是轻质碳酸钙，它的加入对制品的力学性能和耐化学性能有显著的影响，其用量以30份为宜，超过此值冲击强度将下降。此外，还可根据需要加入如紫外线吸收剂、抗静电剂、冲击改性剂、颜料等。每种助剂都是以一定量加入树脂中的，助剂量的确定要根据最基本原则及成型加工的难易和制品的需要。

要达到配方设计的预期效果，一个关键的环节就是将聚合物及各种助剂相互分散以最终获得成分均匀的物料，其均匀程度将直接影响制品的质量。将PVC与各种助剂由多组分非均匀态变成多组分均匀态，可以由混合实现。混合一般是借助扩散、对流、剪切三种作用来完成的，它分为初混和塑炼。初混是一种简单的混合，是靠设备的搅拌、振动、空气流态化、翻滚和研磨等作用来增加各组分微小粒子之间分布的无规程度，最终使其组分均匀。这类混合的温度不高，一般不超过100℃，且受热历程短，因此初混合物的物料仍是自由流动，互不黏结的粉状物。初混合最常用的设备是高速混合机（图55–1）。混合室内的物料受到搅拌装置的高速搅拌，在离心力的作用下，由混合锅底部沿侧壁上升，到一定高度下落，然后再上升、下落，使各组分物料混合均匀。塑炼是借助于加热和剪切应力使聚合物获得熔化，剪切混合最终驱出挥发物并进一步分散其中不均匀组分，以便得到性能一致的制品。塑炼常用的设备是双辊开炼机（图55–2），其主要组成部分为辊筒，辊筒间的物料由于与辊筒表面的摩擦和黏附作用及物料之间的粘接力

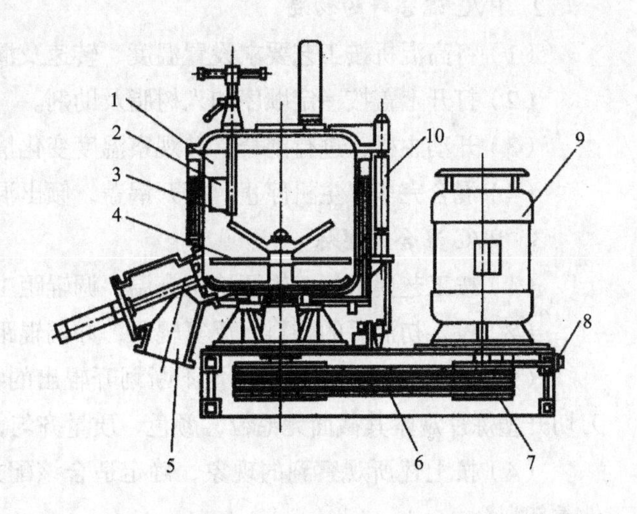

图55–1　高速混合机结构

1—混合容器　2—折流板　3—测温元件　4—快速叶轮
5—放料口　6—机座　7—传动装置　8—调距装置
9—驱动装置　10—启盖装置

图55-2 双辊开炼机

而被拉入辊隙。因为两辊速不同，间隙较小，因此在辊筒间物料受到强烈的挤压与剪切，加上辊筒内部提供的热量，使物料逐渐熔融软化。此过程反复进行，直至达到预期混合状态。经开炼机塑炼后的料为片状物。

本实验采用PVC树脂为基本原料，通过配方设计加入增塑剂、稳定剂、润滑剂和填充剂制备PVC混合料。

三、实验材料和仪器

1. 主要实验材料

PVC树脂、增塑剂、稳定剂、润滑剂、填充剂。

2. 主要实验仪器

GRH-10-Ⅱ高速混合机、SK-160双辊开炼机。

四、实验步骤

1. PVC混合料的配方设计

设计一种PVC配方（表55-1），并确定混合的工艺条件。

表55-1 PVC混合料的配方组成 单位：质量份

PVC	BaSt	DOP	PbSt	HSt	三碱式硫酸铅	二碱式硫酸铅
100份	1.5份	40份	0.5份	1份	3份	2份

2. PVC混合料的初混

（1）将高混机按工艺要求设置温度、转速及混合时间。

（2）打开上盖按一定顺序加入树脂及助剂。

（3）开动主机，进行混合，并观察温度变化情况。

（4）混合完毕，主机停止，打开锅盖，倾出混合料待用。

3. PVC混合料塑炼

（1）按工艺要求将双辊开炼机升温，调辊距1.5mm。

（2）投入初混后的物料，反复辊压，并调辊距0.5 ~ 1mm。

（3）翻炼数次，用切割装置不断划开辊出的物料，而后使其交叉叠合并进行辊压。用刀切开塑炼片观察其截面无毛粒，颜色、质量齐匀，即可结束塑炼。

（4）按上述所观察到的现象，确定适合该配方的较佳混合工艺条件，并按新的工艺条件重新混合。

注意事项：

①严格按操作规程进行混合操作。

②塑炼时割刀必须在辊筒水平中心线以下操作，送料时手应握拳，注意头发、衣袖不要

卷入辊筒，如遇危险立即启动安全开关。

五、实验结果分析与讨论

（1）观察聚合物在开炼机中受剪切的情况。为什么要不断翻料？

（2）影响初混及塑炼的因素有哪些？

（3）比较配方不同时产品的外观性能的变化。

（汪建新）

实验56　聚烯烃的挤出造粒

一、实验目的

（1）了解挤出造粒的目的与作用。

（2）了解平行同向双螺杆挤出机的基本构造、技术参数及工作原理。

（3）掌握通过平行同向双螺杆挤出机挤出造粒的实验技术。

二、实验原理

在高分子材料的加工过程中，为了改善聚合物的使用性能和加工性能，通常先要进行配方设计。高分子材料的配方实验过程如下所示。

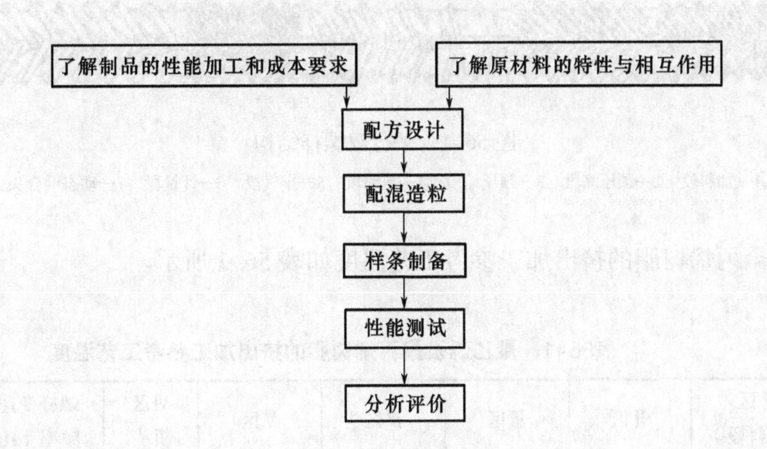

在配方实验和实际生产过程中，原材料一般首先进行严格的干燥、混合等预处理，才能进行挤出造粒或成型加工。预处理质量的优劣，直接影响配方实验和制品成型加工的数据正确性和制品质量的优劣，因此必须予以足够的重视。原材料的预处理及加工过程如下所示。

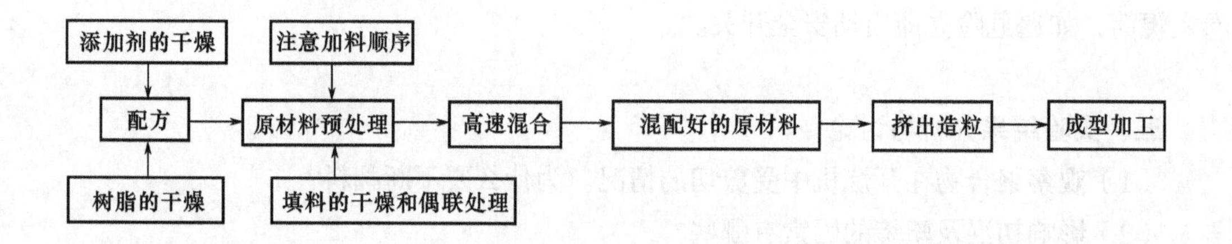

在配方实验中，挤出造粒是一个重要的步骤。挤出造粒可以采用平行同向双螺杆挤出机。

该挤出机一般包括传动部分、挤压部分、定量加料装置、加热冷却系统、电器控制系统、排气装置及机座等几个部分。其中挤压部分的螺杆结构是决定同向双螺杆挤出机输送、塑化与混合效果的关键部件（图 56-1）。目前，平行同向双螺杆挤出机一般采用积木组合式螺杆，其螺杆元件包括各种正向螺纹元件、捏合盘元件和反向螺纹元件等，可根据需要任意组合，从而对不同的物料产生不同的输送、塑化和混合效果。

除螺杆组合形式以外，挤出过程中的加料速度、温度控制及螺杆转速是影响双螺杆挤出机配混质量的“三大要素”。一般而言，双螺杆挤出机要进行定量加料，一方面是为了防止主机“过载”；另一方面是为了根据物料的加工特性和螺杆组合形式，通过调节加料量使挤出机达到最佳工作状态，即以最小的比能产生最好的混合效果。而挤出机料筒的温度控制一般是根据物料的加工特性来设定的。

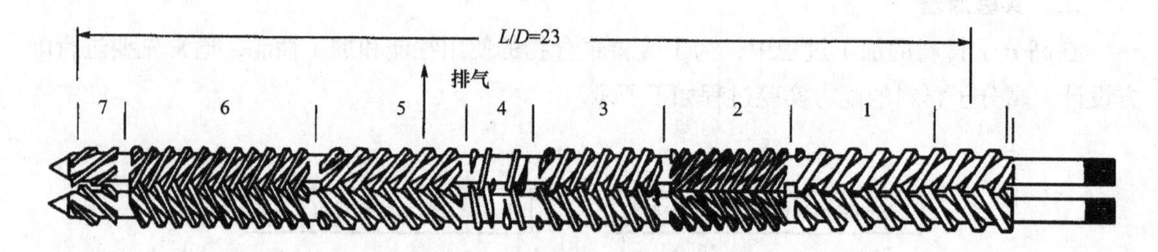

图 56-1　平行双螺杆结构

1—加料段　2—预压缩段　3—预压缩段　4—压缩段　5—排气段　6—计量段　7—动态混合头

聚乙烯及聚丙烯树脂的挤出加工参考工艺温度如表 56-1 所示。

表56-1　聚乙烯及聚丙烯树脂的挤出加工参考工艺温度　　单位：℃

工艺参数	Ⅰ区（加料段）	Ⅱ区	Ⅲ区	Ⅳ区	Ⅴ区	Ⅵ区 机头	螺杆变速器频率（Hz）	喂料转速（r/min）
HDPE	160	170	180	190	200	190	25	30
PP	170	180	190	200	210	200	25	30

另外，螺杆转速主要影响物料的塑化和混合质量，一般高速同向双螺杆的剪切速率随螺杆转速的提高而增大，致使剪切发热、塑化和混合作用同时增大。

三、实验材料和仪器

1. 主要实验材料

HDPE、PP、POE、抗氧剂 1010、抗氧剂 168、硬脂酸钙、石蜡、碳酸钙。

2. 主要实验仪器

SHR-10 型高速混合机、TE-34 型高速平行同向双螺杆挤出机（螺杆长径比：34 ： 1，螺杆转速：0 ~ 300r/min，积木式螺杆）。

四、实验步骤

1. 配料

按表 56-2 中配比放大 15 ~ 20 倍，在天平上分别称量物料。所有组分的称量误差都不应超过 1%。称量好的各组分应分别放置（也可根据混料时的加料顺序，将同时加入的各种配合剂放置在一起），经复核无误后备用。

表56-2 实验配方表 单位：质量份

项目	1	2	3	4	5
HDPE	100	100	50	0	0
PP	0	0	50	100	100
POE	0	5	5	0	5
抗氧剂1010	0.2	0.2	0.2	0.2	0.2
抗氧剂168	0.2	0.2	0.2	0.2	0.2
硬脂酸钙	0.8	0.8	0.8	0.8	0.8
石蜡	0.8	0.8	0.8	0.8	0.8
碳酸钙	5	5	5	5	5
合计	113.01	119.01	120.01	116.01	122.01

2. 物料的混合

（1）清理高速混合机。打开混合机上盖，仔细将高速混合机内及排料口等处积存的其他物料清理干净。

（2）高速混合机的试运转：盖紧釜盖，接通电源，使其空转数分钟，查看机器运转、加热等有无异常。

（3）高速混合。

①在机器运转正常的情况下，打开电源，预热机器。当温度达到预设温度时（本实验设定为 75℃）。

②将树脂及配合剂一次全部加入混合室中，开机高速混合 6min（开机时要注意先启动低速开关，待设备稳定运行 1min 后再启动高速混合开关，并开始计时）。

③排料前 1min 应停机，并开盖清理料仓，然后边搅拌，边打开排料阀，将物料排入容器内，

密封冷却待用。

3. 挤出造粒

（1）接通加料座冷却水阀，开启主机电源，打开加热电源开关，按设定加工温度预热挤出机料筒（至少1.5h）。

（2）清理滤网装置，手动盘车（手动盘车螺杆旋转困难时，严禁开车！应适当提高螺筒温度，待手动盘车顺利后再开车）。

（3）开启润滑油泵，稳定至少1min。

（4）开机时主机频率（主机实际转速 = 主机频率 ×6），一般设定为6 ~ 8Hz。

（5）螺杆转动平稳后，开启喂料机，调节喂料转速，开机时喂料转速一般设定为8 ~ 10r/min，待物料从口模挤出、设备运转平稳后，再逐步缓慢地提高螺杆转速和喂料转速，由慢到快，直至所需的工艺条件。

（6）根据需要打开真空泵排气，启动切粒机，调节切粒速度，收集挤出物料备用。

（7）料斗中的物料全部加完后停机。停车时，先关喂料机，再逐步降低主机转速直到停止，最后关升温控制系统和主机电源。

（8）测定螺杆转速和喂料转速不同时物料在螺筒内的停留时间及停留时间分布，以颜色示踪的方法考察螺杆转速和喂料转速不同时，物料在螺杆中的停留时间及停留时间分布，记录数据并加以分析讨论。颜色示踪方法是将少量（10粒左右）颜料（或色母粒）在螺杆加料口处迅速加入挤出机螺杆，同时开始计时（T_1）。当螺杆机头处出现示踪颜色时，记录时间为T_2；当示踪颜色在挤出物料中全部消失，物料又恢复配方本色时，记录时间为T_3；则物料在螺杆中的停留时间为（$T_2 - T_1$），物料在螺杆中的停留时间分布为［（$T_3 - T_1$）-（$T_2 - T_1$）］=（$T_3 - T_2$）（注意，为便于观察，示踪颜色则一定要采用色泽鲜艳的颜料或色母粒，并同时集中加入，观察挤出物的颜色时也一定要十分仔细）。测定条件如表56-3所示。

（9）物料的挤出造粒，按选定工艺（表56-3）完成物料的挤出造粒（调整水冷切粒方式）。调节切粒速度，收集粒料。

（10）粒料干燥处理，将收集的粒料放入磁盘内，在75℃ ± 5℃的烘箱中（通风）干燥2 ~ 3h，密封装袋留作注射成型时使用。

表56-3 停留时间和停留时间分布测定条件

测定条件	1	2	3	4	5	6	7	8
螺杆变速器频率（Hz）	10	15	20	25	25	25	25	25
喂料转速（r/min）	20	20	20	20	25	30	35	40

注 螺筒温度参照表56-1设定。

注意事项：

①严格按配方配料准确称量。

②高速混合机必须密封后方可打开搅拌电源。实验中需打开上盖加料或清料时，必须关

闭混合机的所有电源。

③挤出机开机前至少预热 1.5h，并必须先手动盘车。

④挤出机开机时必须先开主机，后开喂料机；关机时必须先关喂料机，后关主机。

⑤挤出机运转过程中，严禁随意改变设定的工艺参数。

⑥挤出机出现报警等事故时，必须立即报告专业人员处理。

五、实验结果分析与讨论

（1）详细记录实验步骤、实验现象与各工艺参数：

螺杆型式：______________；口模类型：______________；切粒方式：______________。

（2）挤出工艺条件变化时，根据挤出机主机电流和熔体压力、熔体温度的变化情况画出曲线，并加以说明。

（3）挤出工艺条件变化时，根据物料在挤出机螺杆中的停留时间和停留时间分布情况画出曲线，并加以分析讨论。

（4）高速同向双螺杆挤出机为何比较适用于塑料的配混造粒？它与单螺杆挤出机相比有何优缺点？

（5）设定料筒温度主要应考虑哪些因素？

（6）挤出机螺杆转速及喂料转速变化时对挤出物料在螺杆中的停留时间和停留时间分布有何影响？这对物料的性状又有何影响？

（汪建新）

实验 57　聚丙烯的共混改性

一、实验目的

（1）熟悉聚合物熔融共混工艺。

（2）了解单螺杆挤出机的结构和工作原理。

（3）掌握聚合物注射成型机的基本操作。

（4）掌握聚丙烯与乙丙橡胶共混的实验技术。

二、实验原理

聚合物共混改性是将不同种类聚合物采用物理或化学的方法混合起来，以改进单一聚合物的性能，或者形成具有崭新性能的新型聚合物材料。熔体共混是最常使用的共混方法，这种方法将两种以上的聚合物在混炼设备中于熔融温度以上混合，形成均匀分散的共混物。

聚丙烯是一种性能优良的通用塑料：它的耐腐蚀性、耐折叠性和电绝缘性好，耐热性和机械强度优于聚乙烯，价格低廉，容易加工，应用很广。但是聚丙烯的抗冲强度不够高，低温下发脆，为了提高它的韧性，常将聚丙烯树脂同一些橡胶弹性体共混。

聚丙烯和橡胶的共混常采用熔体共混的方法，将聚丙烯树脂和橡胶加入混炼设备，在强大的挤压剪切下使两组分掺和、分散均匀。

由于热力学上的原因，聚丙烯同绝大多数橡胶在熔融混炼时都不能形成分子程度的分散，共混产品仍包含有两相。相结构与橡胶性能、配比和混炼设备的剪切强度有关。研究表明，如果聚丙烯树脂形成连续相，橡胶形成细小的粒状分散相，而且两相之间有较好的黏结力，那么共混产品将有较好的韧性，而刚性则下降不多。

用于聚丙烯增韧的橡胶种类很多，例如顺丁橡胶、乙丙橡胶、丁腈橡胶和SES热塑性弹性体等。其中乙丙橡胶效果最佳，因为它的丙烯链节和聚丙烯有较好的亲和力，相界面的黏结力强。聚丙烯和橡胶的熔体共混主要是物理的分散过程，但是在混炼设备的强大剪切作用下，也会使部分聚合物分子断链，形成少许接枝或嵌段共聚物，促进组分之间的相容。

用于熔体共混的混炼设备主要有双辊混炼机、密炼机、单螺杆挤出机和双螺杆挤出机。其中挤出共混具有操作连续、省劳力、结构简单和体积小等优点，应用最为广泛。

本实验采用ϕ20单螺杆挤出机（图57–1）。该挤出机由供料、挤压、驱动、传动、加热、冷却、控制等部分组成。由料斗投入的物料在螺杆的挤压输送下逐渐向前移动，由于料筒的外热以及物料的剪切摩擦热使物料熔化而呈流动状态，同时物料还受到螺杆的搅拌剪切而均匀分散，并被逐渐压实，经口模连续不断地挤出，挤出物经冷却凝固和切粒，便得到粒状的共混树脂。如果在挤出机头部装上不同形式的口模，挤出机还可用来制作塑料管、膜、丝和异型材，因此单螺杆挤出机既是一种有效的熔融共混设备，又是一种变化繁多、用途广泛的成型加工设备。

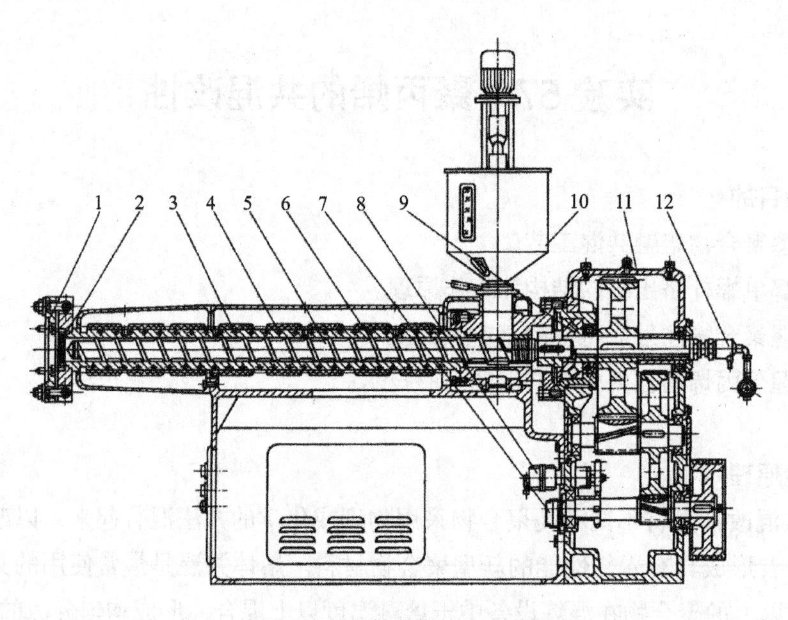

图57–1 单螺杆挤出机示意图

1—机头连接法兰 2—多孔板和过滤网 3—冷却水管 4—加热器 5—螺杆 6—料筒 7—油泵 8—测速电机 9—止推轴承 10—料斗 11—减速箱 12—螺杆冷却装置

挤出机料筒各段温度和螺杆转速是重要的操作参数，料筒温度太低会损坏螺杆，温度太高会导致聚合物降解。各段温度匹配对挤出机的生产能力和共混效果均有很大影响。送料段温度一般略低于树脂的黏流温度、均化段温度在黏流温度以上，单螺杆挤出机用于熔融共混时，在保证物料熔融和不损坏设备的前提下，尽量选用较低的料筒温度。

为了比较共混前后的抗冲韧性，需将粒状共混物用注塑成型的方法加工成标准尺寸的试样，测试抗冲击强度。本实验采用螺杆式注射成型机加工标准试样（图 57–2），这种注塑机由注射装置、液压系统和电气控制系统组成。粒状塑料依靠螺杆转动而加热塑化，并不断地被推向料筒前端靠近喷嘴的地方，螺杆在转动的同时慢慢后移，塑化一定量物料后螺杆停止转动。注射时螺杆接受液压油缸柱塞传递的压力而进行轴向移动，将积存在料筒端部的熔化塑料通过喷嘴以高速注入模具，成型为制品。整个周期由加料预塑、注射、保压、冷却和脱模几个步骤组成。注射压力、加料量、料筒温度、模具温度、保压冷却时间等是注射成型的主要参数。

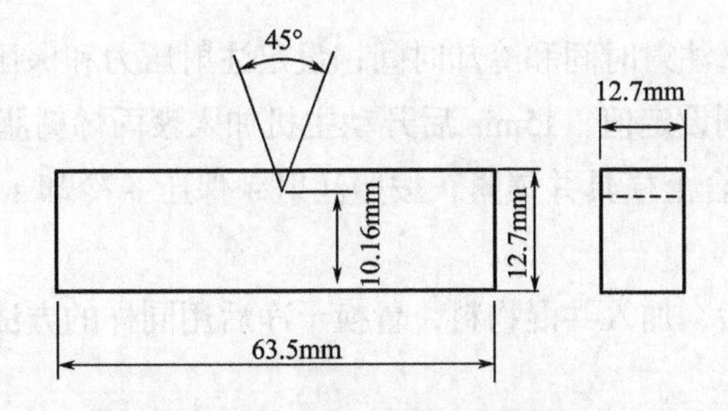

图 57–2　摆锤冲击试验试样尺寸

本实验将聚丙烯树脂和橡胶弹性体在单螺杆挤出机中熔融共混，再在塑料注射成型机上注塑成标准试条，测试共混前后试样冲击性能的变化。

三、实验材料和仪器

1. 主要实验材料

聚丙烯树脂、乙丙橡胶，试样长 63.5mm、宽 12.7mm、剩余厚度 10.16mm。

2. 主要实验仪器

SJ–20 塑料挤出机、FH–100 塑料注射成型机、GRH–10–Ⅱ高速混合机 / 万能制样机、读数显微镜、冲击试验机。

四、实验步骤

1. 配料

按聚丙烯树脂 85 份、乙丙橡胶 15 份的配比称取总量为 250g 的物料，并利用高混机在常温下混合均匀。

2. 熔融共混

（1）预热挤出机，待各段温度达到设定值15mm后，开动主机。

（2）在慢速运转下加入聚丙烯树脂，待熔料从机头挤出后，用镊子牵引通过冷却水槽，得到连续的长条。

（3）缓慢提高螺杆转速，达设定值后加入配好的混合物，注意观察挤出的熔料，当挤出机中残存的聚丙烯挤完，共混物开始挤出时，熔料由半透明变为乳白色。弃去混杂成分，收集共混物长条。

（4）待混合料全部挤完后，加入少量聚乙烯树脂，将料筒置换干净，逐渐减速停机，停止加热。

3. 切粒

将共混物长条送入切粒机切成2 ~ 3mm长的颗粒，再置于鼓风烘箱中于90 ~ 100℃下干燥0.5h。

4. 注射成型

（1）设定料筒温度、注射时间和冷却时间，设定注射压力和保压压力。

（2）将料筒温度升到设定值，15min后开动主机加入聚丙烯树脂，待料筒中残存的物料被聚丙烯置换干净以后，合上模具并锁紧，按照注射 + 保压 + 冷却 + 开模 + 取出制品合模的循环周期自动操作。

（3）得到 *n* 个试样后，加入共混物料，置换干净后用同样的方法注塑14个试样。

5. 试样的存放

注塑成型的试样在室温下存放24h方可进行测试。

6. 试样缺口铣切

在万能制样机上铣切标准缺口，用读数显微镜检查缺口的尺寸是否合格。

7. 测试抗冲强度

在冲击试验机上测试样抗冲强度。具体操作请详见实验37。

注意事项：

①操作过程防止金属物件或工具落入挤出机和注塑机的加料口中。

②注塑成型、制件的取出必须通过安全门。

五、实验结果分析与讨论

（1）比较PP及共混后PP的抗冲强度的变化。

（2）配方中除PP及乙丙橡胶外还需加入何种助剂？

（汪建新）

实验 58　反应型增容剂的制备

一、实验目的

（1）了解反应型增容剂的概念与作用。

（2）了解双螺杆挤出机的结构与操作方法。

（3）掌握聚丙烯与马来酸酐熔融接枝制备反应型增容剂的实验技术。

二、实验原理

大多数聚合物共混组分间缺乏热力学相容性，因此不可能使共混物达到分子水平的均相体系。但是从实用角度出发，希望共混物实现工程上的混溶，如一相作为分散相，稳定地分散于另一连续相中。可是，即使是这样，也很难使某些些共混物达到所要求的分散程度。有时可借助外界条件，使两种聚合物在共混中实现均匀分散，然而在使用过程中也会出现分层，导致共混物性能不稳定和下降。

目前，为解决聚合物的相容性问题，常采用所谓的“增容”措施。增容有两个含义，一是使聚合物之间易于相互分散以得到宏观上均匀的共混产品，二是改善聚合物之间相界面的性能，增加相间的黏合力，从而使共混物处于长期的稳定状态。加入增容剂是“增容”方法之一。增容剂是指与两种聚合物组分都有较好相容性的物质，它可降低组分间的界面张力，增加相容性，其作用与胶体化学中的乳化剂及高分子复合材料中的偶联剂相当。

聚丙烯（PP）是一种非极性聚合物，在与极性聚合物如聚酰胺（PA）的相容性差。为提高其相容性，在其中可加入增容剂。增容剂分为高分子型和低分子型，高分子型又分为反应型和非反应型。本实验制备的增容剂 PP—g—MAH，是一种反应型增容剂，是马来酸酐（MAH）与聚丙烯在双螺杆挤出机中进行熔融接枝而得到的。它突破了传统的反应釜式的反应，且无溶剂回收，可连续化制备。

利用过氧化二异丙苯（DCP）作为引发剂，通过熔融接枝反应可以合成增容剂 PP—g—MAH：

$$\mathrm{PP}+\begin{array}{l}\mathrm{HC}-\mathrm{C}(=\mathrm{O})\\ \;\;\|\qquad\quad\;\;\mathrm{O}\\ \mathrm{HC}-\mathrm{C}(=\mathrm{O})\end{array}\xrightarrow{\mathrm{DCP}}\begin{array}{l}\qquad\quad\;\;\mathrm{H}\\ (\mathrm{PP})-\mathrm{C}-\mathrm{C}(=\mathrm{O})\\ \qquad\quad\;\;|\qquad\;\;\mathrm{O}\\ \qquad\;\;\;\mathrm{HC}-\mathrm{C}(=\mathrm{O})\end{array}$$

（1）初级自由基的形成：

$$I=\frac{K_{\mathrm{d}}}{\triangle}\longrightarrow 2\mathrm{R}\cdot \qquad（\mathrm{I}\text{ 为引发剂，}\mathrm{R}\text{ 为引发剂自由基}）$$

$$\mathrm{M}+\mathrm{R}\xrightarrow{K_{11}}\cdot\mathrm{RM} \qquad（\mathrm{M}\text{ 为单体}）$$

$$P + R\cdot \xrightarrow{K_{12}} P\cdot + RH \qquad (P为聚合物)$$

（2）接枝与链传递：

$$M + P\cdot \xrightarrow{K_{13}} PM\cdot$$

$$PM\cdot + M \xrightarrow{K_{tm}} M\cdot + PM$$

$$M\cdot + P\cdot \xrightarrow{K_{tp}} P\cdot + MH$$

$$PM\cdot + P \xrightarrow{K_{tt}} P\cdot + PM$$

（3）链终止：

$$M\cdot + P\cdot \xrightarrow{K} + PM$$

本实验采用同向旋转双螺杆挤出机制备 PP—g—MAH。可把双螺杆的横断面看成是两个相交的圆盘（图 58–1）。在啮合区（阴影），螺纹任意点 A 对螺槽的相对速度可以通过下式得到：

$$U_{rel} = 2\pi n\,(R_1 + R_2)$$

式中：n 为螺杆转速；R_1 为 A 点到螺杆 1 的中心距；R_2 为 A 点到螺杆 2 的中心距。

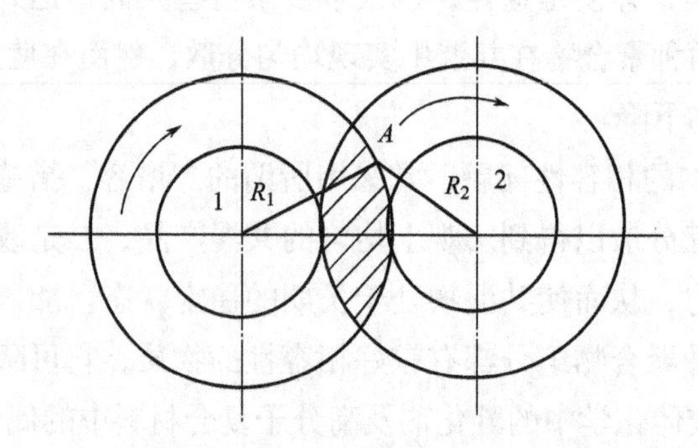

图 58–1 双螺杆的横断面示意图

同向旋转的双螺杆啮合区，螺杆和螺槽的速度方向相反，相对速度大，因此啮合区物料的剪切速度、剪切力也大，混炼效果好。同时，由于同向旋转双螺杆在啮合区处的速度相反，一根螺杆要把物料拉入啮合间隙，而另一根螺杆要把物料从间隙中推出，使物料从一根螺杆转到另一根螺杆，呈∞型前进，物料流向不断改变，有助于物料混合均匀。

本实验以聚丙烯和马来酸酐为原料，在双螺杆挤出机中进行熔融接枝而合成增容剂 PP—g—MAH。

三、实验材料和仪器

1. 主要实验材料

聚丙烯（PP）、马来酸酐（MAH）、过氧化二异丙苯（DCP）、丙酮、KOH－二甲苯溶液、酚酞。

2. 主要实验仪器

GRH–10–Ⅱ型高速混合机、TE–34 双螺杆混炼挤出机、XLB350×350×2 型平板硫化机。

四、实验步骤

1. **制备接枝物** PP—g—MAH

（1）称取 2000g PP 加入高速混合机中，将 MAH100g 研碎；将 2g DCP 用丙酮溶解后加入 PP 中，混合 5min。

（2）混合后加入双螺杆混炼挤出机，挤出造粒成粗接枝物。

（3）将粗接枝物在 170℃条件下，利用平板硫化机压成厚 0.2mm 的薄片，并剪成小碎片，待用。

2. **测接枝率**（*Gx*）

（1）称取 2g 小碎片，在 150mL 二甲苯中回流 2h 至完全溶解，将溶液倒入 300mL 丙酮中沉淀抽滤去液体，将沉淀物真空加热烘干。

（2）准确称取 1g 沉淀物溶解于 100mL 二甲苯，加热回流 30min，冷却 5min 到 170℃以下，加入 20mL 0.1mol 的 KOH —二甲苯溶液，再加热回流 10min，稍冷却后加 3 滴酚酞指示剂，再用 0.1mol 的乙酸—二甲苯溶液滴定到终点，计算皂化值 *Ms*，换算成 MAH 分子数 100 个乙烯链节，计算公式如下：

$$Gx = \frac{1.4Ms}{W - 0.05Ms}$$

$$Ms = (NV)_{KOH} - (NV)_{CH_3COOH}$$

式中：*W* 为样品质量。

注意事项：

① MAH 毒性大，高温加工易挥发，损伤人的眼睛等器官，注意保护。

② MAH 残留在 PP 中，难以去除，阻碍接枝物的功能发挥，因此反应中应开真空排气。

③ PP 易降解，加入 DCP 后降解加剧，可适量加些抗氧剂。

五、实验结果分析与讨论

（1）测接枝率步骤，计算接枝率。

（2）定性说明 MAH、DCP 用量对 *Gx* 及 *Ms* 的影响。

（汪建新）

实验 59 聚乙烯板材挤出成型

一、实验目的

（1）了解聚合物板材挤出成型工艺过程。

（2）了解狭缝挤出机头的结构和工作原理。

（3）掌握聚乙烯板材挤出成型、压光及性能测试的实验技术。

二、实验原理

挤出压延成型是生产聚合物板材的主要方法之一。聚合物板材是用狭缝机头直接挤出板坯后，经三辊压光机压光，再经冷却、牵引而制成的。图 59-1 为聚乙烯（PE）板材挤出工艺流程图。

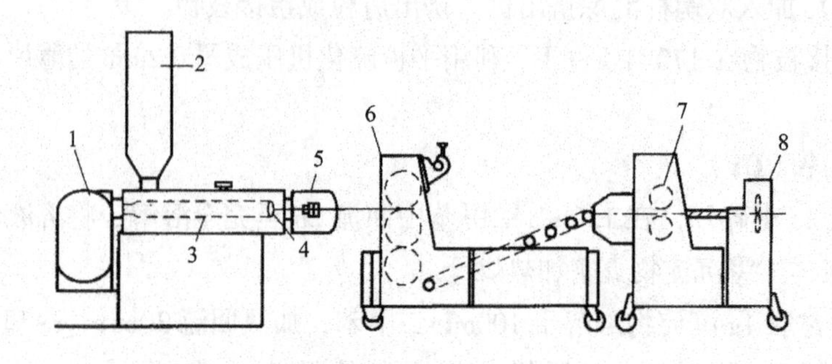

图 59-1　LDPE 板材挤出生产工艺流程图

1—电动机　2—料斗　3—螺杆　4—挤出机料筒　5—机头　6—三辊压光机　7—橡胶牵引辊　8—切割

PE 挤出板材一般选用适当牌号的树脂直接生产，如果生产特殊用途的片材，需添加必要的助剂。挤出生产 LDPE 板材，应选用熔体流动速率（MFR）为 0.3 ~ 1.0g/10min 的挤出级 PE 树脂。

板材挤出的狭缝机头的出料口既宽又薄，塑料熔体由料筒挤入机头，流道由圆形变成狭缝形，这种机头（包括支管型、衣架型、鱼尾型）在料流挤出过程中存在中间流程短、阻力小、流速快，两边流程长、阻力大、流速慢的现象，必须采取措施使熔体沿口模宽度方向有均匀的速度分布，即要使熔体在口模宽度方向上以相同的流速挤出，以保证挤出的板材厚度均匀和表面平整。本实验采用支管型机头，结构如图 59-2 所示。这种机头的特点是在机头内有与模唇平行的圆筒形槽（支管），可以储存一定量的物料，起分配物料稳定作用，使料流稳定。

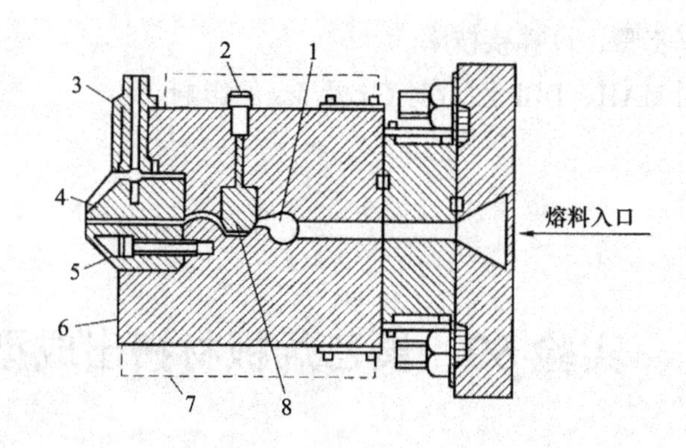

图 59-2　支管式机头结构

1—滴料形状的支管腔　2—阻塞棒调节螺钉　3—模唇调节器

4—可调模唇　5—固定模唇　6—模体

7—铸封式电热器　8—阻塞棒

挤出机各段温度的设定因原料品种而异。对 LDPE，从挤出机加料段至均化段各区（一般为四个区）的温度分别为：150 ~ 160℃，160 ~ 170℃，170 ~ 180℃，180 ~ 190℃。机头温度原则上高于挤出机均化段 5 ~ 10℃，机头温度过低，板材表面无光泽，甚至导致板材开裂，机头温度过高，物料易分解。机头温度通常采用两边高中间低的温度控制方法，以便和机头阻力调节棒相配合，保证当熔体通过机头时，沿板材宽度方向上流动速率与温度相平衡，板材的挤出均匀、稳定。对 LDPE，从机头左至右温度分别为：190 ~ 200℃，180 ~ 190℃，170 ~ 180℃，180 ~ 190℃，190 ~ 200℃。

挤出板坯后，需经三辊压光机压光。三辊压光机的作用是将挤出的板材压光和降温，并准确地调整板材的厚度，故它与压延机的构造原理有点相同，对辊筒的尺寸精度和光洁度要求较高，并能在一定范围内可调速，能与板材挤出相适应。辊筒间距可以调整，以适应挤出板材厚度的控制，压光机与机头的距离应尽量靠近，否则板坯易下垂发皱，光洁度不好，同时在进入压光机前容易散热降温，对制品光洁度不利。

从机头出来的板坯温度较高，为防止板材产生内应力而翘曲，应使板材缓慢冷却，要求压光机的辊筒有一定的温度。三辊压光机的温度为：上辊 85 ~ 95℃，中辊 75 ~ 85℃，下辊 65 ~ 75℃。经压光机定型为一定厚度的板材温度仍较高，故用冷却导辊输送板材，让其进一步冷却，最后成为接近室温的板材。

本实验以低密度聚乙烯为原料制备 2.0mm 的 LDPE 板材。

三、实验材料和仪器

1. 主要实验材料

LDPE（挤出级，颗粒状塑料）。

2. 主要实验仪器

SJ-30×25B 单螺杆挤出机、支管式机头、三辊压光机、冷却装置、牵引装置、试样裁刀及裁剪机、点式温度计、卡尺、测厚仪、CCS-2000 万能电子拉力试验机。

四、实验步骤

1. 准备工作

（1）将 LDPE 在 70℃左右的烘箱中预热 1 ~ 2h。

（2）根据实验原料 LDPE 的特性，初步拟定挤出机各段加热温度及螺杆转速，同时拟定其他操作工艺条件。

（3）安装支管式机头模及板材辅机。

（4）测量狭缝机头口模的几何尺寸（模缝的宽度、高度）。

2. 板材制备

（1）了解板材挤出工艺生产线（图 59-3）的设备参数，按照挤出机的操作规程，接通电源，开机运转和加热。检查机器运转、加热和冷却是否正常。对机头各部分的衔接、螺栓等进行检查并趁热拧紧。用点式温度计测量机头从左至右的温度。

图 59–3 板材挤出工艺生产线

（2）当挤出机加热到设定值后稳定 30min。开机在慢速下投入少量的 LDPE 粒子，同时注意电流表、压力表、温度计和扭矩值是否稳定。待熔体挤出板坯后，观察板坯厚度是否均匀，调整模唇调节器和阻力调节棒，使沿板材宽度方向上的挤出速度相同，使板坯厚度均匀。

（3）开动辅机，以手将板坯直接引入冷却牵引装置，不经三辊压光机压光。待板坯冷却后，裁剪一段板坯，测量板坯的厚度和宽度。

（4）调节三辊压光机辊筒的温度，稳定一段时间后，将板坯慢慢引入三辊压光机辊筒间，并使之沿冷却导辊和牵引辊前进。

（5）根据实验要求调整三辊压光机辊筒的间距，测量经压压光后板材的厚度，直至符合尺寸要求。

（6）重复步骤（5），调整三种不同压光机辊筒的间距。

（7）待板材的形状稳定、板材厚度已达实验要求时，裁剪长 100cm 的板材试样。

（8）实验完毕，逐步降低螺杆转速，挤出机内存料，趁热清理机头内的残留塑料。

（9）板材试样经过 12h 以上充分停放后，用标准裁刀分别在板材试样的纵向和横向冲裁成哑铃型的试样各 5 个（试样裁切参阅国家标准 GB/T 528—1998XG1—2007 的规定）。

（10）参照国家标准 GB/T 528—1998XG1—2007 的规定测试板材试样的纵向和横向拉伸性能。

注意事项：

①挤出机料筒及机头温度较高，操作时要戴手套，熔体挤出时，操作者不得位于机头的正前方，防止发生意外。

②调节机头和三辊压光机时，操作动作应轻缓，以免损伤设备。

③取样必须待挤出压光的各项工艺条件稳定，板坯或板材试样尺寸稳定方可进行。

五、实验结果分析与讨论

（1）根据狭缝机头缝模的宽度和高度及未经压光板坯的厚度和宽度，比较分析挤出膨胀现象。

（2）按实验 35 测试并计算板材试样的纵向和横向拉伸强度和伸长率。

（3）狭缝机头挤出板材时沿宽度方向上的挤出速度为何有差异？

（4）采取什么措施能使板坯沿宽度方向上的挤出速度相同，板坯厚度均匀？

（5）引起板材试样的纵向和横向拉伸性能差异的因素是什么？

（汪建新）

实验 60　聚烯烃管材挤出成型

一、实验目的

（1）加深对聚合物熔体挤出成型原理的理解。

（2）了解通过挤出成型制备聚烯烃管材的工艺过程及影响因素。

（3）掌握通过单螺杆挤出机制备聚烯烃管材的实验技术。

二、实验原理

40% ~ 50%的塑料制品为挤出成型，这种成型方法可用于热塑性塑料和热固性塑料，用于生产各种形状的硬管、软管、异形型材、薄膜、板材等。本试验以聚烯烃为原料，利用 65 型单螺杆挤出机制备管材。

挤出成型是指借助螺杆的挤压作用，使受热熔化的聚合物熔体在压力的推动下，强行通过口模而成为具有恒定截面的连续型材的方法。

管材挤出成型工艺过程包括制挤管、定型与冷却、牵引、切断，如图 60–1 所示。

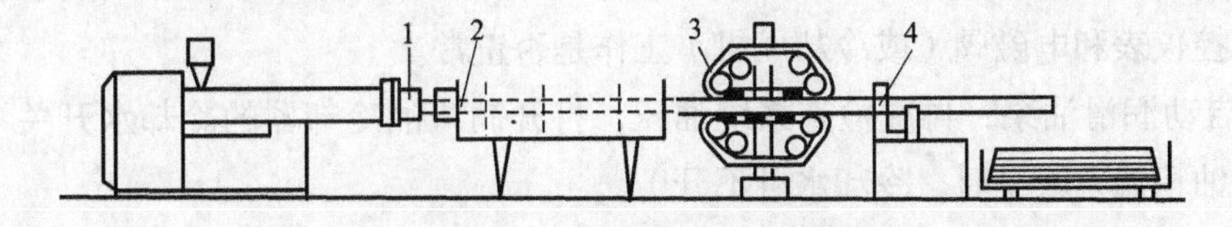

图 60–1　挤出成型工艺流程示意

1—挤管　2—定型与冷却　3—牵引　4—切断

1. 挤出机

作为挤出机大小选择的一般通则，在挤出圆柱形聚乙烯制品（管、棒等）时，口模通道截面积应不超过挤出机机筒截面积的 40%。挤出其他形状时，则应采用比此更小的值。

2. 机头与口模

按物料在挤出机和机头中的流动方向，可将机头分为直向机头和角向机头。直向机头由于结构简单，是一种常用的机头。挤出机挤出的熔融塑料进入机头，由芯棒及口模外套所构成的环隙通道流出后即成为管状物。芯棒与口模外套均按制品尺寸的大小给出其相应尺寸。口模外套在一定范围内可通过调节螺栓进行径向移动，借以调整挤出管材的壁厚，以保证芯模和口模同心。

3．冷却定型装置

物料从口模中挤出时，基本还处于熔融状态，具有相当高的温度，为了避免熔融的塑料管坯在重力作用下变形，并且能够依所设计的管材形状、尺寸成型，必须立即进行定径和冷却。管材挤出成型的冷却定型大多采用外径定型法。管材通过冷却定型装置，并没有使管材完全冷却至热变形温度以下，必须继续进行冷却。继续冷却的方法一般有冷却水槽和喷淋水箱两种。

4．牵引装置

其作用是给由机头挤出的管材提供一定的牵引力和牵引速度，均匀地引出管材，并通过牵引速度调节管子的壁厚。

本实验以聚乙烯为原料，采用单螺杆挤出机制备聚烯烃管材。

三、实验材料和仪器

1．主要实验材料

聚乙烯（塑料级，颗粒状）。

2．主要实验仪器

65型单螺杆挤出机、天平。

四、实验步骤

1．开车操作

（1）对挤出机进行预热升温。

（2）当挤出机各段的温度达到设定值后，继续保温30min，以便加热螺杆，同时进一步确认各段温控仪表和电磁阀（或冷却风机）工作是否正常。

（3）启动润滑油泵，再次检查系统油压，打开润滑油冷却器的冷却水开关（当气温较低或工作后油箱温升较小时，冷却水可不开）。

（4）用手转动电机联轴器，正常（螺杆至少转动3r以上）后方可启动主电机，并调整主机转速旋钮（注意开车前首先将调速旋钮调制为零），逐渐升高主螺杆转速，在不加料的情况下空转转速不高于40r/min，时间不超过1min，检查主机空载电流是否稳定。

（5）用天平称取一定量聚乙烯颗粒，待主机转动无异常即可开始加料，起初以尽量低的转速开始喂料（注意开车前将加料器调整旋钮设置为零）。待机头有物料排出后，再缓慢地升高喂料螺杆转速和主螺杆转速，升速时应先提高主机速度，待电流回落平稳后再升速加料，并使喂料机与主机转速相匹配。

（6）对内发热大的操作应配用软水冷却循环系统。

（7）对排气操作，一般应在主机进入稳定运转状态后，再启动真空泵（启动前，先打开真空泵进水阀，调节控制适宜的工作水量，以真空泵排气口有少量水喷出为准）。

2. 正常停机

（1）将喂料机螺杆转速调至零位，按下喂料机停止按钮。

（2）关闭真空管路阀门。

（3）逐渐降低主螺杆转速，尽量排尽机筒内残存物料，待物料基本排完后，将螺杆主机转速调至零位，按下主电机停止按钮，同时关闭真空室旁的阀门，打开真空室盖。

（4）如果不需要拉出螺杆进行重新组合，可依次关闭主电机冷却风机、油泵、真空泵、水泵的停止按钮，断开电器控制柜上各段加热器的电源开关。

（5）关停切粒机等辅助设备。

（6）关闭各外接近水管阀，包括加料段机筒冷却水、润滑油系统冷却上水、真空泵和水槽上水等（主机机筒各软水冷却管路节流阀门不动）。

（7）对排气室、机头模面及整个机组表面清扫。

注意事项：如果遇到特殊情况需要紧急停机，应迅速按下电器控制柜红色紧急停车按钮，并将主机及各喂料调速旋钮旋回零位，然后将总电源开关切断。消除故障后，才能再次按正常开车顺序重新开车。

五、实验结果分析与讨论

（1）观察管材截面的厚度是否均匀，如果出现半边厚、半边薄的现象，分析其原因，提出相应的解决办法。

（2）结合实验，叙述挤出成型的概念及其主要阶段。

（3）单螺杆挤出机的螺杆有几个功能段？各起什么作用？

（4）挤出成型还可以制备哪些塑料制品？它们使用的机头和口模与本实验有何差别？

（李青山　李青松）

实验 61　聚烯烃挤出吹塑薄膜成型

一、实验目的

（1）加深对聚合物熔体挤出成型原理的理解。

（2）了解通过挤出吹塑法制备聚烯烃薄膜的工艺过程及影响因素。

（3）掌握通过挤出吹塑法制备聚烯烃薄膜的实验技术。

（4）了解吹膜机头及辅机的结构和工作原理。

二、实验原理

塑料薄膜是应用广泛的高分子材料制品。塑料薄膜可以用挤出吹塑、压延、流延、挤出拉幅以及使用狭缝机头直接挤出等方法制造，各种方法的特点不同，适应性也不一样。其中吹塑法制备塑料薄膜工艺比较经济和简便，结晶型和非晶型塑料都适用。吹塑成型不但能制备薄至几微米的包装薄膜，也能制备厚达 0.3mm 的重包装薄膜；既能生产窄幅，也能得到宽度达近 20m 的薄膜。这是其他成型方法无法比拟的。吹塑过程塑料受到纵横方向的拉伸取向作用，制品质量较高，因此，塑成型在薄膜生产上应用十分广泛。

用于薄膜吹塑成型的塑料有聚氯乙烯、聚乙烯、聚丙烯、尼龙以及聚乙烯醇等。目前国内外以前两种居多，但后几种塑料薄膜的强度或透明度较好，已有很大发展。

吹塑是在挤出工艺的基础上发展起来的一种热塑性塑料的成型方法。吹塑的实质就是在挤出的坯内通过压缩空气吹胀后成型的。它包括吹塑薄膜成型和中空吹塑成型。在吹塑薄膜成型中，根据牵引的方向不同，通常分为平挤上吹、平挤下吹和平挤平吹三种工艺方法，其基本原理都是相同的，其中以平挤上吹法应用最广。

本实验以吹膜级低密度聚乙烯（LDPE）颗粒为原料，采用平挤上吹工艺制备聚乙烯薄膜，工艺流程如图 61-1 所示。

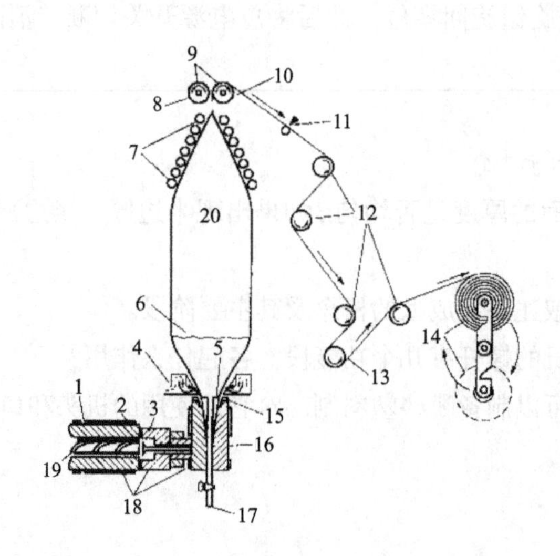

图 61-1　吹塑薄膜工艺示意图

1—挤出料筒　2—过滤网　3—多孔板　4—风环　5—芯模　6—冷凝线　7—导辊　8—橡胶夹辊　9—夹送辊　10—不锈钢夹辊（被动）　11—处理棒　12—导辊　13—均衡张紧辊　14—收卷辊　15—模环　16—模头　17—空气入口　18—加热器　19—树脂　20—膜管

塑料薄膜的吹塑成型在挤出机的前端安装吹塑口模，黏流态的塑料物料从挤出机口模挤出成管坯后，用机头底部通入的压缩空气使之均匀而自由地吹胀成直径较大的管膜。膨胀的管膜在向上牵引的过程中被纵向拉伸并逐步冷却，并由人字板夹平和牵引辊牵引，最后经卷绕辊卷绕成双折膜卷。

在吹塑过程中，各段物料的温度、螺杆的转速、机头的压力和 H 模的结构、风环冷却、室内空气冷却以及吹入空气压力、膜管拉伸作用等都直接影响薄膜性能的优劣和生产效率的高低。

1. **管坯挤出**

挤出机各段温度的控制是管坯挤出最重要的因素。通常沿机筒到机头口模方向，塑料的温度是逐步升高的，且要达到稳定的控制。本实验对 LDPE 吹塑，原则上机筒温度依次是 140℃、160℃、180℃递增，机头口模处稍低些。熔体温度升高，黏度降低，机头压力减小，挤出流量增大，有利于提高产量。但若温度过高和螺杆转速过快，剪切作用过大，易使塑料分解，且出现膜管冷却不良，所得泡（膜）管直径和壁厚不均，影响操作的顺利进行。

2. **机头和口模**

吹塑薄膜的主要设备为单螺杆挤出机。由于是平挤上吹，其机头口模是转向式的直角型，作用是向上挤出管状坯料。口模缝隙的宽度和平直部分的长度与薄膜的厚度有一定的关系，如吹塑 0.03 ~ 0.05mm 厚的薄膜所用的模隙宽度为 0.4 ~ 0.8mm，平直部分长度为 7 ~ 14mm。

3. **吹胀与牵引**

在机头处通入压缩空气，使管坯吹胀成膜管调节压缩空气的通入量可以控制膜管的膨胀程度。衡量管坯被吹胀的程度通常以吹胀比 α 来表示，吹胀比是管坯吹胀后的膜管的直径 D_2 与挤出机环形口模直径 D_1 的比值，即：

$$\alpha = D_2/D_1 \tag{61-1}$$

吹胀比的大小表不挤出管坯直径的变化．也表明了黏流态下大分子受到横向拉伸作用力的大小。常用吹胀比为 2 ~ 6。

吹塑是一个连续成型过程，吹胀并冷却过程的膜管在上升一卷绕途中，受到拉伸作用的程度通常以牵伸比 β 来表示，牵伸比是膜管通过夹辊时的速度 v_2 与口模挤出管坯的速度 v_1 之比，即：

$$\beta = v_2/v_1 \tag{61-2}$$

这样，由于吹塑和牵伸的同时作用，使挤出的管坯在纵横两个方向都发生取向，使吹塑薄膜具有一定的机械强度。因此，为了得到纵横向强度均等的薄膜，其吹胀比和牵伸比最好是相等的。不过在实际生产中往往都是用同一环形间隙口模，靠调节不同的牵引速度来控制薄膜的厚度，故吹塑薄膜纵横向机械强度并不相同，一般都是纵向强度大于横向强度。

吹塑薄膜的厚度 δ 与吹胀比和牵伸比的关系可用式（61-3）表示：

$$\delta = \frac{b}{\alpha \cdot \beta} \tag{61-3}$$

式中：δ 为薄膜厚度（mm）；b 为机头口模环形缝隙宽度（mm）。

4. **风环冷却**

风环是对挤出膜管的冷却装置，位于离开模具膜管的四周，操作时可调节风量的大小控制膜管的冷却速度。在吹塑聚乙烯薄膜时，接近机头处的膜管是透明的，但在约高于机头 20cm 处的膜管就显得较混浊。膜管在机头上方开始变得混浊的距离称为冷凝线距离（或称冷却线距离）。膜管混浊的原因是大分子的结晶和取向。从口模间隙中挤出的熔体在塑化状态被吹胀并被拉伸到最终的尺寸，薄膜到达冷凝线时停止变形的过程，熔体从塑化态转变为固态。在相同的条件下，冷却线的距离也随挤出速度的加快而加长，冷却线距离的长短影响薄膜的质量和产量。实际生产中，可用冷却线距离的高低来判断冷却条件是否适当。用一个风环冷却达不到要求时，可用两个或两个以上的风环冷却。对于结晶型塑料，降低冷却线距离可获得透明度高和横向撕裂强度较高的薄膜。

5. *薄膜的卷绕*

管坯经吹胀成管膜后被空气冷却。先经人字导向板夹平，再通过牵引夹辊，而后由卷绕辊卷绕成薄膜制品。人字板的作用是稳定已冷却的膜管，不让它晃动，并将它压平。牵引夹辊是由一个橡胶辊和一个金属辊组成，其作用是牵引和拉伸薄膜。牵引辊到口模的距离对成型过程和管膜性能有一定影响，其决定了膜管在层叠成双折前的冷却时间，这一时间与塑料的热性能有关。

三、实验材料和仪器

1. *主要实验材料*

LDPE（吹膜级，颗粒状）。

2. *主要实验仪器*

SJ–20 单螺杆挤出机、直通式吹膜机头口模（图 61–2）、冷却风环、牵引卷取装置、空气压缩机、卡尺、测厚仪、台秤、秒表等。

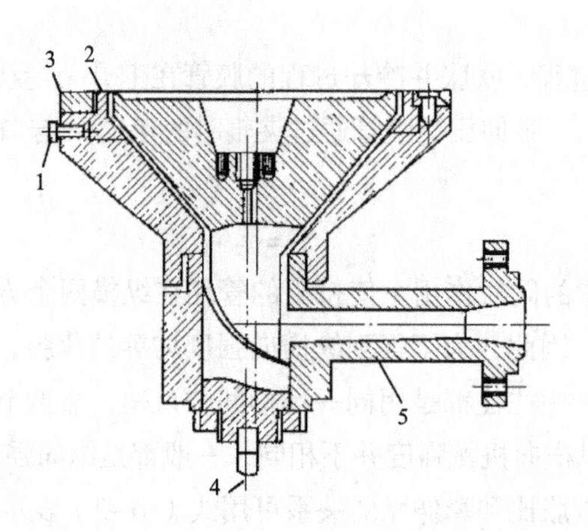

图 61–2　吹塑薄膜用直通式机头

1—芯棒轴　2—口模　3—调节螺钉　4—压缩空气入口　5—机颈

四、实验步骤

1. *准备工作*

（1）将 LDPE 在 70℃左右的烘箱中预热 1 ~ 2h。

（2）根据实验原料 LDPE 的特性，初步拟定挤出机各段加热温度及螺杆转速，同时拟定其他操作工艺条件。

（3）安装模具及吹塑辅机。

（4）测量口模内径和管芯外径。

2. *薄膜吹塑*

（1）按照挤出机的操作规程，接通电源，开机运转和加热，检查机器运转、加热和冷却是否正常。机头口模环形间隙中心要求严格调整。对机头各部分的衔接、螺栓等检查并趁热拧紧。

（2）当挤出机加热到设定值后稳定 30min 开机，在慢速下投入少量 LDPE 粒子，同时注意电流表、压力表、温度计和扭矩是否稳定。待熔体挤出成管坯后，观察壁厚是否均匀，调节模间隙，使沿管坯圆周上的挤出速度相同，尽量使管坯厚度均匀。

（3）开动辅机，以手将挤出管坯慢慢引入夹辊，使之沿导辊和收卷辊前进。通入压缩空气并观察泡管的外观质量。根据实际情况调整挤出流量、风环位置和风量、牵引速度、膜管内的压缩空气等各种影响因素。

（4）观察泡管形状变化、冷凝线位置变化及膜管尺寸的变化等，待膜管的形状稳定、薄膜折径已达实验要求时，不再通入压缩空气，薄膜的卷绕正常进行。

（5）以手工卷绕代替收卷辊工作，卷绕速度尽量不影响吹塑过程的顺利进行。裁剪手工卷绕 1min 的薄膜成品。

（6）重复手工卷绕实验两次。

（7）实验完毕，逐步降低螺杆转速，挤出机内存料，趁热清理机头和衬套内的残留塑料。

注意事项：

①操作时要戴手套，熔体挤出时操作者不得位于口模的正前方，以防意外伤人，严防金属杂质和小工具落入挤出机筒内；

②清理挤出机和口模时只能用铜刀、棒或压缩空气，以免损伤螺杆和口模的光洁表面。

③吹胀管坯的压缩空气压力要适当，既不能使管坯破裂，又能保证膜管的对称稳定。

④吹塑过程中要密切注意各项工艺条件的稳定，不应该有所波动。

五、实验结果分析与讨论

（1）卷绕 1min 薄膜成品称量，并测量其长度、折径及厚度公差。

①按式（61–4）计算速度 v_1：

$$v_1=\frac{4\times1000\times Q}{\pi\rho(D_1^2-D^2)} \qquad (61\text{–}4)$$

式中：v_1 为管坯挤出线速度（mm/min）；Q 为 1min 薄膜成品的质量（g/min）；ρ 为 LDPE 熔体密度（g/cm^3），取 0.91；D_1 为口模内径（mm）；D 为管芯外径（mm）。

②由薄膜成品折径 d 计算膜管的直径 D_2，按式（61–1）计算吹胀比 α。

③由 1min 薄膜成品的长度，即为牵引速度 v_2 和由式（61–4）计算的 v_1，按式（61–2）计算牵伸比 β。

④由口模内径 D_1、管芯外径 D 和按式（61–2）计算的牵伸比 β，按式（61–3）计算口模

环形缝隙宽度 b。

⑤由1min薄膜成品的质量 Q 换算吹膜产量 Q_m（kg/h）。

（2）制备塑料薄膜的方法有哪些？本实验采用的挤出吹塑法与其他方法相比有什么优点？挤出成型还可以制备哪些塑料制品？它们使用的机头和口模与本实验有何差别？

（3）挤出吹塑薄膜成型与其他塑料制品的挤出成型有何差别？

（张海全　李青山）

实验62　聚烯烃注射成型

一、实验目的

（1）加深对聚合物熔体注射成型原理的理解。

（2）了解注射成型的工艺过程及影响因素。

（3）掌握通过注射机制备聚烯烃塑料制品的实验技术。

（4）了解注射机的结构及原理。

二、实验原理

注射模塑（注射成型），是热塑性塑料成型制品的一种重要方法。除极少数几种热塑性塑料外，几乎所有的热塑性塑料都可用此法成型。用注射成型可成型各种形状，满足各种要求的模制品，注射成型制品约占塑料制品总量的20% ~ 30%。

注射成型的过程是将粒状或粉状塑料，从注射机的料斗送进加热的料筒中，经加热熔化呈流动状态后，由柱塞或螺杆的推动而通过料筒端部的喷嘴并注入温度较低的闭合塑模中，充满塑模的熔料在受压的情况下，经冷却固化后即可保持塑模型腔所赋予的形状，最后松开模具就能从中取得制品，并在操作上完成一个模塑周期，以后就是不断重复上述周期的生产过程。

注射成型的一个模塑周期从几秒钟至几分钟不等，时间的长短取决于制体的大小、形状、厚度、注射成型机的类型及所采用的塑料品种和工艺条件等因素。注射成型具有成型周期短，能一次制备外形复杂、尺寸精确、带有金属或非金属嵌体的塑料模制品，对各种塑料的适应性强，生产效率高，易于实现自动化生产等优点。

注射成型是通过注射机来实现的。注射机的种类很多，无论哪种注射机，其基本作用都有两个：加热塑料，使其达到熔化状态；对熔融塑料施加高压，使其射出而充满模具型腔。柱塞式注射机（图62-1）是通过料筒和活塞来达到塑化与注射两个作用的，但控制温度和压力比较困难。现在使用最广泛的是螺杆式注射机，如图62-2所示。

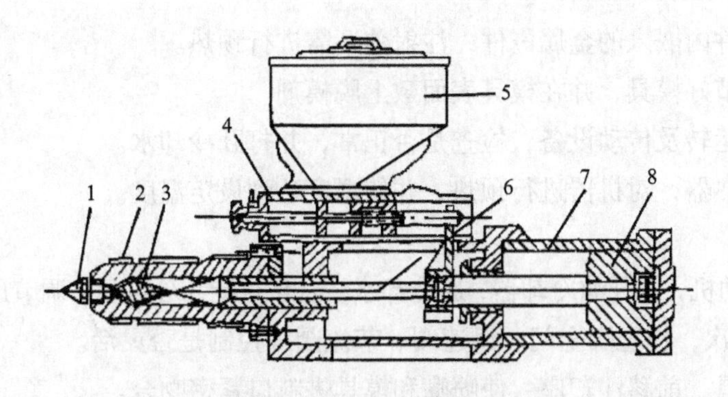

图 62-1　柱塞式注射装置

1—喷嘴　2—加热器　3—分流梭　4—计量装置　5—料斗　6—柱塞　7—注射油缸　8—注射活塞

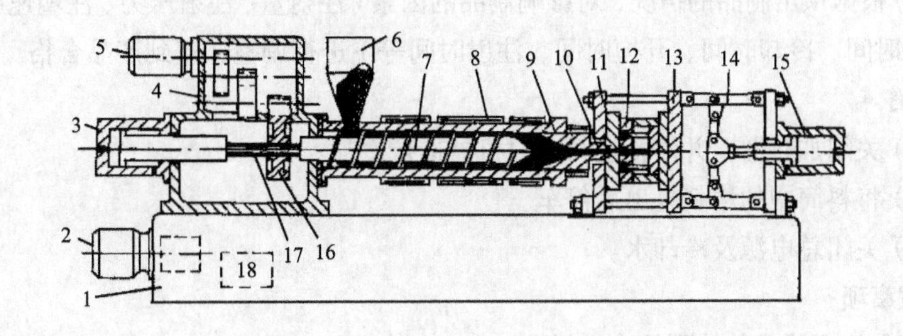

图 62-2　卧式螺杆注塑机结构示意图

1—机座　2—电动机及油泵　3—注射油缸　4—齿轮箱　5—齿轮传动电机　6—料斗　7—螺杆　8—加热器　9—料筒　10—喷嘴　11—定模板　12—模具　13—动模板　14—锁模机构　15—锁模用油缸　16—螺杆传动齿轮　17—螺杆花键槽　18—油箱

本实验以聚乙烯树脂为原料，采用注射成型机制备塑料制品。

三、实验材料和仪器

1. 主要实验材料

聚乙烯树脂。

2. 主要实验仪器

注射成型机。

四、实验步骤

1. 成型前的准备

（1）对原料进行预处理：包括原料的检验、造粒和染色，粒料的预热及干操等。

（2）料筒的清洗：在初用某种塑料或某一注射机之前，或者在改变产品、更换原料、调换颜色时，都需要对注射机（主要是料筒）进行清洗或拆换。

（3）对于制件内嵌入的金属嵌件，注射前还需进行预热。

（4）安装调节好模具，并在模具表面敷上脱模剂。

（5）启动各运转及传动设备，检查是否正常，并打开冷却水。

（6）开启电热器，对机器进行预热，并使温度达到设定温度。

2. 开车

（1）启动电动机，打开油冷却器，通冷却水。油泵空转几分钟后，调节压力，并调节注塑量。机器空运转几次，检查安全门、调速阀、节流阀等控制是否灵活。

（2）闭合模具，前移注塑座，使喷嘴和模具进料口紧密吻合。

（3）将开关拨至注射位置，使熔料注入模腔内，并进行保压和冷却定型。

（4）开启模具，顶出制品。

（5）根据顶出制品的情况，对影响制品的因素（注射量、注射压力、注塑速度、开合模速度、保压时间、冷却时间、开模时间、注射时间等）进行调整，直到产品合格。

3. 停车

（1）关闭加热器，并停止进料，对机器进行冷却。

（2）将料筒中的熔料打出后停车。

（3）关闭总电源及冷却水。

注意事项：

①切勿使金属或其他硬件渗入料筒；

②喷嘴阻塞时，应取下清理，切忌用增加注射压力的方法清除；

③生产聚乙烯制件时，料筒温度一般控制在 150 ~ 300℃，模具温度（高密度聚乙烯 50 ~ 80℃、低密度聚乙烯 40 ~ 60℃），注射压力一般在 4182 ~ 7091kPa 之间。

五、实验结果分析与讨论

（1）观察制件脱模时是否变形。如果制件脱模时变形，应该怎样调整模温？

（2）如果原料采用聚碳酸酯，模温应该怎样调整？

（3）注射机螺杆与挤出机螺杆有何差别？

（4）实验采用的注射机由哪些主要部件构成？注射成型可分为哪几个阶段？

（李青山　刘喜军）

实验 63　聚丙烯熔体纺丝

一、实验目的

（1）加深对熔体纺丝成型原理的理解。

（2）了解通过湿熔体纺丝制备聚丙烯纤维的工艺过程及工艺参数。

（3）了解螺杆挤出机的基本结构与组成。

（4）掌握聚丙烯熔融纺丝制备聚丙烯纤维的实验技术。

二、实验原理

熔体纺丝是合成纤维最重要的成型方法，简称熔纺。合成纤维三大品种聚酯纤维、聚酰胺纤维、聚丙烯纤维都采用熔纺生产。相比于湿法纺丝，熔纺的卷绕速度高、纺丝过程中不使用溶剂和沉淀剂，工艺流程短，设备投资小。其最大的优点是对环境的污染比较小。因此，凡是熔点低于分解温度、可通过加热熔融形成稳定熔体的成纤聚合物都优先考虑采用熔体纺丝方法制备纤维。

图 63–1 为熔体纺丝示意图。在螺杆挤出机中熔融的切片或由连续聚合制成的熔体，被送至纺丝箱体中的各纺丝部位，再经纺丝泵定量压送到纺丝组件，过滤后从喷丝板的毛细孔中压出而成为细流，并在纺丝甬道中冷却成型。初生纤维被卷绕成一定形状的卷装（对于长丝）或均匀落入盛丝桶中（对于短纤维）。

由于熔体细流在空气介质中冷却，传热和丝条的固化速度快，而丝条运动所受的阻力很小，因此熔体纺丝的纺丝速度要比湿法纺丝高得多。目前，熔体纺丝一般纺速为 1000 ~ 2000m/min。采用高速纺丝时，可达 3000 ~ 6000m/min 或更高。为了加速冷却固化过程，一般在熔体细流离开喷丝板后与丝条垂直方向进行冷却吹风，吹风形式有侧吹、环吹和中心辐射吹风等。吹风窗的高度通常在 1m 左右，纺丝甬道的长短视纺丝设备和厂房楼层的高度而定，一般 3 ~ 5m。

要得到良好的初生纤维（卷绕丝），除了对成纤聚合物切片或熔体的质量以及纺丝设备有一定要求外，还必须合理地选择纺丝过程的工艺条件。这些工艺条件主要有纺丝温度、冷却条件、纺丝速度、泵供量、喷丝头拉伸倍数等。

聚丙烯是由丙烯聚合得到的一种热塑性树脂。纤维级聚丙烯以等规立构体为主。聚丙烯切片一般为半透明固体粒状，由于其结构规整性好而高度结晶化，熔点一般为 166℃左右。密度为 0.90g/cm³。聚丙烯是密度最小的合成纤维大品种。

本实验以普通纺丝级聚丙烯切片为原料，采用熔融纺丝机制备聚丙烯纤维。

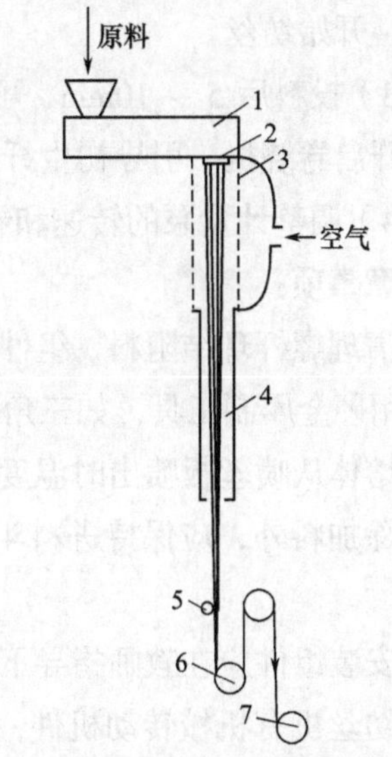

图 63–1　熔体纺丝示意图

1—螺杆挤出机　2—喷丝板　3—吹风窗　4—纺丝甬道　5—给油盘　6—导丝盘　7—卷绕装置

三、实验材料和仪器

1．主要实验材料

聚丙烯、普通纺丝级切片。

2．主要实验仪器

实验型熔融纺丝机（MELT SPINNING TESTER

MST C-400，生产商日本FUJI FILTER公司，最高卷绕速度400m/min），该设备由螺杆挤出机（主机）、纺丝卷绕机（辅机）和电气控制箱组成，采用侧吹风冷却方式。

主机主要由机架、主电机、减速器、加料筒、螺杆、加热器、纺丝组件、计量泵驱动系统、侧吹风装置等部分组成。螺杆挤压机的作用是将聚合物原料切片，通过加热熔融并增压挤出。改变螺杆挤压机各区温度和纺丝组件的温度，可以调控熔体的温度和黏度，使其具有良好的可纺性。输出的熔体经过计量泵送往纺丝组件，组件由过滤介质、分配板和喷丝板等组成，其作用是去除熔体杂质，将熔体均匀送至喷丝板，通过喷丝孔形成均匀熔体细流喷出，在侧吹风的冷却作用下固化成型。细流直径在出喷丝孔时会因熔体的弹性而出现孔口膨胀现象，不同聚合物的孔口膨胀程度不同。对于聚酯和聚酰胺，正常纺丝条件下的孔口胀大比在1.5以下；对于聚丙烯，由于其弹性效应较显著，孔口胀大比较大，容易产生熔体破裂。所以纺制聚丙烯纤维的喷丝板孔径一般比聚酯、聚酰胺纤维采用的喷丝板稍大一些，一般为0.30 ~ 0.50mm，并采用较大的长径比，以降低弹性效应和孔口胀大比。

辅机就是纺丝卷绕机，其作用是初生纤维的卷绕。由于熔纺纤维成型时是干燥的，容易产生静电，导致纤维间抱合力减弱，与设备的摩擦加剧，因此卷绕之前还要对初生纤维进行上油给湿，防止丝束之间静电的产生和便利退绕。

电气控制箱用于调控螺杆挤压机的加热温度、机头压力、泵后压力、侧吹风风压等。

四、实验步骤

（1）打开纺丝机电源，设定螺杆挤压机1区温度为220 ~ 230℃，2区温度和箱体温度为250 ~ 260℃，打开进料段冷却水龙头。

（2）待温度升到设定参数并平衡0.5h后，启动螺杆，将聚丙烯切片加入料斗内，打开侧吹风，开始纺丝。

（3）投料后5 ~ 10min，可见有聚丙烯熔体细流从喷丝孔喷出，在侧吹风的冷却下固化成型，开启卷绕机，引导初生纤维经过上油给湿装置卷绕到纸筒管上。

（4）调整计量泵的转速和卷绕速度，可以得到不同线密度的初生纤维。

注意事项：

①清理螺杆环结阻料、组件残留物或喷丝板时，只能采用铜棒、铜刀或压缩空气等工具，严禁使用硬金属制工具，如三角刮刀、螺丝刀、锤子等进行清理，以免损伤设备。

②熔体从喷丝板喷出时温度较高，操作过程中应小心操作，避免被熔体细流烫伤。

③除加料外，应保持进料斗的关闭状态，严防各类杂质、小工具等落入进料口中以损伤螺杆。

④安装组件应在教师指导下进行，戴好手套，防止烫伤。

⑤纺丝机有机械转动机件，实验者不能穿裙子和高跟鞋，留长发的同学需把长发挽起，以保证实验安全。

⑥实验结束后，必须恢复场地的清洁和整齐。

五、实验结果分析与讨论

（1）将聚丙烯纤维纺丝的实验数据记录于表 63-1。

表63-1　实验记录

1区温度（℃）		计量泵公称流量（mL/r）	
2区温度（℃）		计量泵转速（r/min）	
箱体温度（℃）		泵供量（mL/min）	
侧吹风（挡）		卷绕速度（m/min）	
初生纤维计算线密度（dtex）		初生纤维实测线密度（dtex）	

（2）聚丙烯纺丝前为什么无须对切片进行干燥处理？

（3）聚丙烯与聚酯对冷却吹风的要求有何不同？

（4）用手对聚丙烯初生纤维进行冷拉伸，纤维颜色会出现什么变化？为什么会出现这些变化？

（杨　庆）

实验 64　聚丙烯腈湿法纺丝

一、实验目的

（1）加深对化学纤维湿法纺丝原理的理解。

（2）了解通过湿法纺丝制备聚丙烯腈纤维的工艺过程及影响因素。

（3）掌握通过湿法纺丝制备聚丙烯腈纤维的实验技术。

（4）了解湿法纺丝机的结构和工作原理。

二、实验原理

湿法纺丝是化学纤维三种基本成型方法之一，它适用于不能熔融仅能溶解于非挥发性的或对热不稳定的溶剂中的聚合物。根据物理化学原理的不同，湿法纺丝可进一步分为相分离法、冻胶法（也称凝胶法）和液晶法。

实际生产中，湿法纺丝通常通过相分离法实施，并广泛应用于黏胶纤维、腈纶、维纶等纤维的生产中。图 64-1 为湿法纺丝工艺流程图。纺丝溶液经过滤和脱泡等纺前准备后送至纺丝机，通过纺丝泵计量，经烛形滤器、鹅颈管进入喷丝头（帽），从喷丝孔中挤出的溶液细流进入凝固浴，溶液细流中的溶剂向凝固浴扩散，浴中的凝固剂向细流内部扩散，于是引起相变。此时溶液中出现两相，一相为聚合物浓相，另一相为聚合物稀相。当使用一种非渗透性浴液时，则仅发生聚合物溶液中溶剂的向外扩散和冻胶化。于是聚合物在凝固浴中析出而

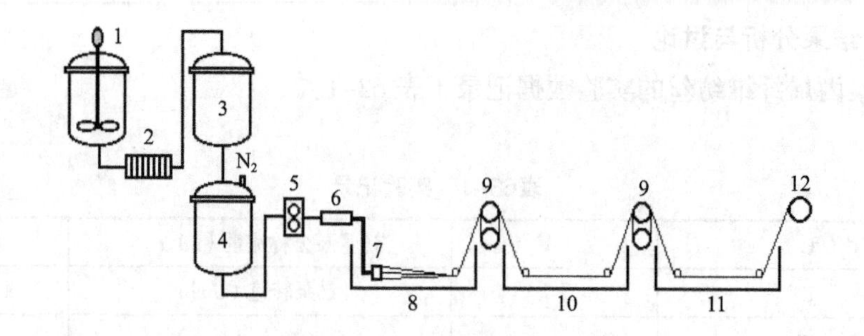

图 64-1　湿法纺丝工艺流程图

1—溶解釜　2—板框过滤器　3—缓冲桶　4—原液桶　5—计量泵　6—烛形过滤器　7—喷丝头
8—凝固浴　9—拉伸辊　10—拉伸浴　11—水洗浴　12—卷绕辊

形成初生纤维。

与熔纺不同，湿法成型过程中除有热量传递外，质量传递也十分突出，有时还伴有化学反应，因此情况十分复杂；纺丝速度受溶剂和凝固剂扩散、凝固浴的流体阻力等因素限制，所以纺丝速度比熔体纺丝低得多。

本实验以丙烯腈共聚物粉末为原料，二甲基胺亚砜为溶剂，水为沉淀剂，采用湿法纺丝工艺制备聚丙烯腈纤维。

三、实验材料和仪器

1. 主要实验材料

丙烯腈共聚物/二甲基胺亚砜溶液［丙烯腈共聚物的 M_w = 50000 左右，溶液浓度 17%（质量分数），经过滤、脱泡，温度保持 70℃］。

2. 主要实验仪器

纺丝溶液储槽、湿法纺丝设备（主要部件和工艺流程见图 64-1，喷丝孔孔数 30 孔，孔径 0.08cm）、筒管（或盛丝桶）。

四、实验步骤

1. 准备工作

（1）按计算和工艺要求设定参数：泵供量：1.2g/min；凝固浴：H_2O，室温；拉伸浴：H_2O，90℃；水洗浴：95℃；各辊筒线速度：v_1 = 4m/min，v_2 = 8m/min，v_3 = 8m/min；上油油剂：硅油。

（2）按下列顺序安装喷丝头组件：头套—喷丝帽—垫圈—分配板—垫圈—过滤布—垫圈。

（3）设备空运转：对安装的设备检漏，单机运转 1 ~ 2h，停车待用。

2. 纺丝

（1）开启计量泵。

（2）观察纺丝溶液从喷丝孔挤出时的流动状况，若流动状况不好，应适当调节纺丝溶液温度，直到挤出细流呈连续稳定为止。

（3）开启各辊筒，将喷丝头放入凝固浴中，随后将固化丝条从凝固浴引出，分别绕到各辊筒上。

（4）根据实际情况适当调整各辊筒的速度，直至纺丝完全正常。

（5）将经水洗的丝条卷绕到筒管上或者放入盛丝桶内。

3. 停机

（1）将喷丝头从凝固浴中提出。

（2）按下各辊筒的停止按钮。

（3）观察纺丝溶液从喷丝孔挤出的状况，待喷丝孔无纺丝溶液挤出，按下计量泵的停止按钮。

（4）在纺丝溶液储槽中加入清水，搅拌 30 ~ 60min 后，按流程在加压条件下，对设备进行清洗，清洗间断进行，一般在 5 次左右，检验合格后，放空清洗液。拆下纺丝组件及计量泵，用水清洗干净，烘干后妥善保存。将凝固浴槽、拉伸浴槽中的浴液排空，用水清洗 2 次，放空即可。

五、实验结果分析与讨论

（1）根据本实验所给工艺参数计算喷丝头拉伸比（浆液的相对密度按 1.2 计算）。

（2）根据本实验所给工艺参数，试估计制得纤维的形态结构。如果在凝固浴加入一定的二甲基胺亚砜，对制得纤维的结构和性能有何影响？

（沈新元）

实验 65　聚乙烯醇高压静电纺丝

一、实验目的

（1）了解静电纺丝原理及纳米纤维的成型原理。

（2）了解高压静电纺设备的组成及其结构特点。

（3）了解影响静电纺丝的各种影响因素。

（4）掌握聚乙烯醇高压静电纺丝的实验技术。

二、实验原理

1. 静电纺丝成型原理

静电纺丝法是聚合物溶液或熔体借助静电力作用进行喷射拉伸而获得纤维的一种方法。该方法涉及高分子科学、应用物理学、流体力学、电工学、机械工程、化学工程、材料工程和流变学。通过这种方法能够制备超细纤维，其纤维直径在微米和纳米之间，比传统纺织纤维的直径范围要小 1 ~ 2 个数量级。这种小直径提供大比表面积，其范围在 10（当直径约为 500nm 时）~$1000m^2/g$（当直径约为 50nm 时）。这种超细纤维在过滤、防护织物和生物医药领域都有广阔的应用前景。图 65-1 给出了静电纺纤维样品的扫描电镜图片。

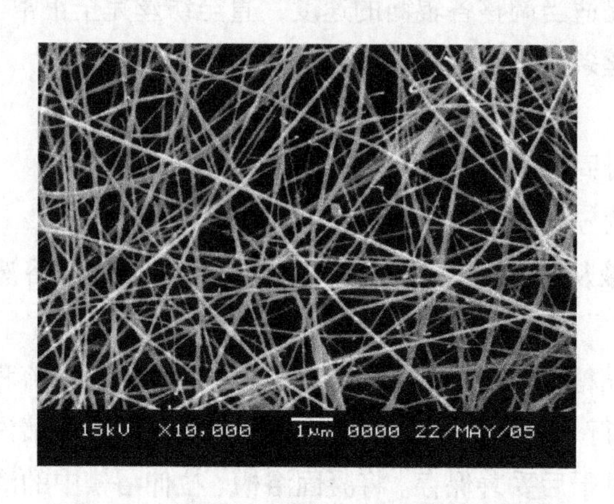

图 65-1 静电纺纤维样品的扫描电镜图片

在典型的静电纺丝实验中，聚合物溶液悬垂液滴由表面张力将其维持在喷丝头的末端。当喷丝头与接地收集器间的静电场强度增加时，通过液体中离子的运动，使液体表面带电。悬垂液滴在电场的作用下被拉伸（Taylor 锥），当表面上聚集的静电力足以克服液滴的表面张力和黏力时，射流产生喷射。接近液滴处的射流直径范围是 20 ~ 100μm（图 65-2）。

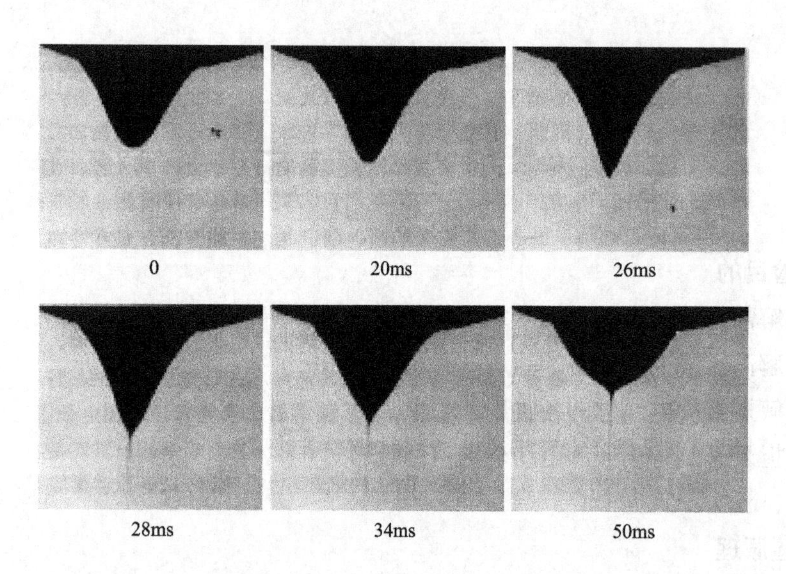

图 65-2 悬垂液滴在静电场作用下接近射流喷射时刻的照片

在产生了射流以后，射流路径在某一距离为直线，然后在直线段下端产生静电，与空气阻力所引起弯曲不稳定。这种弯曲允许射流在空间较小的区域内有较大的拉伸。在肉眼观察下或较慢快门的照片中，不稳定区域类似于射流从不稳定起始处的分裂喷射。然而在快门速度为 1.0ms 的照片中可以发现，射流并不是分裂，而是在进行螺旋运动，如图 65-3 所示。分裂现象只是由于射流快速飞行而产生的错觉。但是，在对某些材料的实验也可观察到射流的分裂和散布现象。静电力使射流伸长数千倍甚至数百万倍，于是射流变得非常细。在整个过程中，溶剂挥发或熔体固化，最终所得的连续纳米纤维收集在接地的金属板、卷绕转鼓或其他种类的收集器上。

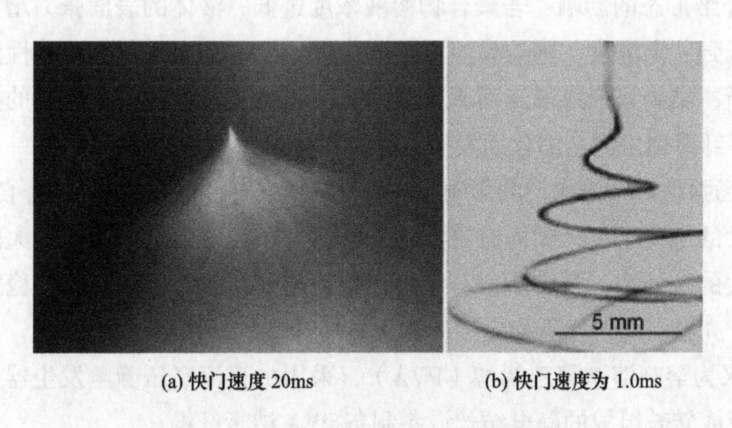

图 65-3　不同曝光时间电纺射流图像

2. **静电纺丝的影响因素**

静电纺丝所用的原料多为聚合物溶液，其纺丝过程中的影响因素很多，如纺丝原液浓度，纺丝原液特性（如黏度、表面张力、电导率等），静电场强度，喷丝头直径，接收距离，挤出速度，纺丝环境的温度、湿度等。这些因素将会影响所纺纤维的直径、直径分布、纤维形态（串珠结构）、结晶度以及纤维毡的孔隙率及力学强度等性能。在这些影响因素中，纺丝原液性质和静电场强度是最主要的影响因素。图 65-4 给出了部分参数对静电纺丝成型所得纤维直接的影响。

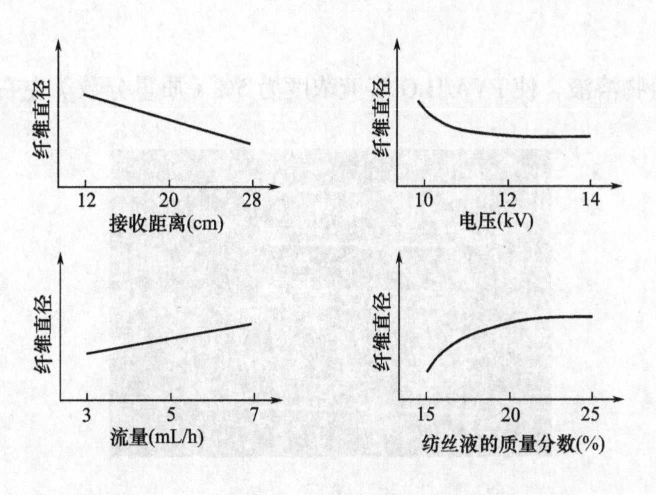

图 65-4　静电纺参数对纤维直径影响示意图

（1）纺丝溶液的浓度对纤维成型的影响。现有的研究发现，若以高分子溶液作为静电纺丝原液，则高分子溶液的浓度尤为重要，对纤维成型的影响较为明显。但是这一参数实际隐藏了众多的静电纺丝原液的物理参数，如黏度、表面张力、电导率等。

①浓度对纤维直径的影响：纤维直径随纺丝溶液浓度的增加而呈上升趋势，这是因为聚合物的浓度越高，黏度越大，表面张力也越小，则由Taylor锥拉出的溶液射流就越粗，且变动区域变短，所以在其他条件不变的情况下所得的纤维越粗。

②浓度对纤维形态的影响：若聚合物溶液浓度过低，液体的表面张力增大，使射流倾向形成串珠。当低到一定浓度，则纺丝溶液的流变性太差，黏度太低，可纺性降低，使射流在电场力下被拉断，结果只形成液滴而不是纤维。由于在纺丝过程中是溶剂的挥发过程，浓度过低还会使所得纤维因未完全固化而发生粘联，得不到单独的纤维。

（2）静电场强度对纤维成型的影响。静电压对纤维直径存在较大影响，随着电压的增大，纺丝原液有更大的电荷密度，因而有更大的静电斥力，同时高电压带来更大的加速度，从而使射流获得更大的拉伸力，最终所得纤维直径也就越细。静电压对纺丝的稳定性也有一定的影响，电压的升高会引起纺丝不稳定性的增大，使得到的纤维不均匀。

本实验以水为溶剂溶解聚乙烯醇（PVA），采用由直流高压静电发生器、微量注射泵和接地接收金属板或转鼓组成的静电纺丝设备制备PVA纳米纤维。

三、实验材料和仪器

1. 主要实验材料

聚乙烯醇（PVA）、水。

2. 主要实验仪器

直流高压静电发生器（输出直流电压0 ~ 80kV）、微量注射泵（图65-5）、接地接收金属板或转鼓。

四、实验步骤

1. 实验准备

（1）配制聚合物溶液，使PVA/H_2O溶液浓度为5%（质量分数）左右。

图65-5 微量注射泵

(2)将配制好的纺丝溶液加入注射器，排出气泡，并固定在注射泵上，与喷丝头导管连接。将高压正极夹在喷丝头上，接地线夹在转鼓接收器上。

2. **开机**

(1) 打开微量注射泵电源开关，设置注射器直径、溶液挤出速度、溶液挤出体积。

(2) 打开转鼓接收器，调节旋钮至所需转速。

(3) 在打开直流高压静电发生器前，先确认电压调节旋钮在零位置，打开电源开关，使用电压在 50kV 以下，使用第一挡；使用电压在 50 ~ 80kV，使用第二挡；缓慢旋转电压调节旋钮至所需电压。

(4) 打开微量注射泵的进给开关，溶液被缓慢挤出。

注意事项：纺丝过程中切勿靠近或接触喷丝头，如果要对喷丝头或与其接触的位置进行处理或操作，必须用绝缘棒接触，或关闭静电发生器后再进行操作。

3. **关机**

(1) 纺丝完毕后，先关闭微量注射泵的进给开关，等不再有射流从喷丝头喷出后，再关闭静电发生器。

(2) 关闭静电发生器时，先逆时针旋转调压旋钮至零位，再关电源，然后用接地线对高压输出端放电，放掉残余电量，避免人员受残余电压电击。

(3) 最后关闭转鼓接收器电源。

五、实验结果分析与讨论

(1) 什么是静电纺丝？静电纺丝的驱动力是什么？

(2) 用什么分析手段可以看到纳米纤维？

(3) 影响静电纺丝纤维的因素有哪些？

(4) 纺丝原液浓度对静电纺纤维有哪些影响？

(5) 电压的强度对静电纺纤维的直径有哪些影响？

(6) 结合实验结果讨论导致静电纺纤维形态的影响因素。

（张清华　王雪芬）

实验 66　生胶的塑炼

一、实验目的

(1) 加深对生胶塑炼原理的理解。

(2) 了解生胶塑炼工艺过程及影响因素。

(3) 掌握生胶的塑炼的实验技术。

(4) 了解开放式炼胶机的结构和工作原理。

二、实验原理

在橡胶加工过程中，对生胶的可塑性有一定要求。而有些生胶很硬、黏度很高、缺乏基本的、必须的工艺性能——良好的可塑性。因此，为了满足工艺的要求，必须进行塑炼。

橡胶低温塑炼的机理是机械塑炼。生胶在开放式炼胶机的辊筒上，直接受到机械力的反复作用，异常庞大的橡胶分子在剪切力的作用下，沿着流动方向伸展，使其橡胶分子链上产生局部应力集中，致使分子链断裂，断裂的分子链形成了活性游离基，这些活性游离基与周围的氧或其他游离基接受体结合而稳定，形成了较短的分子，因而增加了可塑度，即：

$$R—R \longrightarrow 2R\cdot$$

$$R + O_2 \longrightarrow ROO\cdot$$

在机械塑炼中，生胶的黏度随着温度的降低而增大，作用到生胶的剪切力就增大，使生胶分子断裂的作用也加强，可塑度的增加也就加快。因此，在机械塑炼中，一般采用较低的辊温进行，因而称为低温塑炼。

经过塑炼的生胶，可塑度将有很大的提高，配合剂易于混入，便于压延、压出，所得模型花纹清晰、形状稳定，增加了压型、注压胶料的流动性，并能提高胶料的溶解性和黏着性。经过塑炼的生胶在混炼时，能和活性填充剂、硫化促进剂等发生化学反应，对硫化速度和结合凝胶的生成量也产生一定影响。另外，生胶经过塑炼后，质地均一，对硫化胶的力学性能也有所改善，故塑炼是橡胶加工中的基础工艺之一，是其他加工过程的基础。

由上述开炼机塑炼机理可知，凡是影响胶温和机械作用力的有关设备，其特性和工艺条件都是影响塑炼效果的重要因素，这些因素有辊温、辊距、时间、塑解剂和操作熟练程度等。其中，辊速和速比取决于设备和特性，一般为不变因素，其他因素则均可改变。

（1）辊温。塑炼温度对可塑度的获得影响很大，温度越低，塑炼效果越大。据实验证明，可塑度 P 在100℃以下与辊温 t 的平方根成反比，即不同辊温 t_1、t_2 时的可塑度 P_{t1}、P_{t2} 之间存在如下关系：

$$\frac{P_{t1}}{P_{t2}}=\frac{\sqrt{t_2}}{\sqrt{t_1}} \tag{66-1}$$

为了提高塑炼效果，应加强辊筒冷却，但靠冷却水降温，条件有限，所以塑炼一般在45～55℃范围内进行，可参阅表66-1进行。

表66-1　不同胶种的辊温

胶种	辊温范围（℃）	胶种	辊温范围（℃）
天然胶	45～55	通用型氯丁胶	40～50
异戊胶	50～60	顺丁胶	70～80
丁苯胶	45左右		
丁腈胶	40以下		

（2）辊距：在相同的速比下，辊距越小则两辊间的速度梯度越大，生胶通过时所受摩擦力、剪切力、挤压力就越大。同时，由于胶片薄易于冷却、变硬，进而加大机械剪切力的作用，以增强塑炼效果，所以一般用 0.5 ~ 1mm 辊距。

（3）时间：除辊温和辊距之外，塑炼时间是显著影响生胶可塑性的重要因素之一。塑炼初期可塑度是随着时间延长而增加的。当达到一定值后反而下降。其原因是生胶经扎炼后温度升高而软化，分子之间容易滑动，不易被机械剪切力所破坏，为了提高塑炼效果，可采用分段塑炼。分段塑炼即将塑炼过程分成若干段来完成，每段塑炼后生胶要充分停放冷却，分为 2 ~ 3 段，每段停放冷却 4 ~ 8h。

（4）容量：塑炼时装胶容量主要取决于开炼机的规格。装胶量不宜过多，否则在辊筒上堆积的胶量过多，致使散热困难。生胶的用量是根据实际经验确定的。因合成胶塑炼时生热较大，故装胶容量一般比天然胶少 20%。

天然胶可塑度为 0.3 ± 0.05 时，通常使用的塑料条件如表 66-2 所示。

表66-2　不同工艺用途的辊温、辊距和炼胶时间

条件＼程序		破胶	薄通	捣胶	压光
辊温（℃）	前辊	45	45	50	50
	后辊	45	45	45	45
辊距（mm）		1.5	0.5	1	10
时间（s）		3 ~ 4	12 ~ 13	2 ~ 3 （各2次）	2 ~ 3 （3次）

本实验以天然胶和合成胶为原料，采用开放式炼胶机进行塑炼。

三、实验材料和仪器

1. 主要实验材料

天然胶、合成胶。

2. 主要实验仪器

6 英寸开放式炼胶机（型号 XK-160，规格 $\phi160 \times 320$）：该机的主要工作部分是安装在机架上的两个中空辊筒，后辊的轴承座在机架上并前后位置固定。前辊的轴承座能前后移动，可借安全调距装置调节辊距，以适应操作要求。在辊筒上面设有挡胶板和急刹车装置，以适应不同胶量的塑炼、混炼及一旦发生事故时立即刹车用。

机器的传动是由机箱内的减速电动机通过传动齿轮带动后辊回转，再通过一对速比齿轮带动前辊回转，使两个辊筒以不同速度相对回转，前辊转速为 11m/min，后辊转速为 13.5m/min。前、后两辊转速之比称为速比，本机以速比为 1 ∶ 1.22 回转对橡胶施加剪切力。

辊筒内设有带孔眼的水管，可以使冷却水流过并喷向辊筒内表面，降低辊温，冷却水流出滚筒经排水漏斗排出。当辊筒内水管通蒸汽时，可用以升高辊温（或用其他建议办法预热辊筒）。

四、实验步骤

1. ***准备工作***

（1）检查机器：按照全程规程的规定，先检查两辊筒间有无异物，等正常后方可开机空转，加油、试紧急刹车装置等，如无异常现象即可进行实验。

（2）确定塑炼段数：根据工艺要求的可塑度确定生胶是否分段塑炼。一般塑炼胶应达到的可塑性为威廉氏值 0.30 ± 0.05 为宜，对于要求可塑度较大的塑炼胶，则生胶应采取分段塑炼法，每段时间不大于 20min。塑炼胶下片冷却，停放 4 ~ 8h 后，再进行下一段塑炼，通常情况下二段天然胶可塑度达到 0.4 ± 0.5；三段天然胶可塑度达到威廉氏值 0.5 ± 0.05。丁腈胶、氯丁胶等需要经塑炼的合成胶，其可塑性较天然胶难获取，除采取低温、小辊距、小容量的操作条件外，还应采取分段塑炼法。目前，还有一些通常使用的合成胶（如软化丁苯胶、顺丁胶）不需要经塑炼、薄通破料后即可与天然胶相混，掺合均匀投入混炼工序使用。

（3）确定投入胶量：用 6 英寸开炼机的装胶容量以 1 ~ 2kg 为宜。由于合成胶塑炼时生热较大，故其装胶容量应比天然胶少 20% 较宜。

2. ***塑炼步骤（以天然胶为例）***

（1）控制及测量辊温：开机空转并根据辊温状态对辊筒进行预热（用蒸汽或其他方式）或降温（用自来水），可用弓形表面温度计进行测量或手试。

（2）破胶：将烘透之后的天然生胶进行破胶操作，辊温为 45℃，辊距 1.5mm，在靠近大牙轮一端（以防损坏设备）连续将胶块投入（不宜中断，以防胶块弹出）。

（3）薄通：将辊距调为 0.5mm，把破过胶的胶片在靠近大牙轮的一端加入，使之通过辊筒间隙，让胶片直接落于料盘内。当辊筒上无堆积胶时，再将盘内胶片扭转 90° 重新投入辊筒间隙内继续薄通，直至所规定的时间或次数为止。

（4）捣胶：将辊距放宽为 1mm，使胶包辊后，割刀从左向右至辊筒右端再向下割，使胶落在接料盘上，至堆积胶将消失时停止割刀，则割落的胶随着辊筒上的余胶被带入辊筒右方。再从辊筒右向左，以同样方式割胶，反复各进行两次后割断打成卷。

（5）压光（下片）：将辊距放宽到 10mm，再将胶卷垂直通过辊缝 2 ~ 3 次后，在胶片上注明胶种、班组，冷却放置（如有必要则先涂隔离剂）。

五、实验结果分析与讨论

（1）分析生胶塑炼采用低温机械塑炼的原理。

（2）不同胶种塑炼过程中应注意哪些问题?

（3）了解塑炼橡胶可塑度的测试方法。

（4）查阅文献资料，了解生胶塑炼的其他方法，并与本实验比较。

（方庆红）

实验 67　橡胶的混炼

一、实验目的

（1）加深对橡胶混炼原理的理解。

（2）了解橡胶混炼工艺过程及影响因素。

（3）掌握橡胶混炼的实验技术。

（4）了解开放式炼胶机的结构和工作原理。

二、实验原理

为了使橡胶制品符合性能的要求，改善加工工艺性能，节约生胶，降低成本，必须在生胶中加入各种配合剂。在炼胶机上，将各种配合剂加入生胶中制成混炼胶的工艺过程称为混炼。混炼胶料的质量对胶料的进一步加工和成品质量具有决定性的影响。混炼不好，胶料会出现配合剂分散不均，胶料可塑度过高或过低、焦烧、喷霜等现象，使压延、挤出、硫化等工序不能正常进行，导致成品性能下降，故混炼是橡胶加工过程中的重要工作之一。

混炼时，胶料通过辊筒受到压缩和剪切作用，使配合剂与橡胶产生轴向混合作用，而在纵深方面（即胶料厚度方向）的混合作用很小。但由于在辊缝上方保持一定的堆积胶，当包在辊上的胶料进入堆积胶时，受到阻力而拥塞，折叠起来形成波纹，使加入的配合剂入波纹中而被拉入堆积胶内部，但不能达到包辊胶的全部纵深，而只能达到 1/3 处，这层胶称为活层，而余下的 2/3 无配合剂进入，被称为死层。这样就构成了胶料在周向的混合均匀度高，在轴向的混合均匀度不固定，这要看配合剂加入均匀与否而定，一般中间比辊两端均匀，而径向由于有死层，故混合均匀度最差。为了弥补机械作用的不足，在工艺上采用必要的切割翻炼，以便使死层的胶料被轮番地带到堆积胶顶部，进入活层，这样就使配合剂均匀地分散到生胶中，达到混炼的目的。

影响开炼机混炼的因素主要有：

1. **包辊性**

开炼机混炼操作中，理想的包辊是混炼的前提。只有塑炼胶加入辊缝后，很快就紧包于前（慢）辊形成光滑无隙的包辊胶，并在辊距上方有适量的堆积胶时，才能加入配合剂进行混炼。

包辊性通常和胶种有关，比如天然胶的包辊性较好，而顺丁胶易脱辊。除此之外，工艺操作对包辊性影响也较大，如顺丁胶加入补强剂炭黑后，由于炭黑凝胶的生成，脱辊现象即可较快扭转。虽然有的胶包辊性较好，但由于过多加入增黏剂而产生粘辊现象，或加入润滑剂、软化剂过多而导致脱辊，或因生胶塑炼性不足，在加填料时也会导致脱辊。因辊温控制不好，也会造成包辊性不良。上述因素都会影响混炼效果，以致不能进行混炼操作。

2. **装胶容量**

操作过程中，一次投胶量的多少，与混炼质量也密切相关。如果该量过大，增加了堆积胶量，使堆积胶在辊缝上方自行打转，失去了折皱夹带粉剂的作用，影响配合剂的分散效果。此时虽然可以采取割下余胶的方法来保持堆积胶量一定，但这也会影响最后的分散均匀度，且胶料量太大，易导致电流超负荷，散热不良等。一次投胶量过小也不适宜，这不仅使设备利用率太低，且易造成过炼，增大了胶料的可塑性，严重过炼时则胶料易粘辊，并导致其性能下降。因此，混炼时应有适宜的塑装胶容量，即在辊缝上方保持适量的堆积胶，使胶料通过时能形成波纹和折皱夹带粉剂进入两辊间隙，可根据经验用下列公式计算装胶容量：

$$V=0.042DL\text{（英制）} \quad \text{或} \quad V=0.0065DL\text{（公制）} \qquad (67\text{–}1)$$

式中：V 为装胶容量（L）；D 为辊筒直径（cm 或 in）；L 为辊筒长度（cm 或 in）；0.042 为英制装料系数。

在生产或实验中的实际装胶量并不完全等于理论计算量。而应根据具体情况决定装胶量。如合成胶的容量比天然胶要小；填充量大、密度大的胶料容量就应小些；使用母炼胶的胶料就可大些。

3. **辊距**

辊距大小也影响辊炼效果。辊距小，配合剂粒子和橡胶分子的接触机会增多，加快了混入速度。但因辊距过小，会引起堆积胶增多，造成堆积胶以自身为轴打转，失去应有的折皱夹粉剂作用，使粉剂运行在堆积胶的表面而混不进去。辊距太大，则会减弱剪切效果，使配合剂不易分散，所以应将辊距控制在辊缝上有适量堆积胶的情况下。

在混炼中由于配合剂不断加入，胶料总容量不断递增，要维持适宜的堆积胶量，应逐步调宽辊距以求适应，或采用抽胶的方法来保持适当的堆积胶量。

在装胶容量合理的情况下，辊距一般为 4 ~ 8mm。使用 $\phi160\times320$ 开炼机做实验操作，其辊距可根据胶量由表 67–1 确定，或调节挡胶板的距离，以保持适宜的堆积胶。

表67–1　炼胶胶种、炼胶量与辊距之间的关系

胶量（g）		300	500	700	1000	1200
辊距（mm）	天然胶	1.4	2.2	2.8	3.8	4.3
调距误差（mm）		0.2	0.2	0.2	0.2	0.2
辊距（mm）	合成胶	1.1	1.8	2.0		
调距误差（mm）		0.2	0.2	0.2		

天然胶与合成胶并用时，并用比例相等，总胶量可按天然胶来定辊距；合成胶大于天然胶比例时，总胶量可按合成胶定辊距。

4. **辊温**

混炼时，由于辊筒的剧烈剪切作用，使橡胶摩擦生热，这对混炼不利。因为温度上升过高，会导致胶料焦烧。同时温度上升，使胶料变软，剪切效果减弱，不利于配合剂的分散，

且低熔点配合剂熔化后形成结团，也不利于分散。为了便于操作，要求用料包前辊，但天然胶与合成胶的包辊性有所不同，天然胶包于热辊，因此前辊辊温（55 ~ 60℃）应高于后辊辊温（50 ~ 55℃）。多数合成胶易于包冷辊，所以宜使前辊辊温低于后辊，另外，由于合成胶的发热量大于天然胶，所以前、后辊的温度也应低于天然胶 5 ~ 10℃。通常以表 67–2 所列的经验数据来控制辊温。

表67–2　炼胶胶种与辊温之间的关系

胶种	辊温（℃）	
	前	后
天然胶	55 ~ 60	50 ~ 55
丁苯胶	45 ~ 50	50 ~ 55
丁腈胶	35 ~ 45	40 ~ 50
氯丁胶	<40	<45
丁基胶	40 ~ 45	55 ~ 60
顺丁胶	40 ~ 60	40 ~ 60
三元乙丙胶	60 ~ 75	85左右
氯磺化聚乙烯	40 ~ 70	40 ~ 70
氟橡胶	77 ~ 87	77 ~ 87
丙烯酸酯橡胶	40 ~ 55	30 ~ 50

5. *加料顺序*

混炼时加料顺序不当，轻则影响配合剂分散不均，重则导致焦烧脱辊或过炼，该顺序也是关系到混炼胶质量的重要因素之一，因此加料必须有一个合理的排列顺序，这首先要服从配合剂所起到的作用，同时还要兼顾用量多少及分散的难易程度。即配合量少的、难分散的先加；用量多而易分散的后加。根据上述原则，加料排列顺序一般为：生胶、塑炼胶、再生胶及各种母炼胶→固体软化剂→小药（促进剂、防老剂、活性剂）→氧化锌→补强剂→填充剂→液体软化剂→硫黄→超促生剂。

本实验以生胶和配合剂为原料，采用开放式炼胶机进行混炼。

三、实验材料和仪器

1. *主要实验材料*

生胶、配合剂。

2. *主要实验仪器*

6 英寸开放式炼胶机（型号 XK–160，规格 $\phi160 \times 320$）（见实验 66）。

四、实验步骤

（1）按照胶料配方，准确无误地称量好所需生胶和配合剂，以备使用。

注意事项：

①称量之前须先按配方所列，对原材料的外观色泽及料桶签核对无误后方可进行。

②原材料称量的精确度为：橡胶和炭黑应精确到1g，硫黄和促进剂应精确到0.02g，氧化锌和硬脂酸应精确到0.1g，其他成分的精确度为总质量的±1%，据上所列选用相应精度的天平或台秤进行称量。

③称料时应将生胶、固体软化剂、补强填充剂、液体软化剂、硫黄和超促进剂等分别放置于容器内，便于混炼时使用，且每一种料应单独放置，以利于检查。

④配料完毕后，必须对照配方表进行核对。

⑤称料过程中，切记不要使配合剂之间相互掺杂或混入杂质。

（2）检查设备并调节辊温至所需要求。与塑炼相同，参阅实验66。

（3）调辊距为0.5～1mm范围内，将塑炼胶或生胶沿大牙轮一侧投入开炼胶两辊缝隙中，经过2～3min的滚压、翻炼（可用捣胶法、打卷法、三角包法等），使胶均匀连续地包于前辊，形成光滑无隙的包辊胶，然后用割刀取下全部胶，根据投胶量放宽辊距，再把胶投入辊缝，使其包辊后，方可开始加入配合剂（也可根据堆积胶情况先割下一定量的余胶）。

（4）按前述加药顺序投加配合剂，每加完一种配合剂均要捣胶两次。

注意事项：

①当堆积胶或辊筒表面上有明显的游离粉末时，不应割胶。

②在添加补强剂时应注意使粉料自然进入胶中与橡胶充分混合，更需注意切勿过早地采取割刀，同时要逐步放宽辊距或抽胶，以使堆积胶量保持在适宜的范围内，待粉剂全部吃完后，再徐徐加入液态软化剂，经捣胶至混炼基本均匀，取下全部胶料，测量并控制好辊温后投入胶料，包辊后再加入硫化剂（也可以先割余胶，再加硫化剂），使之基本混匀。

（5）各种配合剂加完后进行翻炼，用打三角包、打卷等方法进行（此时以适宜的辊距薄通次数）。

（6）胶料下片（按试样要求，将胶料压成所需厚度），放置于平整、干燥的存胶板上（记好压延方向、配方编号）待用。各种试样要求的厚度如表67-3、表67-4所示。

表67-3 胶料性能检验试样的下片厚度

试样名称	威廉姆可塑度实验	硫化仪实验	门尼黏度实验
下片厚度（mm）	14～15	12～13	3±1

表67-4 硫化橡胶物理性能检验试样的下片厚度

试样名称	拉伸实验	阿克隆磨耗实验	屈挠实验	压缩生热实验	有效弹性滞后损失实验
下片厚度（mm）	2.4±0.2	3.5±0.2	7±0.5	2±0.5	2.4±0.2

五、实验结果分析与讨论

（1）分析开炼机混炼的原理。

（2）分析不同橡胶的包辊特性。

（3）不同胶种混炼过程中应注意哪些问题?

（4）查阅文献资料，了解混炼的其他方法并与本实验作比较。

（方庆红）

实验 68　橡胶的硫化

一、实验目的

（1）加深对橡胶硫化原理的理解。

（2）掌握橡胶模压硫化工艺。

（3）掌握硫化温度、压力、时间对橡胶硫化的影响。

（4）熟悉平板硫化机的使用。

（5）掌握橡胶硫化的实验技术。

二、实验原理

硫化就是在一定温度、时间和压力条件下，使混炼胶的大分子进行交联，使链状分子变成立体网状结构分子的过程。使橡胶塑性消失，而弹性增加，并提高了其他力学性能和化学性能，成为具有使用价值的硫化胶。硫化是橡胶制品加工的最后一道工序，硫化效果的好坏直接影响制品的性能，因此应严格控制硫化工艺条件。

对已确定配方的胶料而言，影响硫化胶质量的因素主要有三个方面：

1. *硫化温度*

硫化温度直接影响硫化反应速度和硫化胶的质量，硫化温度对硫化时间的影响如下式所示

$$\frac{\tau_1}{\tau_2}=K^{(t_1-t_2)/10} \tag{68-1}$$

式中：τ_1 为温度为 t_1 时的硫化时间；τ_2 为温度为 t_2 时的硫化时间；K 为硫化温度系数。

由式（68–1）可知，当 $K=2$ 时，硫化温度每升高 10℃，硫化时间就可缩短一半。这说明硫化温度对硫化时间的影响十分显著，即提高硫化温度可加快硫化反应速度。但是高温下容易引起橡胶分子链裂解和硫化还原，导致力学性能下降，故硫化温度应适宜，不宜过高，要根据胶料配方而定，主要取决于橡胶品种和硫化体系。

2. *硫化时间*

硫化时间是由胶料配方和硫化温度来决定的。对于给定的胶料来说，在一定的硫化温度

和压力条件下，就有一个最适宜的硫化时间。硫化时间过长或过短都会影响硫化胶的性能。适宜的硫化时间可通过硫化仪来测定。

3. *硫化压力*

硫化过程中对胶料施加压力的目的在于促使胶料在模腔内流动，充满沟槽或花纹，防止出现气泡或缺胶现象，以提高胶料的致密性，增加胶料与布或金属的附着力，有助于提高胶料的力学性能。通常是根据混炼胶的可塑性、试样（产品）的结构来决定，塑性大的压力宜小些；厚度大、层数多、结构复杂的压力应大些；一般在 1.5~2.5MPa 范围内。

硫化机工作时，油泵提供高压油液的压力除保证硫化所需的压力外，还需克服硫化机可动部分（柱塞、平板及模型）的重量及摩擦阻力。即：

$$P_1S_1 > P_2S_2 + G + f \tag{68-2}$$

$$P_2 = \frac{P_1S_1 + G + f}{S_2} \tag{68-3}$$

式中：P_1 为油泵提供给柱塞面上的压力（MPa）；P_2 为硫化制品要求受到的压力（即工作液压力，也就是硫化时压力指示的压力，MPa）；S_1 为柱塞截面积（cm^2）；S_2 为硫化制品（或模具）的受压面积（cm^2）；G 为硫化机可动部分的重量（N）；f 为摩擦阻力（N）。

若 S_1、S_2、P_2、G、f 均是可知的，则 P_2 便可计算出。P_2 即工作液压力，也就是硫化时压力表指示的压力。

本实验以混炼后的胶片为原料，采用平板硫化机进行硫化。

三、实验材料和仪器

1. *主要实验材料*

混炼后的胶片。

2. *主要实验仪器*

25 吨电加热平板硫化机，其技术规格：

最大关闭力	25t
工作液最大压力	14.5MPa
柱塞最大行程	150mm
平板面积	350mm × 350mm
平板单位面积压力	20MPa
工作层数	2 层
每层间距离	75mm
每块平板加热功率	2.4kW
总加热功率	7.2kW
最高工作温度	180℃

图 68-1 为平板硫化机的结构示意图。其下机座里装有工作液压缸，该缸内有柱塞，其

上端固定着升降平板，在这一平板上固定着下平板。上机座与下机座由柱轴连接固定。硫化机除上、下平板外，中间还设有可动平板，该平板可以上下移动。为了使可动平板下降到一定位置时停止，在柱轴安装有升降限制器，以便使活动平板之间有一定空间，便于放入硫化模具。合模时，柱塞的上升是油泵供给工作液托起塞柱并对平板施加压力，工作液施加的压力由压力表指示出，而所需压力值大小是由调压阀调节，平板的上下过程是由操作手轮控制的，其加热温度由控温仪表控制（应以平板上温度计的实际温度为准）。油泵电动机的开启及指示均由电器控制箱上的开关、按钮和指示灯所控制和显示。油泵将工作液打入液压缸，使其柱塞上的平板对模具施加一定压力，使模具内的胶料在加热加压条件下进行硫化。

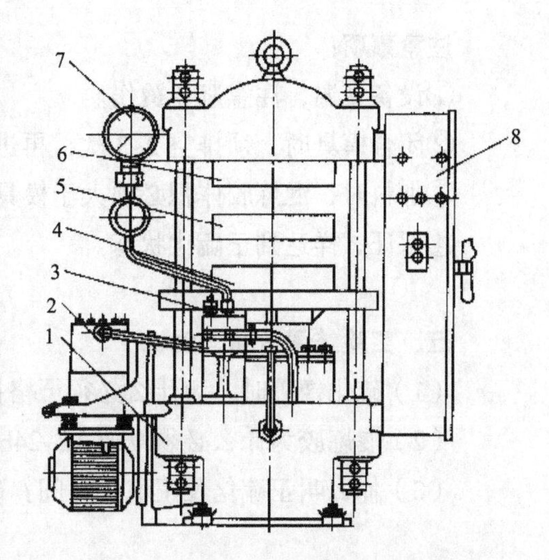

图 68-1 平板硫化机的结构示意图

1—机身 2—柱塞泵 3—控制阀 4—下平板 5—可动平板 6—上平板 7—压力表 8—电气部分

四、实验步骤

（1）未硫化半成品试样的制备。混炼后的胶片应在规定温度下停放 12~24h 方可裁片硫化试样。其裁片的方法如下：

①片状（拉力等试验用）或条状试样。用裁片样板在胶料上按胶料的压延方向划裁浅痕，用剪刀裁片。胶料的体积应稍大于模具的容积（其质量用天平称量），并在胶料边上贴好编号及硫化条件的标签。

②圆柱试样。取 2mm 左右的胶片，以试样的高度（略大于）为宽度。按压延垂直方向裁成胶条，将其卷成圆柱体，且柱体要卷得紧密，不能有空隙，柱体体积要稍小于模腔，高度要高于模腔。在柱体底面贴上编号及硫化条件的纸标签。

③圆形试样。按照要求，将胶料裁成圆形胶片试样，如果厚度不够时，可将几个胶片叠放起来，其体积应稍大于模腔体积。在圆形试样底面贴上编号及硫化条件的纸标签。

（2）按要求的硫化温度控制好平板温度，使之恒定。

（3）根据公式计算工作液压力，通过压力调节阀进行调节。

（4）将模具置于加热平板上，在硫化温度下预热 30min 左右（即加热板温与模具温度达到平衡）。

（5）将核对编号及硫化条件的胶料试样迅速放入预热好的模具内，立即合模，置于平板中央。上、下各层硫化模型对正于同一方位后施加压力，使平板上升。当压力表指示到所需工作压力时，开始计算硫化时间，在硫化达到预定时间后立即泄压起模，取出试样。

（6）硫化后的试样减去胶边，在室温下停放 10h 后则可进行性能测试。

注意事项：

①设备高温，注意避免烫伤。

②闭合模具时，须排空 2~3 次，再进行保压操作。

③加料时，混炼胶体积必须大于模具的腔容积，以免发生缺料现象。

④保证试样达到正硫化状态。

五、实验结果分析与讨论

（1）硫化橡胶时，为什么必须严格控制硫化温度、硫化时间及硫化压力？

（2）混炼胶为什么必须停放 12~24h 之后方可进行硫化？

（3）什么叫正硫化及正硫化时间？硫化橡胶时为什么要控制正硫化条件？

（方庆红）

第四篇 高分子材料综合实验

实验69 聚丙烯酰胺的制备及表征

一、实验目的

（1）加深对光引发聚合机理的理解。

（2）掌握通过光引发聚合方法制备聚丙烯酰胺的实验技术。

（3）掌握测定聚合物溶液固含量的实验技术。

（4）掌握通过一点法测定聚合物溶液特性黏度及相对分子质量的实验技术。

（5）掌握通过溴化法测定丙烯酰胺残留量的实验技术。

二、实验原理

聚丙烯酰胺（PAM）水溶性好，可通过调节相对分子质量及引进各种离子基团而得到特定的性能。相对分子质量小时，PAM是分散材料的有效增稠剂或稳定剂；相对分子质量大时，PAM则是重要的絮凝剂。它可以制作出亲水而水不溶性的凝胶。它对许多固体表面和溶解物质有良好的黏附力。由于这些性能，PAM能广泛应用于絮凝、增稠、减阻、凝胶、黏结和阻垢等领域。因此，研究聚丙烯酰胺的合成技术及其产品的测试技术具有重要的意义。

丙烯酰胺是比较容易进行直接光聚合的单体。本实验以丙烯酰胺为单体、安息香异丙醚为光引发剂、EDTA为掩蔽剂，采用光引发聚合方法制备聚丙烯酰胺，并且通过红外光谱法测定产物的化学组成，通过溴化法测定产物的丙烯酰胺残留量，通过一点法测定产物的特性黏度，并测定聚丙烯酰胺溶液的固含量。

三、实验材料和仪器

1. **主要实验材料**

丙烯酰胺（AM）（含量98%，化学纯）、乙二胺四乙酸（EDTA）（分析纯）、去离子水、安息香异丙醚（重结晶）、NaCl（化学纯）、N_2（工业级）、溴酸钾（分析纯）、溴化钾（分析纯）、盐酸（分析纯）、硫代硫酸钠标准溶液、淀粉指示剂。

2. **主要实验仪器**

紫外光照灯、红外光谱仪、样品袋若干、烧杯、玻璃棒、非稀释型乌氏黏度计、恒温水浴、秒表、分析天平、容量瓶、移液管、量筒、玻璃砂芯漏斗、乳胶管、洗耳球、红外光谱仪、移液管、碘量瓶、涤纶膜、真空烘箱、干燥器等。

四、实验步骤

1．*光引发合成聚丙烯酰胺*

称取定量的AM，用去离子水在烧杯中配制成5%～30%浓度不同的AM水溶液。加入EDTA以掩蔽反应体系的铜、铁等金属离子。用NaOH水溶液调整pH至10～12，再加入微量的光引发剂安息香异丙醚，搅拌均匀。将配制好的溶液取等量装入已做好标记的透明样品袋内，充N_2驱氧并密封置于紫外光下照射（图69-1）。光照时间为10～50min不等，生成无色透明的胶体，即为PAM胶体样品。

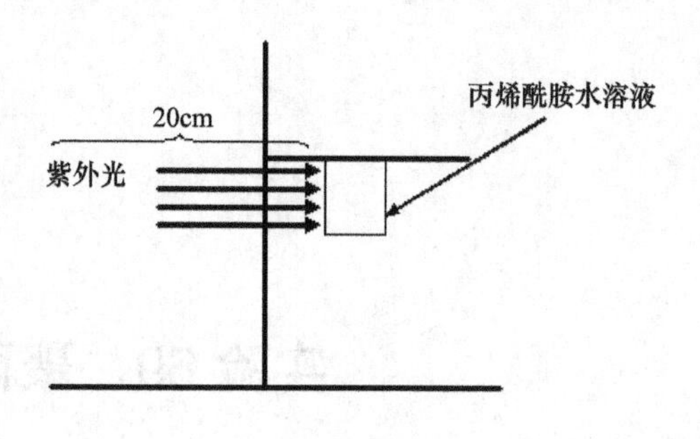

图69-1　光引发聚合丙烯酰胺实验装置图

2．*产物的红外光谱分析*

（1）将实验所得胶状聚丙烯酰胺在干燥箱中烘干，用刀片将其切碎。

（2）采用KBr压片法制样，将试样与KBr一起研磨，在红外灯下烘干后压片。

（3）再将处理过的试样进行傅立叶转换红外光谱测试，对PAM的结构进行分析。

3．*产物中残留丙烯酰胺含量的测定*

（1）称取0.5g粉状聚丙烯酰胺试样或相当于0.5g固含量的胶状试样，精确至±0.0001g，置于250mL碘量瓶中，加入100mL蒸馏水，震荡至试样完全溶解。

（2）用移液管在碘量瓶中准确加入20mL溴酸钾—溴化钾溶液、10mL盐酸水溶液，立即盖紧塞子，水封、摇匀；置于暗处30min后迅速加入10mL碘化钾溶液，立即用硫代硫酸钠标准溶液滴定。滴定至浅黄色时，加入1～2mL淀粉指示剂，继续滴定至蓝紫色消失时即为终点。记录滴定所耗硫代硫酸钠标准溶液的毫升数。

同时做不加光敏引发剂的空白实验。

4．*聚丙烯酰胺溶液固含量的测定*

（1）取洁净的三片涤纶膜及三根玻璃棒，在100℃±2℃下干燥至恒重，并分别记录每片涤纶膜连同一根玻璃棒的质量，精确至0.0001g，记为W_1。

（2）在每片涤纶膜上，用各自的玻璃棒分别取0.4～0.6g试样，连同玻璃棒一起快速称重，精确至0.0001g，记为W_2。

（3）用玻璃棒将试样均匀地涂成薄层。

（4）将涂好试样的涤纶膜连同玻璃棒一起放在真空烘箱内，在100℃±2℃，真空度为5300Pa的条件下干燥4h。

（5）取出烘干的试样，连同玻璃棒一起放在干燥器内冷却15min后称量，精确至0.0001g，记为W_3。

5．*聚丙烯酰胺特性黏度[η]的测定*

（1）聚丙烯酰胺溶液的配制。在已准确称重的100mL烧杯中，称重固含量为8%～30%的胶状试样0.66～1.25g，精确至0.0001g。加入50mL蒸馏水，搅拌溶解后，转移入200mL容量瓶中。加入100mL浓度为2.00mol/L的氯化钠溶液，放在恒温水浴中。恒温后，用蒸馏水稀释至刻度，摇匀，用干燥的玻璃砂芯漏斗过滤，即得试样浓度约为 0.0005 ~ 0.001g/mL、氯化钠浓度为 1.00mol/L 的试样溶液，放在恒温水浴中备用。

（2）聚丙烯酰胺溶液特性黏度的测定。操作步骤参阅实验 20。

本实验所得终产物为胶状物，采用非稀释型乌氏黏度计用一点法测出 PAM 的相对黏度 η 和增比黏度 η_{sp}，求出特性黏度 $[\eta]$。

（3）黏度计的洗涤和干燥。在使用黏度计前后以及测定中出现读数相差大于 0.2s，又无其他原因时，应按如下步骤清洗黏度计：自来水冲洗；铬酸洗液冲洗；蒸馏水冲洗。将洗净的黏度计置于烘箱内干燥。

五、实验结果分析与讨论

（1）对红外光谱进行分析，指出聚丙烯酰胺的特征官能团。

（2）根据式（69-1）计算固含量：

$$\text{固含量} = \frac{W_3-W_1}{W_2-W_1} \times 100\% \quad (69\text{-}1)$$

（3）参阅实验 30，在同一张图上，分别以 η_{sp}/c、$\ln\eta_r/c$ 对 c 作图，两条直线外推至 $c \to 0$，求 $[\eta]$。

（4）根据式（69-2）算出 PAM 的黏均分子量。

$$[\eta] = 7.19 \times 10^{-3} M^{0.77} \quad (69\text{-}2)$$

式中：$[\eta]$ 为特性黏度（mL/g）。

（李青山　刘喜军）

实验 70　三聚氰胺 / 甲醛树脂的合成及层压板的制备

一、实验目的

（1）加深对复合材料概念及制备工艺的认识。

（2）掌握制备三聚氰胺 / 甲醛树脂的实验技术。

（3）掌握氨基塑料层压成型的实验技术。

二、实验原理

三聚氰胺 / 甲醛树脂是氨基塑料的重要品种之一，它是由三聚氰胺和甲醛在碱性条件下缩合，通过控制单体组成和反应程度先得到可溶性的预聚体，该预聚体以三聚氰胺的三羟甲基化合物为主，在 pH = 8 ~ 9 时稳定，在热或交联剂的作用下可进一步通过羟甲基之间的脱水缩合形成交联聚合物，预聚反应机理如下：

$$\underset{\text{(triazine ring with } NH_2,\ H_2N,\ NH_2)}{C_3N_3(NH_2)_3} \xrightarrow[OH^-]{3HCHO} \underset{\text{(}NHCH_2OH,\ HOH_2CHN,\ NHCH_2OH)}{C_3N_3(NHCH_2OH)_3} \xrightarrow[OH^-]{3HCHO} \underset{\text{(}N(CH_2OH)_2,\ (HOH_2C)_2N,\ N(CH_2OH)_2)}{C_3N_3[N(CH_2OH)_2]_3}$$

预聚反应的反应程度通过测定沉淀比来控制。预聚反应完成后，将棉布、纸张或其他纤维物放入所得预聚体中浸渍、晾干，再经加热模压交联固化后，可得到各种不同用途的氨基复合材料制品。

本实验先以三聚氰胺和甲醛为缩合反应原料、以乌洛托品为交联剂制备三聚氰胺 / 甲醛预聚体，再经加热模压交联固化制备氨基复合材料制品，并测定其冲击强度。

三、实验材料和仪器

1. 主要实验材料

三聚氰胺、甲醛水溶液（36%）、乌洛托品（六亚甲基四胺）、三乙醇胺。

2. 主要实验仪器

三口烧瓶（250mL）、搅拌器、温度计、回流冷凝管、滤纸（或棉布）、恒温浴、XJ–40 型简支梁冲击强度试验机。

四、实验步骤

1. 安装装置

按图 70–1 安装好实验装置，整套装置安装要规范，尤其是搅拌器，安装后用手转动要求无阻力，转动轻松自如。

2. 预聚体的合成

在三口烧瓶中分别加入 50mL 甲醛溶液和 0.12g 乌洛托品，搅拌使之充分溶解；再在搅拌下加入 31.5g 三聚氰胺，继续搅拌 5min 后，加热升温至 80℃开始反应，在反应过程中可明显地观察到反应体系由浊转清，在反应体系转清后 30 ~ 40min 开始测沉淀比；当沉淀比达到 2 : 2 时，立即加入 0.15g（2 ~ 3 滴）三乙醇胺，搅拌均匀后撤去热浴，停止反应。

沉淀比的测定方法：从反应液中用滴管取 2mL 样品，冷却至室温，在搅拌下滴加蒸馏水，当加入 2mL 水使样品变混浊时，并经摇荡后不转清，则沉淀比达到 2 : 2。

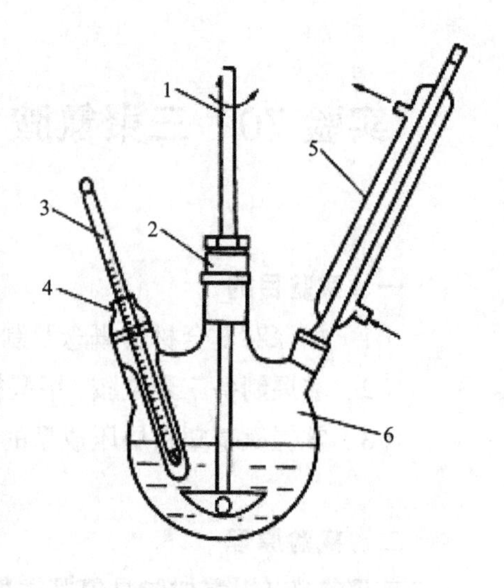

图 70–1　聚合反应装置

1—搅拌器　2—聚四氟乙烯塞　3—温度计
4—温度计套管　5—回流冷凝管　6—三口烧瓶

3. **纸张（或棉布）的浸渍**

将预聚物倒入一干燥的培养皿中，将15张滤纸（或棉布）逐张投入预聚物中浸渍1～2min，注意浸渍均匀透彻，然后用镊子取出，并用玻棒小心地将滤纸表面多余的预聚物刮掉，用夹子固定在绳子上晾干。

4. **层压成型**

将上述晾干的纸张（或棉布）层叠整齐，放在预涂硅油的光滑金属板上，在油压机上于135℃、4.5MPa压力下加热15min，打开油压机，稍冷后取出，即得坚硬、耐高温的层压塑料板。

5. **制品冲击强度的测试**

（1）根据试样的类型和大小调整好试样的支撑线距离。

（2）根据试样破裂需要的能量选择摆锤，使试样破裂需要的能量在摆锤总能量的10%～85%。

（3）检查及调整试验机零点，让摆锤自由悬挂，被动指针应正指读数盘的零点。

（4）测出摆锤的能量损失 ΔA，它是由指针摩擦、摆锤摩擦和风阻引起的能量损失之和。

（5）将试样放在试验机的支座上，试样中心或者缺口应该与摆锤对准。平稳释放摆锤，冲击试样后从读数盘指示值减去 ΔA，就得到试样被冲断时所损失的能量 A。

五、实验结果分析与讨论

（1）加入三乙醇胺的作用是什么？

（2）冲击强度的测试方法有哪些？用电子拉力机是否可以测试冲击强度？

（刘晓洪）

实验71　丙烯酸酯乳液压敏胶的制备及性能测定

一、实验目的

（1）掌握乳液聚合引发剂的精制和保存方法。

（2）掌握减压蒸馏精制单体的实验操作。

（3）掌握制备乳液型压敏胶的实验技术。

（4）掌握测定乳液压敏胶性能的实验技术。

二、实验原理

1. **过硫酸铵的精制**

为了控制聚合反应速度和聚合物的相对分子质量，必须准确计算引发剂的用量。由于引发剂的性质比较活泼，在储运中易发生氧化、潮解等反应，对其纯度影响很大，因此聚合前要对使用的引发剂进行提纯。

丙烯酸酯乳液压敏胶多使用过硫酸盐作引发剂。过硫酸铵由浓硫酸铵溶液电解后结晶而制得。过硫酸铵为无色单斜晶体，有时略带浅绿色，密度为1.982g/m^3。过硫酸铵比过硫酸钾更易溶于水，在120℃下分解。由于过硫酸离子的存在，过硫酸铵具有强氧化性，也常与还原剂如亚硫酸氢钠等组成氧化还原引发体系用于低温或常温乳液聚合。

过硫酸铵中的主要杂质是硫酸氢铵和硫酸铵，可用少量的水反复重结晶进行精制。

2. 单体丙烯酸丁酯的精制

在聚合反应中，特别是实验室研究时，单体的纯度非常重要，有时即使是很少量的杂质也会大大影响聚合反应进程和产物的质量，因此，反应前单体的纯化是十分重要的。

大部分烯类单体如甲基丙烯酸丁酯、苯乙烯等在热和光的作用下容易发生自聚反应，因此在存储和运输过程中需要加入少量的阻聚剂。阻聚剂可以是酚类、胺类或者硝基化合物阻聚剂具有一定的挥发性，但如果单纯采用蒸馏的办法，很难将它们清除干净，常会有少量阻聚剂随着单体蒸馏混入新蒸的单体中。通常采用先碱洗或酸洗将阻聚剂去除，然后分离单体相，干燥后再进行单体蒸馏纯化。

丙烯丁酯为无色透明液体，常压下沸点为145℃。为了防止丙烯酸丁酯在储运时发生自聚，加入对苯二酚作为阻聚剂。对苯二酚可以与氢氧化钠反应，生成溶于水的对苯二酚钠盐，再通过水洗就可以去除。

水洗干燥后的丙烯酸丁酯还要进一步蒸馏精制，由于丙烯酸丁酯的沸点较高，而且单体活性大，如采用常压蒸馏会由于温度过高而发生聚合反应，所以需要通过减压蒸馏降低化合物的沸点温度。

3. 乳液压敏胶的制备

压敏胶是无须借助于溶剂或热，只需施以一定压力就能将被粘物粘牢，得到实用粘接强度的一类胶黏剂。其中乳液压敏胶黏剂在我国压敏胶粘剂工业中占有相当重要的地位，约占压敏胶黏剂总产量的80%，占全部丙烯酸酯乳液的60%。乳液压敏胶被广泛用于制作包装胶黏带、文具胶黏带、商标纸、电子、医疗卫生等领域。本实验学习利用乳液聚合方法制备丙烯酸酯乳液压敏胶。

压敏胶乳液的基本配方组成与常规乳液一样，包括单体、水溶性引发剂、乳化剂和水。其中单体和乳化剂的选择是最为重要的。

影响乳液压敏胶力学性能的主要因素之一，就是胶黏剂中共聚物的玻璃化温度 T_g。压敏胶的玻璃化温度一般应保持在 −20 ~ −60℃的范围比较合适，当然不同使用目的的压敏胶配方体系有不同的最佳值。玻璃化温度的调节可以通过选择具有很低的玻璃化温度的软单体与较高玻璃化温度的硬单体按一定比例共聚，这样可在保持一定内聚力的前提下有很好的初黏性和持黏性。硬单体包括苯乙烯、甲基丙烯酸甲酯、丙烯腈等，软单体包括丙烯酸丁酯、丙烯酸异辛酯、丙烯酸乙酯等。使用多种单体进行共聚时，共聚物的玻璃化温度 T_g 可以用下式来近似计算：

$$\frac{1}{T_g}=\sum_{i=1}^{n}\frac{w_i}{T_{g-i}} \tag{71-1}$$

式中：T_g 为共聚物的玻璃化温度；w_i 为少聚组分 i 的质量分数；T_{g-i} 为共聚单体 i 均聚物的玻璃化温度。

为了提高压敏胶的性能，单体配方中往往还需要加入其他的功能性单体，如丙烯酸、丙烯酸羟乙酯、丙烯酸羟丙酯、N–羟基丙烯酰胺、二丙烯酸乙二醇酯等。以丙烯酸为例，丙烯酸的加入可以提高乳液的稳定性（包括乳液聚合稳定性和乳液的储存稳定性），并且提供可以与羟基交联的功能团—COOH，而压敏胶的适度交联可以提高胶的耐水性和粘接性。

乳化剂的选择也十分重要，它不但要使聚合反应平稳，同时也要使聚合反应产物具有良好的稳定性。用于乳液聚合的乳化剂（又称表面活性剂）种类很多，有阴离子表面活性剂、阳离子表面活性剂、非离子表面活性剂、两性表面活性剂等。在聚合过程中，实验证明单独使用阴离子或非离子乳化剂均难以达到满意的效果。这是因为离子型乳化剂对 pH 和离子非常敏感，如果单独使用离子型乳化剂，在聚合过程中很难控制乳液的稳定性。而单独使用非离子乳化剂，合成的乳液虽然离子稳定性好，对 pH 要求不太严格，但产生的乳液粒子很大，在重力的作用下容易下沉，放置稳定性不好。采用复合乳化剂如阴离子和非离子乳化剂的复配就可以克服上述缺点合成稳定的乳液。另外，乳化剂的用量对乳液的稳定性有很大影响，当乳化剂用量少时乳液在聚合中稳定性差，容易发生破乳现象，随着乳化剂用量的增加，乳液逐步趋于稳定。但乳化剂用量过高又会降低压敏胶的耐水性，而且施胶时泡沫过多，影响使用性能。

在实际应用时，一个完整乳液压敏胶配方中可能还要加入抗冻剂、消泡剂、防霉剂、色浆等。

4. *压敏胶性能的测试*

根据使用方法和领域的不同，乳液压敏胶有不同的性能测试要求。但基本的性能可以大致分为两类：乳液性能和压敏胶力学性能。其中乳液性能是指乳液本身的一些基本性能，如固含量、pH、稀释稳定性、机械稳定性、黏度、pH 稳定性等。而力学性能是从胶黏剂的使用来评价，包括：初黏性、持黏性、180° 剥离强度等。另外，还包括施工性能、着色性能等。

本实验以丙烯酸丁酯、丙烯酸、丙烯酸羟丙酯为单体，过硫酸铵为引发剂，十二烷基硫酸钠为乳化剂，通过乳液聚合制备乳液压敏胶，并测定其基本性能。

三、实验材料和仪器

1. *主要实验材料*

过硫酸铵（分析纯）、$BaCl_2$ 溶液、去离子水、丙烯酸丁酯、氢氧化钠、无水硫酸钠、丙烯酸、丙烯酸羟丙酯、十二烷基磺酸钠、OP–10、氨水。

2. *主要实验仪器*

锥形瓶（500mL）、恒温水浴、温度计、布氏漏斗、抽滤瓶、分液漏斗（500mL）、滴液漏斗（200mL）、试剂瓶（500mL）、烧杯（500mL）、烧杯（400mL）、三口烧瓶（500mL）、四口烧瓶（500mL）、毛细管（自制，也可事先准备好）、刺型分馏柱、接收瓶（50mL 和 500mL 各 1 个）、真空系统、玻璃棒、机械搅拌器、球形冷凝管、固定夹、广谱 pH 试纸、标准色卡、培养皿、烘箱，NDJ-79型旋转式黏度计、CZY-G型初黏性测试仪、钢板及固定架、CCS-2000型万能材料实验机。

四、实验步骤

1. 过硫酸铵的精制

（1）在500mL锥形瓶中加入200mL去离子水，然后在40℃水浴中加热15min，使锥形瓶内水达到40℃。

（2）迅速加入20g过硫酸铵，如果很快溶解，可以适当再补加过硫酸铵直至形成饱和溶液。

（3）溶液趁热用布氏漏斗过滤，滤液用冰水浴冷却即产生白色结晶（也可置于冰箱冷藏室使结晶更完全），过滤出结晶，并以冰水洗涤，用$BaCl_2$溶液检验滤液至无SO_4^{2-}为止。

（4）将白色晶体置于真空干燥器中干燥，称重，计算产率。将精制过的过硫酸铵放在棕色瓶中低温保存备用。

2. 单体丙烯酸丁酯的精制

（1）在500mL烧杯中加入10.5g氢氧化钠，并加入200mL去离子水，用玻璃棒搅拌溶解，并冷却至室温备用。

（2）在500mL分液漏斗中加250mL丙烯酸丁酯单体，用预先配好的5%氢氧化钠溶液洗涤3 ~ 4次至无色（每次用量40 ~ 50mL）。然后用去离子水洗至中性，放入试剂瓶中并加入硫酸钠适量，干燥3天以上。

（3）按图71-1安装蒸馏装置，并与真空体系、高纯氮体系连接。

（4）将干燥好的丙烯酸丁酯单体过滤去除干燥剂后加入三口烧瓶中，加热开始抽真空，控制体系的压力为4.0kPa（30mmHg），收集64℃的馏分。由于单体的沸点与真空度密切相关，所以真空度的控制要仔细，使体系真空度在蒸馏过程中保证稳定。馏分流出速度控制在1 ~ 2滴/s为宜。

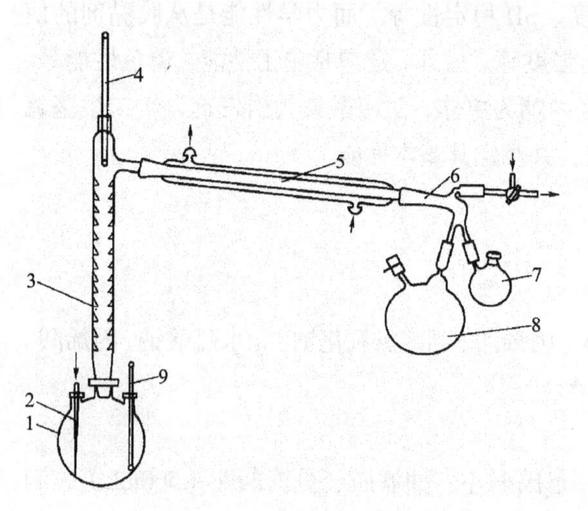

图71-1 丙烯酸丁酯减压蒸馏装置

1—蒸馏瓶 2—毛细管 3—分流柱 4，9—温度计 5—冷凝管 6—分馏头 7—前馏分接收头 8—接收瓶

（5）将精制好的丙烯酸丁酯单体密封后放入冰箱保存待用。

3. 乳液压敏胶的制备

如表71-1所示准备试剂。

（1）在400mL烧杯中依次称量丙烯酸羟丙酯2.0g、丙烯酸4.0g、丙烯酸丁酯194g，用玻璃棒略搅拌均匀备用。

（2）以称量纸称量十二烷基硫酸钠1.0g，于50mL烧杯中称量OP-10 1.0g备用。

（3）于50mL烧杯中称量过硫酸铵1.2g，并加10mL水溶解。

（4）以称量纸称量碳酸氢钠1.0g备用。

（5）在400mL烧杯中加入160mL去离

子水。

表71-1　乳液压敏胶配方表

试剂	用途	用量（g）
丙烯酸丁酯	单体	194
丙烯酸		4.0
丙烯酸羟丙酯		2.0
十二烷基硫酸钠	乳化剂	1.0
OP-10		1.0
过硫酸铵	引发剂	1.2
碳酸氢钠	缓冲剂	1.0
氨水	pH调节剂	适量
去离子水	介质	170.0

4. **乳液聚合**

（1）在图 71-2 的四口烧瓶内直接加入称量好的十二烷基硫酸钠和碳酸氢钠，同时将烧杯中的 OP-10 也加入烧瓶中，并在烧杯中加入适量称量好的去离子水冲洗，洗液也一并倒入烧瓶，将剩余的去离子水直接加入烧瓶，开启搅拌，水浴加热至 78℃，搅拌溶解。

（2）通过分液漏斗往烧瓶内先加入约 1/10 量的混合单体，搅拌 2min，然后一次性加入 33% ~ 40% 的过硫酸铵水溶液，反应开始。

（3）至反应体系出现蓝光，表明乳液聚合反应开始启动，10min 后再开始缓慢滴加剩余的混合单体，于 2h 内加完，在滴加单体过程中，同时逐步加入剩余的引发剂溶液（可以采用滴管滴加，每 10min 加入一次），也在 2h 内加完。聚合过程保持反应温度在 78℃。

（4）单体和引发剂溶液滴加完毕后继续搅拌，保温 78℃反应 0.5h，然后升温至 85℃再保温反应 0.5h。

（5）撤除恒温浴槽，继续搅拌冷却至室温。

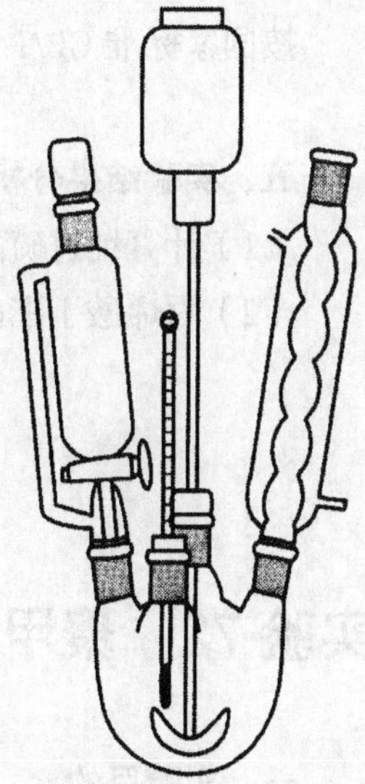

（6）将生成的乳液经纱布过滤倒出，并用氨水调节乳液的 pH 至 7.0 ~ 8.0。

图 71-2　乳液聚合装置图

5. **压敏胶性能的测试**

（1）压敏胶 pH 测定。以玻璃棒蘸取压敏胶乳液于广谱 pH 试纸上，与标准色卡对比，测定乳液 pH 并记录。

（2）压敏胶固含量测定。在培养皿（预先称重 m_0）中倒 2g 左右的乳液并准确记录（m_1），与 105℃以上的烘箱内烘烤 2h，称量并计算干燥后的质量（m_2），测其固含量：

$$固含量 = \frac{干燥后的质量 m_2}{乳液质量 m_1} \times 100\% \tag{71-2}$$

（3）压敏胶黏度测试。以NDJ-79型旋转式黏度计测试乳液黏度。选用1号转子，测试温度为25℃。

（4）初黏性测定。所谓初黏性是指物体与压敏胶黏带黏性面之间以微小压力发生短暂接触时，胶黏带对物体的黏附作用。

测试方法采用国家标准GB/T 4852—2002（滚球法），仪器为CZY-G型初黏性测试仪，倾斜角为30°，测试温度为25℃。

（5）持黏性的测定。所谓持黏性是指沿粘贴在被黏体上的压敏胶黏带长度方向悬挂一规定质量的砝码时，胶黏带抵抗位移的能力。一般用试片在实验板上移动一定距离的时间或者一定时间内移动的距离表示。

测试方法采用国家标准GB/T 4851—2014。将25mm宽胶带与不锈钢板相粘25mm长，下挂500g重物，在25℃下，测试胶带脱离钢板的时间。

（6）180°剥离强度测定。所谓180°剥离强度是指用180°剥离方法施加应力，使压敏胶黏带对被粘材料粘接处产生特定的破裂速率所需的力。

按国家标准GB/T 2792—2014进行测试，用WSM-20K型万能材料实验机测试。

五、实验结果分析与讨论

（1）计算纯过硫酸铵的产率。

（2）丙烯酸丁酯的精制为什么要采用减压蒸馏？

（汪建新）

实验72 聚甲基丙烯酸甲酯的合成与光纤的制备及性能测试

一、实验目的

（1）加深对聚甲基丙烯酸甲酯合成机理的理解。

（2）掌握聚甲基丙烯酸甲酯的本体聚合的实验技术。

（3）了解单体、引发剂的储存和精制方法。

（4）掌握制备阶跃折射率塑料光纤的实验技术。

（5）了解测定塑料光纤性能的方法。

二、实验原理

光导纤维简称光纤，是一种由透明材料制成的细丝状的、可传导的介质，主要由折射率高的纤芯和折射率较低的包层构成。为了增加光纤的机械强度并保护其不受外力和环境的影响，在包层外面又加上塑料外套，如图 72-1 所示。

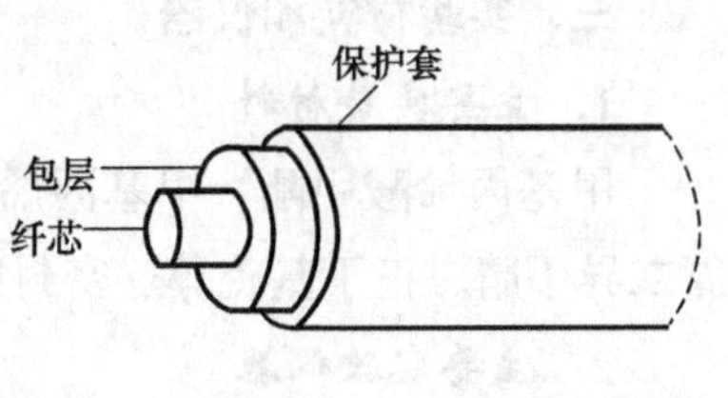

图 72-1　光纤结构

光纤的种类很多，按材料划分，可分为石英光纤、多组分玻璃光纤、塑料光纤、液芯光纤等；按传输模式划分，可分为多模光纤和单模光纤，多模光纤可传输若干个模式，而单模光纤对给定的工作波长只能传输一个模式；按光纤折射率分布划分，可分为阶跃折射率光纤、梯度折射率光纤、W 型光纤等。阶跃折射率光纤的纤芯和包层折射率都是均匀的，纤芯折射率高于包层折射率，在两者边界处折射率突变；梯度折射率光纤的纤芯折射率是渐变的，中心折射率最高，沿半径方向逐渐减小，包层折射率是均匀的，纤芯折射率一般呈抛物线分布；W 型光纤的纤芯折射率可以是均匀的，也可以是渐变的，主要区别是包层折射率又出现阶跃变化，形成双包层或三包层结构。

石英光纤已实现工业化生产，在长距离、大容量光纤通信领域已获得广泛应用。而塑料光纤在中短距离、中小容量信息传递方面具有明显优势，如制备工艺简单、价格低廉、连接容易、可挠性好等，主要用于短距离通信、数据传输、光纤器件、装饰装潢等，特别是在光纤到户、校园网、企业网、城市网等实现全光通信方面，具有较强的竞争优势。

塑料光纤的最大缺点是传输损耗较大，主要是 C—H 键的吸收损耗，称为本征损耗。材料中的过渡金属离子因为有空轨道在可见光及其附近会产生很强的吸收，材料中的羟基对光的吸收也很大。所以在制备光纤之前，应对原料进行提纯以预先除去这些杂质，减小传输损耗。此外，当光纤中存在结构、密度的微小不均匀时，会产生散射损耗，如果不均匀的长度小于入射光波长，这种散射称为瑞利散射，是产生散射损耗的主要原因。在制备及使用过程中，还会产生弯曲损耗和微弯损耗，此类损耗可通过改进制备工艺加以减小。

本实验采用预制棒纺丝法制备多模阶跃折射率塑料光纤并进行性能测试。纤芯采用聚甲基丙烯酸甲酯，包层采用甲基丙烯酸甲酯 / 甲基丙烯酸三氟乙酯共聚物。

聚甲基丙烯酸甲酯具有优良的光学性能，透光率达 92%，密度小，机械性能好，耐候性好。为保证其优良的光学性能，减小传输损耗，聚甲基丙烯酸甲酯多采用本体聚合的方法合成。

甲基丙烯酸甲酯的本体聚合是按自由基聚合反应机理进行的，其活性中心为自由基。反应包括链引发、链增长和链终止，当体系中还有链转移剂时，还可以发生链转移反应。作为光纤用材料，一般控制相对分子质量在 $5 \times 10^4 \sim 15 \times 10^4$ 之间，相对分子质量过低影响光纤强度，相对分子质量过高则纺丝困难。相对分子质量的高低由所加入的引发剂和链转移剂的量调节。

本实验以甲基丙烯酸甲酯为单体、偶氮二异丁腈为引发剂、正丁基硫醇为相对分子质量调节剂制备聚甲基丙烯酸甲酯并制成芯棒，以甲基丙烯酸甲酯 / 甲基丙烯酸三氟乙酯共聚物的丙酮溶液涂覆芯棒制成光纤预制棒，经拉丝后制成光纤，并测定其性能。

三、实验材料和仪器

1. 主要实验材料

甲基丙烯酸甲酯、甲基丙烯酸三氟乙酯、氢氧化钠、去离子水、高纯氮、95%乙醇、偶氮二异丁腈、正丁基硫醇、密封胶、丙酮。

2. 主要实验仪器

分液漏斗（500mL）、减压蒸馏装置、真空系统、煤气灯、冰箱、锥形瓶（500mL）、水浴、布氏漏斗、表面皿、棕色瓶、聚合管（长20cm，直径20mm，带翻口塞）、三通活塞、注射针头、氮气钢瓶、聚乙烯塑料袋、真空烘箱、拉丝机、TMA202型热分析仪、721分光光度计、阿贝折射率仪。

四、实验步骤

1. 甲基丙烯酸甲酯的精制

（1）在500mL分液漏斗中加入250mL甲基丙烯酸甲酯单体，用5%氢氧化钠溶液洗涤数次至无色（每次用量40～50mL），然后用去离子水洗至中性，用无水硫酸钠干燥24h。

（2）按图71-1安装减压蒸馏装置，并与真空体系，高纯氮体系连接。要求整个体系密闭。开动真空泵抽真空，并用煤气灯烤三口烧瓶、分馏柱、冷凝管、接收瓶等玻璃仪器，尽量除去系统中的空气，然后关闭抽真空活塞和压力计活塞，通入高纯氮至正压。待冷却后，再抽真空、烘烤，反复三次。

（3）将已干燥的甲基丙烯酸甲酯加入减压蒸馏装置，加热并开始抽真空，控制体系压力为1.33×10^4Pa（100mmHg）进行减压蒸馏，弃去少量头馏分，收集46℃的馏出液。由于甲基丙烯酸甲酯沸点与真空度密切相关，所以对体系真空度的控制要仔细，使体系真空度在蒸馏过程中保证稳定，避免因真空度变化而形成暴沸，将杂质夹带进蒸好的甲基丙烯酸甲酯中。当体系温度有明显上升时，停止蒸馏。

（4）为防止自聚，精制好的单体要在充氮后密封放入冰箱中保存待用。

2. 偶氮二异丁腈的精制

（1）在500mL锥形瓶中加入200mL 95%的乙醇，然后再于80℃水浴中加热至乙醇将近沸腾。迅速加入20g偶氮二异丁腈，振荡使其溶解。

（2）溶液趁热抽滤，滤液冷却后，即产生白色结晶。若冷却至室温仍无结晶产生，可将锥形瓶置于冷水浴中冷却片刻，即会产生结晶。

（3）结晶出现后静置30min，用布氏漏斗抽滤。滤饼摊于表面皿中，自然干燥2h，然后置于真空干燥箱中干燥4h。称量，计算产率。

（4）将精制后的偶氮二异丁腈置于棕色瓶中放入冰箱保存备用。

3. PMMA光纤预制棒的制备

（1）芯棒的制备。将精制的甲基丙烯酸甲酯，浓度为0.01%（摩尔分数）的偶氮二异丁腈和浓度为0.3%（摩尔分数）的正丁基硫醇加入到长20cm直径为20mm的聚合管中，用洁净的翻口橡皮塞塞紧管口，使液体充分混合均匀。取一三通活塞，公用端接一注射针头并插入到聚合管内，另两端分别连接氮气钢瓶和真空系统。充氮气时，注射针头位于液面以下；抽真空时，针头移至液面以上，反复充氮—抽真空 3 ~ 4 次。橡皮塞上的针眼可用密封胶堵上。将聚合管置于 70 ~ 80℃恒温水浴中加热聚合反应 24h 后将聚合管移至烘箱中，缓慢升温至 110 ~ 130℃，保温 4 ~ 6h。从烘箱中取出试管，冷却至室温，砸碎试管，取出芯棒并用聚乙烯塑料袋密封备用。

（2）包层溶液的制备。将甲基丙烯酸甲酯和甲基丙烯酸三氟乙酯以 1∶1 的比例按芯棒制备的方法制备。以丙酮为溶剂，配制成 5% 的包层溶液。

（3）包层的涂覆。将制备得到的芯棒浸入包层溶液中，垂直缓慢拉出，使芯材表面均匀涂覆一层包层，烘干或吹干使溶剂挥发，测定包层的厚度。需反复涂覆多次，直至包层的厚度为 0.416mm。

4. **预制棒拉丝**

将涂覆后的预制棒用夹具夹好，控制夹具的下放机构，使预制棒进入熔拉炉中熔化。丝状光纤即从炉中拉出，用收线轮卷收光纤。控制拉丝速度，使光纤直径为 1mm。连续热拉引装置如图 72–2 所示。

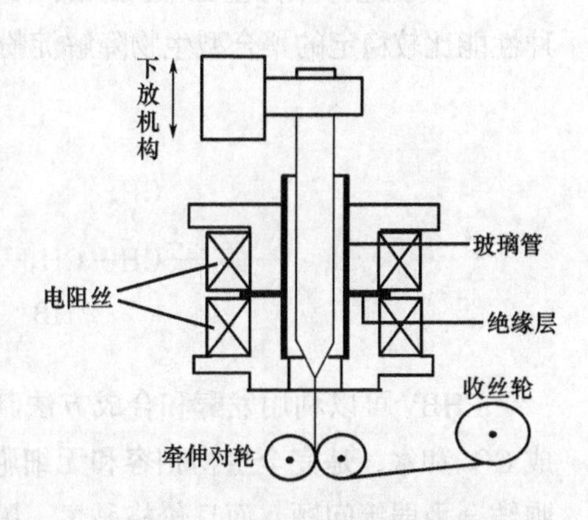

图 72–2 连续热拉引装置示意图

5. **塑料光纤性能测试**

（1）芯、包材料温度—形变曲线的测定。采用德国 NETZSCH 公司生产的 TMA202 型热分析仪，实验步骤参阅实验 42。

（2）透光率的测定。采用 721 分光光度计测定芯、包材料的透光率。

（3）折射率的测定。采用阿贝折射率仪测定芯、包材料的折射率。

五、实验结果分析与讨论

（1）将测试结果整理成表格形式，并分析性能优劣及影响因素。

（2）单体精馏过程为何在减压下进行，为何要去除头馏分？

（3）预制棒制备过程中应注意哪些问题？

（4）查阅相关资料，计算所得光纤的孔径大小。

（5）查阅文献资料，了解光纤的其他制备方法，并与本实验比较。

（李青山　张永强　王慧敏）

实验73　聚羟基脂肪酸酯 / 聚己内酯共混体的制备及性能测定

一、实验目的

（1）加深对聚合物共混改性原理的理解。

（2）了解聚羟基乙酸戊酸酯 / 聚己内酯共混的工艺过程及影响因素。

（3）熟悉微型双螺杆共混仪的基本结构。

（4）掌握聚羟基脂肪酸酯 / 聚己内酯共混改性及性能测定的实验技术。

二、实验原理

本实验选择聚羟基乙酸戊酸酯（PHBV）和聚己内酯（PLC）进行共混纺丝。PHBV是一种性能比较稳定的聚合型生物降解淀粉基树脂，其化学结构式如下：

$$\left[\underset{\text{HB}}{\overset{\overset{\displaystyle CH_3}{|}}{CH}-CH_2-\overset{\overset{\displaystyle O}{\|}}{C}-O}\right]_x\left[\underset{\text{HV}}{\overset{\overset{\overset{\displaystyle CH_3}{|}}{\overset{\displaystyle CH_2}{|}}}{CH}-CH_2-\overset{\overset{\displaystyle O}{\|}}{C}-O}\right]_y$$

PHBV可以利用发酵和合成方法制备，在废弃后能短期百分之百地降解为无害物质，生成CO_2和水，是完全生物相容和无细胞毒性的材料。但PHBV共聚物存在着力学性能差、细胞结合力弱等问题，而且价格昂贵，因此将PHBV作为单一组分产品使用存在许多困难，希望能与其他材料复合使用以求优势互补。

PCL是一种美国食品药品管理局（FDA）认可的无毒性生物可降解高聚物，由 ε-己内酯开环聚合而制得。其化学结构式如下：

$$H\left[O\left(CH_2\right)_5\overset{\overset{\displaystyle O}{\|}}{C}\right]_n OR$$

聚己内酯

PCL具有卓越的生物相容性、柔韧性和优良的力学性能，且价格相对较便宜。将PHBV与PCL共混，所制得的复合材料具备较好的生物性能和力学性能，其产品可以用于制备组织工程支架。

本实验以PHBV和PCL为原料，通过微型挤出共混机制备PHBV/PCL共混体，并测定其性能。

三、实验材料和仪器

1. 主要实验材料

聚羟基乙酸戊酸酯（PHBV）（工业级）、聚-ε-己内酯（PCL）（工业级）。

2. **主要实验仪器**

微型挤出共混机（Micro-compounder），投料量2～5g，随机的扭矩传感器可跟踪螺杆在转动时的扭矩变化情况，设备如图73-1所示。

图73-1　微型挤出共混机

四、实验步骤

（1）取PHBV原料50g，平铺于不锈钢筛网上，置放于真空烘箱中，于80℃温度、真空度小于80Pa的条件下干燥8h。用同样方法对PCL进行干燥，但干燥温度为50℃。

（2）干燥完毕后，在通入氮气的情况下关闭真空泵，当真空烘箱内的压力恢复到常压时，打开箱门，将干燥切片迅速装入密闭容器，防止切片重新在空气中吸湿。

（3）按表73-1质量配比配制样品，每份样品为4g。

表73-1　样品质量配比

样品号	A0	A10	A20	A30	A40	A50	A100
PHBV/PCL	0/100	10/90	20/80	30/70	40/60	50/50	100/0

（4）开启微型挤出共混机电源，设定共混温度175℃，待温度达到设定值后再平衡10min。

（5）将混合原料加入微型挤出共混机，共混熔融时间5min。

（6）开启熔体溢流口模阀门，将熔体引出进行纺丝，根据纺丝情况在10～50m/min之间设定卷绕速度。

（7）用单纤维强力仪测取卷绕丝的力学性能。

注意事项：

①实验结束后，应趁热清洗微型挤出共混机。严禁使用硬金属制工具如三角刮刀、螺丝刀、锤子等进行清理，以免损伤设备。

②熔体从口模挤出时温度较高，应采用镊子引导熔体细流，小心勿被熔体烫伤。

③严防各类杂质进入微型挤出共混机进料口中，以免损伤共混螺杆。

④实验结束后，必须恢复场地的清洁和整齐。

五、实验结果分析与讨论

（1）将实验数据记录于表73-2：

表73-2 实验数据记录

PHBV/PCL	0/100	10/90	20/80	30/70	40/60	50/50	100/0
共混温度（℃）							
共混时间（min）							
纺丝情况							
卷绕速度（m/min）							
纤维强度（cN/dtex）							

（2）观察随PHBV组分增加，共混物可纺性的变化。对变化的原因进行讨论。

（3）如何确定最佳共混温度？

（4）如何确定卷绕速度？

（杨 庆）

实验74 聚丙烯/乙丙橡胶共混体的制备及性能测定

一、实验目的

（1）了解聚合物共混改性的机理。

（2）了解聚丙烯/乙丙橡胶共混的工艺过程及影响因素。

（3）掌握制备聚丙烯/乙丙橡胶共混体的实验技术。

二、实验原理

由于热力学上的原因，有些聚合物（如聚丙烯）同绝大多数橡胶在熔融混炼时都不能形成分子程度的分散，共混产品仍包含有两相。相结构与橡胶性能，配比和混炼设备的剪切强度有关。研究表明，如果聚丙烯树脂形成连续相，橡胶形成细小的粒状分散相，而且两相之间有较好的黏结力，那么共混产品将有较好的韧性，而刚性则下降不少。

聚丙烯和橡胶的共混常常采用熔体共混方法，将聚丙烯树脂和橡胶加入混炼设备，在强大的挤压剪切下使两组分掺和、分散均匀。

本实验以聚丙烯树脂和乙丙橡胶为原料，通过熔体共混制备聚丙烯/乙丙橡胶共混体，并测定其性能。

三、实验材料和仪器

1. 主要实验材料

聚丙烯树脂、乙丙橡胶。

2. **主要实验仪器**

双螺杆挤出机、高混机、制样机、光学显微镜、扫描电镜。

四、实验步骤

1. **配料**

按以下配比称取总量为 250g 的物料并利用高混机在常温下混合均匀：

聚丙烯树脂	85 份
乙丙橡胶	15 份

2. **混合与挤出**

预热双螺杆挤出机，待各段温度达到设定值 15 min 后，开动主机。在慢速运转下加入聚丙烯树脂，待熔料从机头挤出后，用镊子牵引通过冷却水槽，得到连续的长条。缓慢提高螺杆转速，达设定值后加入配好的混合物，当挤出机中残留的聚丙烯挤完，共混物开始挤出时，熔料由半透明变为乳白色。弃去混杂部分，收集共混物长条。

3. **造粒**

将共混物长条送入切粒机，切成 2 ~ 3 mm 长的颗粒，再置于鼓风烘箱中于 90 ~ 100℃下干燥 0.5 h。

4. **制样**

设定料筒温度、注射时间和冷却时间。设定注射压力和保压压力。将料筒温度升高到设定值，15 min 后开动主机加入聚丙烯树脂，待料筒中残存的物料被聚丙烯置换干净后，合上模具并锁紧，按注射→保压→冷却→开模→取出样品→合模的循环周期半自动操作。得到 14 个试样后，加入共混物料，置换干净后用同样的方法注塑 14 个试样。

5. **测试**

在冲击试验机上测试样抗冲击强度。

注意事项：

①注意控制各段温度和停留时间。

②操作过程中防止金属物件或工具落入挤出机的注塑机的加料口中。

③注塑成型，制件的取出必须通过安全门。

五、实验结果分析与讨论

（1）计算加工量。

（2）将所得试样的测试结果与文献值比较。

（3）比较共混前后 PP 抗冲击强度的变化。

（4）配方中除 PP 及乙丙橡胶外还需加入何种助剂，为什么？

（李青山）

实验75 高分子导电复合材料的制备及导电特性测定

一、实验目的

（1）加深对复合型导电高分子材料的制备方法和导电原理的理解。

（2）了解制备高分子导电复合材料的实验技术。

（3）掌握测试高分子材料电阻的方法，并计算电阻率或电导率。

（4）分析工艺条件与测试条件对电阻的影响。

二、实验原理

按照导电性能区分，不同种类的材料都可分为导体、半导体和绝缘体三大类。区分标准一般以 $10^6\Omega\cdot cm$ 和 $10^{12}\Omega\cdot cm$ 为基准，电阻率低于 $10^6\Omega\cdot cm$ 称为导体，高于 $10^{12}\Omega\cdot cm$ 称为绝缘体，介于两者之间的称为半导体。然而，在实际中材料导电性的区分又往往随应用领域的不同而不同，材料导电性能的界定是比较模糊的。

1. 导电高分子材料的分类

根据导电机理的不同，导电高分子材料可分为结构型（本征型）和复合型（填充型）两类。结构型导电高分子（又称本征型导电高分子）自身具有导电性，其大分子链中的共轭键可提供导电载流子，如聚乙炔、聚吡咯、聚苯胺等。结构型导电聚合物由于刚性大而难于溶解和熔融、成型较困难、成本高昂，而且掺杂剂多属剧毒、强腐蚀物质，导电的稳定性、重复性以及导电率的变化范围比较窄等诸多因素限制了结构型高分子导电材料的发展。

复合型导电高分子（又称填充型导电聚合物），其聚合物本身无导电性，主要依靠渗入聚合物基体中的导电填料提供自由电子载流子以实现导电。常用的导电填料有：碳炭系列，如石墨、炭黑和碳纤维等；金属系列，如金属粉末、碎片和纤维，镀金属的粉末和纤维等；其他系列，如无机盐和金属氧化物粉末等。其中，由于炭黑原料易得，品种齐全，价格低廉，质轻，是目前广泛采用的导电填料。

2. 渗滤现象和渗滤阈值

图75-1所示的是典型的高分子导电复合材料的体积电阻率与导电填料含量的关系。可以看出，高分子导电复合材料的导电性不是随着炭黑含量的增加而成比例地增大的，随着炭黑含量的增加，高分子导电复合材料的体积电阻率起初略微下降，当炭黑含量增大到某一临界值时，高分子导电复合材料的电阻率突然急剧减小，在一个很窄的区域内，炭黑含量的略微增加会导致高分子导电复合材料电阻率大幅度下降，这种现象通常被称为“渗滤”效应（Percolation effect），炭黑含量的这一临界值称为“渗滤

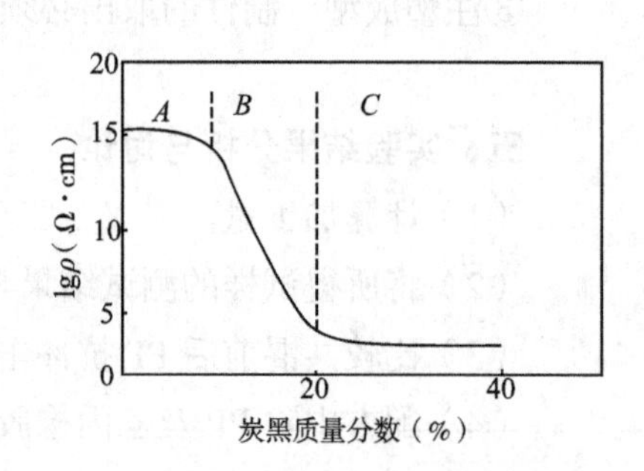

图75-1 高分子导电复合材料的体积电阻率与炭黑的关系

阈值”（Percolation threshold）。在突变之后，高分子导电复合材料的体积电阻率随着炭黑含量的增加而下降的幅度又恢复平缓。在图 75-1 中体积电阻率急剧下降的区域（B 区）称为渗滤区，A 区、C 区分别称为绝缘区和导电区。

3. 高分子导电的导电机理

高分子导电复合材料的导电机理有如下几种理论：

（1）导电通道学说：此学说认为导电填料加入聚合物后，不可能达到真正的多相均匀分布，总有部分带电粒子相互接触而形成链状导电通道，使复合材料得以导电。这种理论已被大多数学者所接受。

（2）隧道效应学说：尽管导电粒子直接接触是导电的主要方式，但研究发现炭黑填充橡胶的复合体系中，存在炭黑尚未成链但在橡胶延伸状态下也可以导电的现象。通过对电阻率与导电粒子间隙的关系研究发现，粒子间隙很大时也有导电现象，这被认为是分子热运动和电子迁移的综合结果，即隧道效应。

（3）电场发射学说：该学说认为由于界面效应的存在，当电压增加到一定值后，导电粒子间产生的强电场引起了发射电场，促使电子越过能垒而产生电流，导致电流增加而偏离线性关系，即存在电压—电流非欧姆特性。

高分子导电复合材料的实际导电机理是相当复杂的，现阶段主要认为是导电填料的直接接触和间隙之间的隧道效应的综合作用。

本实验以聚丙烯为基体材料，加入经偶联剂处理的导电炭黑，制备导电复合材料并测定其导电性能。

三、实验材料和仪器

1. 主要实验材料

聚丙烯（PP，熔体流动速率 = 2 ~ 20g/10min）、偶联剂 KH550、导电炭黑（CB）（Cabot X-72）、乙醇。

2. 主要实验仪器

哈克转矩流变仪（也可用双螺杆共混仪）、Keithley236 仪（或 6517A 静电计 / 高阻表）、真空烘箱、平板硫化机、抽真空机、加热器、四探针测试仪、金属夹头、电阻率仪、导线。

四、实验步骤

1. 高分子导电复合材料的制备

（1）原料的制备。将溶于乙醇的偶联剂 KH550（质量分数为 1%）加入 CB 中，充分搅拌，待混合均匀后，于 80℃下真空干燥 5h。

（2）导电复合材料的制备。

①称取一定量的 PP 和以上制备的 CB，投入哈克转矩流变仪进行共混，时间 12min，温度 180℃，转速 50r/min。当哈克转矩流变仪的转矩在 5min 内不发生变化时，停止共混。采用相同的方法制备 LDPE/CB 的共混物。通过改变炭黑的含量，可得到一系列的共混试样。

②将共混物放在自行设计的钢板模框中，在平板硫化机中模压成膜，温度180℃，热压时间3min，冷压时间5min，压成厚度为150 ~ 300 μm的薄膜。

2. **高分子导电复合材料导电性能的测定**

对材料导电性能的测定方法有多种，常采用两探针法或四探针法，可根据所测出的电阻值或电压电流值分别计算材料的电导率。Keithley仪器可以测定材料的电阻，也可以测定施加在材料上的电压和电流。此外，国内也有多种仪器可以使用，操作方法有所不同，但测试原理和计算方法基本相同。

（1）采用Keithley236仪器测定电阻的操作步骤：

①开机预热20min。

②将两红色电极连接待测电阻两端。

③设置输入电压。

④设定COMPLIANCE参数或选择AUTORANGE。

⑤启动OPERATE（安全提示：此时已接通电源，谨防触电）。

⑥启动TRIGGER。

⑦读出电流值，仪器显示Stand By后，方可读数、分解电路。

⑧计算电阻值。

（2）采用四探针法测定电阻率的方法。如图75-2所示，当1、2、3、4四根金属探针排成一直线时，并以一定压力压在半导体材料上，在1、4两处探针间通过稳定电流I，则2、3探针间产生电位差V。图中S_1、S_2、S_3分别为探针1与2、2与3、3与4之间的间距，单位cm。探针系数C计算式如下：

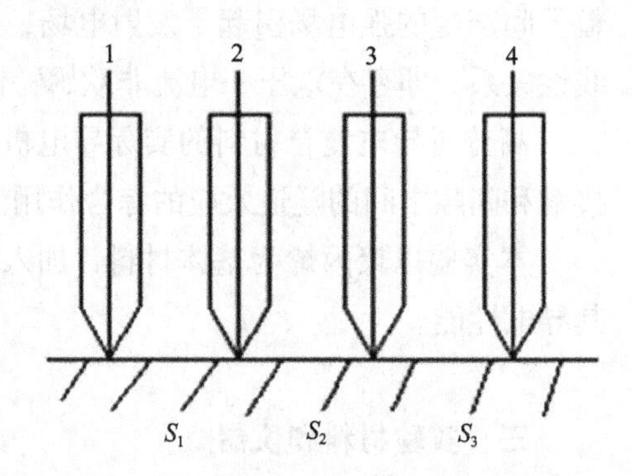

图75-2 四探针法电阻测量原理图

$$C = \frac{20\pi}{\frac{1}{S_1} + \frac{1}{S_2} - \frac{1}{S_1 + S_2} - \frac{1}{S_2 + S_3}}$$

为测试方便，一般探针间距相等，当$S_1 = S_2 = S_3 = 0.1$cm时，$C = 6.28$cm。$\rho = VC/I$，若电流取$I = C$时，则$\rho = V$，可由数字电压表直接读出。

（3）采用二探针法测电阻的方法。电导率σ是电阻率ρ的倒数：$\sigma = 1/\rho$，反映了物体导电能力的大小。电导率越大表明物体的导电性能越好，常用单位为S/cm。

由电阻公式：
$$R = \rho\frac{L}{S} \tag{75-1}$$

可以推出电导率公式：
$$\sigma = \frac{L}{RS} \tag{75-2}$$

本实验是对长方体聚合物试样进行测试，故：

$$\sigma = \frac{l}{Rdw} \tag{75-3}$$

式中：d 为试样厚度（cm）；w 为试样宽度（cm）；l 为试样长度（cm）；R 为试样电阻（Ω）。

如图 75-3 所示，将试样夹持在导电性能良好的夹头间，接上电阻率仪测其电压、电流，测出电阻率并计算出电导率。每个样品在不同的位置测试 5 次，取其平均值。

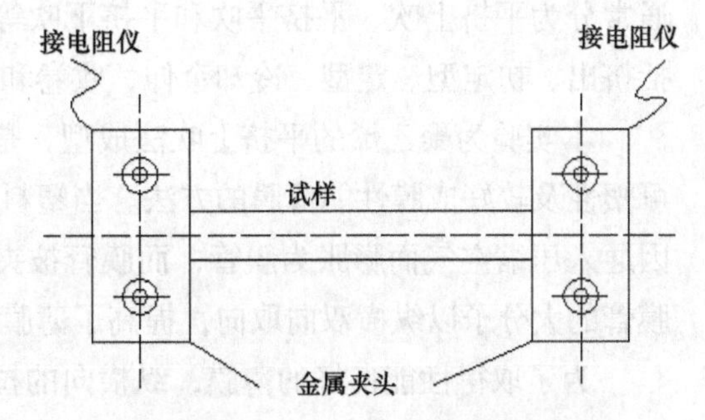

图 75-3　二探针法电阻测量原理图

五、实验结果分析与讨论

（1）绘制不同含量填料的高分子导电复合材料的电导率曲线图，讨论填料含量对材料导电性能的影响。

（2）绘制同一试样不同电压下的电导率曲线图，讨论电压对材料导电性能测试结果的影响。

（张清华）

实验 76　聚乙烯薄膜的吹塑成型及性能测定

一、实验目的

（1）加深对聚合物熔体挤出成型原理的理解。

（2）了解聚乙烯薄膜吹塑成型工艺参数的作用及其对薄膜质量的影响。

（3）掌握聚乙烯薄膜吹塑的实验技术。

二、实验原理

挤出吹膜法是塑料加工的主要加工方法之一，塑料薄膜由于具有质地轻、强度高、平整、光洁和透明等优点，且加工容易，价格低廉，因而在建筑、包装、农业大棚等领域得到广泛的应用。

塑料薄膜可以用多种方法成型，如压延、流延、拉幅和吹塑等。各种方法的特点不同，适应性也不一样。压延法主要用于非晶型塑料加工，所需设备复杂，投资大，但生产效率高，产量大，薄膜的均匀性好；流延法主要也是用于非晶型塑料加工，工艺最简单，所得薄膜透明度好，各向近似同性，质量均匀，但强度较低，且耗费大量溶剂，成本高，对环保形成污染；拉幅法主要应用于结晶型塑料，工艺简单，薄膜质量均匀，力学性能最好，但设备投资大；吹塑法最为经济，工艺设备都比较简单，结晶与非晶型塑料都适用，既能生产窄幅，又能生产宽幅薄膜。吹塑过程中，薄膜的纵横向都得到拉伸取向，薄膜质量较高，因此得到广泛的应用。

薄膜吹塑成型即挤出—吹胀成型，塑料熔体从挤出机口模呈管坯状挤出，由管坯内芯棒中心孔引入压缩空气使管坯吹胀成膜管，后经空气冷却定型、牵引卷绕而成薄膜。吹塑薄膜通常分为平挤上吹、平挤平吹和平挤下吹等三种工艺，其原理都是相同的。薄膜的成型都包括挤出、初定型、定型、冷却牵伸、收卷和切割等过程。

本实验为聚乙烯的平挤上吹法成型，是目前最常见的可得到质量高、分子间力大而具有可塑性及较好成膜性能薄膜的方法。当塑料熔体通过挤出机机头的环形间隙口模而成管坯后，因通入压缩空气而膨胀为膜管，而膜管被夹持向前的拉伸也促进了减薄作用。与此同时，薄膜管的大分子以纵横双向取向，提高了薄膜的力学性能。

为了取得性能良好的薄膜，纵横向的拉伸作用最好取得平衡，也就是纵向的喷口拉伸比（牵引薄膜管向上的速度与口模处熔体的挤出速度比）与横向的空气吹胀比（膜管的直径与口模直径比）应尽量相等。实际上，操作时吹胀比受到冷却风环直径的限制，其可调节的范围是有限的，因此吹胀比不易过大，否则会造成膜管不稳定。由此可见，拉伸比和吹胀比是很难一致的，也即薄膜的纵横向强度总有差异。在吹塑过程中，塑料沿着螺杆向机头口模的挤出并被吹胀成膜，经历着黏度、相变等一系列的变化，与这些变化有密切关系的是螺杆各段的温度、螺杆的转速是否稳定、机头的压力、风环吹风及室内空气冷却以及吹入空气压力、膜管拉伸作用等相互配合与协调都直接影响薄膜性能的优劣和生产效率的高低。

各段温度和机外冷却效果是最重要的因素。通常，延机筒到机头口模方向，塑料的温度是逐步升高的。各部位温差对不同的塑料各不相同。对 LDPE（低密度聚乙烯）来说，通常螺杆温度依次按 130℃、150℃、170℃递增，机头口模处稍低些。熔体温度升高将导致黏度降低，机头压力减少，挤出流量增大，有利于提高产量。但若温度过高和螺杆转速过快，剪切作用过大，易使塑料分解，且出现膜管冷却不良，膜管的直径就难以稳定，将形成不稳定的膜泡“长颈”现象，所得泡（膜）管直径和壁厚不均，甚至影响操作的顺利进行。因此，通常可设定稍低一些的熔体挤出温度和速度。

风管是对挤出膜管坯的冷却装置，位于膜管坯的周围。操作时可调节风量的大小以控制管坯的冷却速度。上下移动风环的位置可以控制膜管的“冷冻线”位置，对于结晶型塑料冷冻线即相转变线，是熔体挤出后从无定形态到结晶态的转变。冷冻线位置的高低对于稳定膜管、控制薄膜的质量有直接的关系。对聚乙烯来说，当冷冻线离口模很近时，熔体因快速冷却而定型，所得薄膜表面质量不均，有粗糙面，当冷冻线远离口模时粗糙程度下降，对膜的均匀性是有利的。但若冷冻线过分远离口模，会使薄膜的结晶度增大，透明度降低，且影响其横向的撕裂强度。冷却风环与口模距离一般是 30 ~ 100mm。

若对膜管的牵伸速度太大，单个风环是达不到冷却效果的，可以采用两个风环来冷却。风环和膜管内两方面的冷却都得到强化，可以提高生产效率。膜管内的压缩空气除冷却外还有膨胀作用，气量太大时，膜管难以平衡，容易被吹破。实际上，当操作稳定后，膜管内的空气压力是稳定的，不必经常调节压缩空气的通入量。膜管的膨胀程度即吹胀比，一般控制在 2 ~ 6 之间。

牵引也是调节薄膜厚度的重要环节。牵引辊与挤出口模的中心位置必须对准，这样能防止薄膜卷绕时出现的折皱现象。为了取得直径一致的膜管，膜管内的空气不能漏失，故要求牵引辊表面包覆橡胶，使膜管完全紧贴着牵引辊向前进行卷绕。牵引比不宜太大，否则易拉断膜管，牵引比通常控制在 4 ~ 6 之间。聚乙烯薄膜一般分为工业膜和农业膜两种，工业用薄膜主要用作防潮、防水及包装，而农业用薄膜主要是地膜和棚膜。

聚乙烯吹塑薄膜的原料选择是很重要的，在工业生产上，密度和熔体流动速率是两项重要的技术指标，可作为选择树脂的主要依据。这两个指标均与聚乙烯的基本性能和最终制品的性能有关。根据不同制品对聚乙烯的熔体流动速率（MFR）要求如下：重包装薄膜可选 LDPE 的 MFR 为 0.3 ~ 0.4，农用薄膜和轻包装膜选用低密度聚乙烯（LDPE）的 MFR 为 1.5 ~ 7.0。

采取挤出吹塑法制备聚烯烃薄膜的设备有很多。本实验采用 MF-400 型上吹薄膜机组（图 76-1）。该设备由挤出机（主机）、牵引卷取机（辅机）和电气控制箱组成，适合于可用风冷方式成型的塑料薄膜制品的试验和生产。主机主要由机架、减速器、主电机、料筒螺杆、加热器、换网装置、模具、冷却装置等组成。主机的作用是将塑料原料通过加热和增压挤出，再经过滤网过滤杂质后，进入模具挤出，在适量冷却风的作用下稳定成型。辅机主要由牵引机架、人字夹板、牵引辊筒、导辊、展平辊、收卷夹棍、收卷轴组成。辅机的作用是将主机上稳定成型的薄膜匀速地进行牵引，并通过收卷机施加适当的拉紧力均匀、平整地卷绕到收卷轴上，以便于下道加工工序的进行。该设备的技术参数见表 76-1。

表76-1　设备的技术参数

部件名称	技术参数	部件名称	技术参数
加料方式	人工喂料	牵引电机	0.55kW 带变频调速器
挤出机SJ30/30	螺杆直径30mm，长径比30：1	牵引速度	0 ~ 30m/min
机筒螺杆材质	38铬钼铝氮化处理	牵引辊调节方式	手动调节
挤出机主电机	4kW（配变频调速器）	人字夹板	木栅型
螺杆转速	0 ~ 80r/min	稳泡装置	护栏式
最大挤出量	10kg/h	辅机最大宽度	2200mm
机筒冷却风机	180W × 1组	导辊直径	75mm
机筒加热圈	2kW × 3组	收卷机结构	单工位
主机罩壳	开启式	收卷方式	被动卷取
机头法兰	塞入式	二次牵引辊长度	400mm
机头加热圈	不锈钢	收卷辊直径	180mm
模口直径	ϕ 30/80mm（互换式模具）	收卷电机	6N/m力矩电机
模具结构	螺旋式	收卷轴结构	通用型（3英寸纸管）
模具材质	40Cr	辅机	MF-400（牵引机变频调速）
风环风片配置	按模头配置	电气控制	中心控制台
冷却风环	280型冷却风环	温度控制方式	双数显智能型

续表

部件名称	技术参数	部件名称	技术参数
冷却风机	铸铝低噪声　0.75kW	薄膜最大宽度	250mm
牵引机总高度	2600mm	薄膜最小宽度	50mm
牵引架结构	标准型	薄膜最大厚度	0.05mm（LDPE）
			0.04mm（HDPE）
牵引辊长度	400mm	薄膜最小厚度	0.018mm（LDPE）
			0.008mm（HDPE）

本实验以 LDPE 粒子为原料，用熔体流动速率测定仪测定熔体流动速率，通过挤出吹塑法制备聚乙烯薄膜，并且测定其力学性能。要求所制备薄膜厚度为 0.04mm ± 0.004mm，宽度（折径）为 150mm ± 15mm。

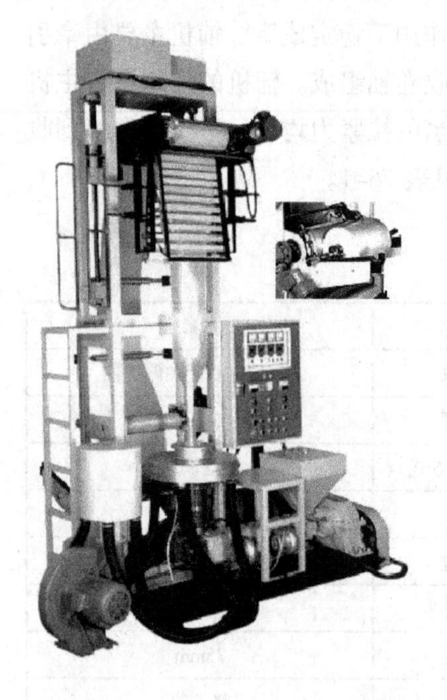

图 76-1　MF-400 型上吹薄膜机组

三、实验材料和仪器

1. 主要实验材料

LDPE（吹膜级）。

2. 主要实验仪器

上吹薄膜机组（MF-400 型，见图 76-1）、熔体流动速率测定仪（RLS-400 型）、测厚仪（HD-10 型）、钢尺、电子拉力实验机。

四、实验步骤

1. 测试聚乙烯原料的熔体流动速率

（1）取 LDPE 试样备用。

（2）开启熔体流动速率测定仪电源，设定炉内温度为 190℃，负载为 2160g，以使聚乙烯原料的流速被控制在 0.15 ~ 50g/10min 之间。装入标准毛细管，并将压料杆置于放料筒中恒温 5 min。

（3）将压料杆取出，往料筒中装入 2/3 体积的聚乙烯粒料，将压料杆插入料筒中将料压实，固定好导向套。

（4）用秒表计时 6 ~ 8 min 后，在导向套顶部装入选定的负载砝码，试样即从毛细管中挤出，当压料杆第一道刻线与炉口平行时开始取样，切去料头，记录时间，1min 后，切去试条，重复共切取 5 个试条，含有气泡的试条应弃去。

（5）将试条分别称重，采用式（76-1）计算其熔体流动速率后，取平均值：

$$\mathrm{MFR} = W \times 600/t \tag{76-1}$$

式中：W 为 5 个试条的平均质量（g）；t 为切割一段试条所需的时间（s）。

2. 聚乙烯薄膜吹塑成型

（1）根据聚乙烯的熔体流动速率确定挤出温度范围，进行机台预热。一般过滤网和模具部分的预热时间较长，从节约能源的角度考虑，应先加热这两个区域。在这两个区域温度达到设定温度后，仍应进行一段时间的保温，以利于温度的充分传导。在过滤网和模具进行保温的同时可打开机筒的预热开关，对机筒进行加温。特别需要注意的是，机筒一区的温度应比原料的塑化温度低 30 ~ 40℃，否则容易使螺杆产生环结阻料，从而导致物料挤出困难。产生环结阻料后，唯一的解决办法是拆开料筒螺杆，清理螺杆底部附着的塑料原料，再重新把螺杆装入料筒。此过程耗时耗力，应尽量避免。

（2）当螺杆各段预热到要求的温度时，保温 15 ~ 20min，检查机组的运转、加热和冷却是否正常，做好投料准备。

（3）开机前用手拉动传动皮带，证实螺杆可以正常转动后方可开启变频器，调节主电机转速（一般到 10 ~ 15Hz）。将聚乙烯原料投入料斗，打开料斗口的插板，使原料进入机筒。聚乙烯原料在螺杆中经挤压、加热形成熔体。

（4）聚乙烯熔体流经机头、圆形口模挤出。将通过机头的熔体集中在一起，使其通过风环，同时通入少量压缩空气，以防相互粘在一起。打开冷却风机，调节风门进风口大小，稳定好膜泡。

（5）打开牵引电机变频器，调节牵引速度到 5 ~ 6Hz（慢速），把膜泡引入人字夹板，送进牵引夹辊内，由牵引辊连续进行纵向牵伸，使膜泡以恒定的线速度进入卷取装置卷成制品；这里的牵引辊同时也是压辊，因为牵引辊完全压紧吹胀了的圆筒形薄膜，使空气不能从挤出机头与牵引辊之间的圆筒形薄膜内漏出来，这样膜管内空气量就恒定，从而保证薄膜具有一定的宽度。

（6）薄膜进入收卷机后，先使用人工进行牵引，再打开“力矩电机控制器”，调节控制器电压至 150 ~ 220V（视薄膜张紧力而定），再将薄膜送入收卷机进行收卷。开始卷取后，可适当加快牵引电动机牵引速度至 12 ~ 15Hz。

（7）调节进入膜泡的压缩空气，直至达到要求的幅宽为止。经冷却后的圆形薄膜被导向牵引辊叠成双折薄膜，其宽度称为折径。

（8）取样并用测厚仪测量薄膜的厚度，用钢尺测量薄膜的宽度（折径），根据误差及时调整工艺参数。薄膜的厚薄公差可通过模唇间隙、冷却风环风量以及牵引速度的调整而得到纠正，薄膜的幅宽公差主要通过充气吹胀大小来调节。

（9）当薄膜幅宽、厚度参数调整完毕达到要求后对薄膜取样，用电子拉力实验机测试薄膜的纵、横向拉伸强度、断裂伸长率等力学性能。再改变机身温度、机头温度、螺杆转速、牵引速度、风环风量等工艺条件后分别取样，以纵向薄膜力学性能为标志选取最佳工艺参数。

（10）实验结束，依次关闭风机、主电机、牵引电机、收卷电机、温控仪、总电源。清洁设备，清扫场地，将周边环境和设备恢复到初始状态。

注意事项：

①清理螺杆环结阻料、口模残留物或模具时，只能采用铜棒、铜刀或压缩空气等工具，

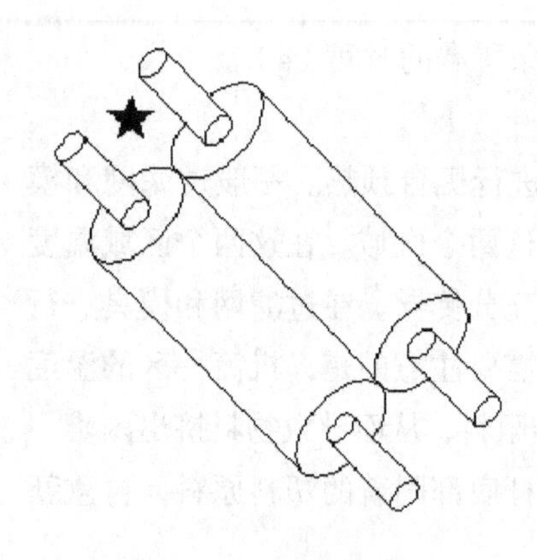

图 76–2 穿膜示意图

严禁使用硬金属制工具如三角刮刀、螺丝刀、锤子等进行清理，以免损伤设备。

②熔体从口模挤出时温度较高，操作过程中应戴好手套等防护用具以免被熔体烫伤。

③除加料外，应保持进料斗的关闭状态，严防各类杂质、小工具等落入进料口中，以免损伤螺杆。

④穿膜时应十分小心，防止手被卷进辊筒中。一般穿膜时应先把膜头穿入辊筒轴头（轴头处空隙较大，不易夹手，如图 76–2 所示“★”处），再把薄膜引入辊筒。

⑤牵引电机和收卷电机均为链条传动，且没有罩壳防护，操作时应特别注意。

⑥实验结束后，必须恢复场地的清洁和整齐。

五、实验结果分析与讨论

（1）将聚乙烯原料熔体流动速率的测试数据记录于表 76–2。

表76–2 聚乙烯原料熔体流动速率的测试数据

试条段序号	第一次		第二次	
	称重（g）	时间（s）	称重（g）	时间（s）
1				
2				
3				
4				
5				
合计				
MFR（g/10min）				
MFR平均值				

（2）将实验中不同工艺条件下所得薄膜的折径、厚度记录于表 76–3。

表76–3 不同工艺条件下所得薄膜的折径及厚度

工艺参数			薄膜的折径（mm）	薄膜厚度（mm）
主电机转速（Hz）	牵引电机速度（Hz）	收卷电机电压（V）		

（3）将实验中不同工艺条件下所得薄膜力学性能记录于表76-4。

表76-4　不同工艺条件下薄膜的力学性能

工艺参数			薄膜纵向强度（N/mm²）	薄膜纵向伸长（%）
模口温度（℃）	牵引电机速度（Hz）	冷却风量（m³/s）		

（4）影响聚乙烯薄膜折径、厚度的因素是什么？如何控制薄膜折径和厚度？

（5）料筒温度、螺杆转速、模头温度、充气压力分别对薄膜力学性能有何影响？讨论获得最佳薄膜力学性能（以纵向薄膜力学性能为标志）的工艺参数组合。

（6）讨论环境温度对薄膜成型的影响。

（杨　庆）

实验 77　聚丙烯注塑成型及性能测定

一、实验目的

（1）加深对聚合物熔注塑成型原理的理解。

（2）掌握聚丙烯样品条注塑成型工艺参数的作用及其对样品条质量的影响。

（3）了解液压注塑机的基本结构组成。

（4）掌握聚丙烯注塑及性能测定的实验技术。

二、实验原理

塑料的注塑成型是塑料加工的主要加工方法之一，适用于所有热塑性塑料的成型，其产品被广泛应用于国防、交通运输、机电、建材、包装及人们日常生活的各个领域。注塑机是一种专用的塑料成型机械，能一次性成型外形复杂、尺寸精确、质地密实的塑料制品。它利用了塑料的热塑性，将塑料加热熔融后，再施加较高的压力使其快速流入模腔，经过一定时间的保压和冷却后，开模后就可以得到各种形状的塑料制品。

注塑机的工作原理与医用注射器相似，借助柱塞的推力，将处于熔融状态的塑料熔体压入封闭模腔内，经冷却固化定型后得到所需产品。注塑成型是一个循环的过程，包括定量加料→熔融塑化→施压注射→充满模腔→冷却成型→开模取件→修整闭模，然后进入下一个循环过程。

注塑机根据塑化方式，可分为柱塞式和螺杆式注塑机；按设备传动方式，可分为机械式、液压式和液压—机械式；按操作方式，可分为自动、半自动和手动注塑机。

1. **卧式注塑机**

其合模部分和注射部分处于同一水平中心线上，模具沿水平方向向前打开。其优点是：机器重心低，工作平稳，便于操作和维修；产品脱模顶出后可利用重力作用自动落下，易于实现全自动操作，因此使用较为广泛。

2. **立式注塑机**

其合模部分和注射部分处于同一垂直中心线上，模具沿垂直方向打开。其优点是：占地面积小，装卸模具较方便，自料斗落入的物料能较均匀地进行塑化。但制品顶出后必须用手取下，不易实现自动操作。因此立式注塑机一般为小型注塑机，注塑量一般在60g以下。

3. **角式注塑机**

其注射方向和模具分界面在同一个面上，适合于加工中心部分不允许留有浇口痕迹的平面制品。它占地面积比卧式注塑机小，此种型式的注塑机通常注塑量较小。

聚丙烯是由丙烯聚合而制得的一种热塑性树脂，工业级聚丙烯以等规物为主。聚丙烯切片一般为半透明固体颗粒状，由于其结构规整性好而高度结晶化，熔点一般为166℃左右。

根据相对分子质量的大小，将聚丙烯切片分为纤维级和塑料级，从名称可以知其用途。塑料级丙烯切片适于制作一般机械部件和绝缘零件。由聚丙烯切片制得的塑料制品密度为0.90g/cm^3，是密度最轻的通用塑料。

本实验以聚丙烯为原料，通过注塑法制备聚丙烯塑料制品，并测定其力学性能。

三、实验材料和仪器

1. **主要实验材料**

聚丙烯切片（塑料级）。

2. **主要实验仪器**

15g液压注塑机（SZ15型）、摆锤式冲击试验机、万能试验机。

液压注塑机包括注射装置、合模装置、液压系统和电气控制系统，图77–1为15g液压注塑机的整机图，图77–2为合模装置。

对注射成型的基本要求是塑化、注射和成型。塑化是保证产品成型质量的前提，为满足成型的要求，注射必须保证有足够的压力和速度。由于注射压力很大，在模腔中会产生很高的压力，因此必须有较大的合模力。所以说注射装置和合模装置是注塑机的关键部件。表77–1为注塑机技术参数。

图 77–1　15g 液压注塑机外形

图 77–2　合模装置部分

表77–1　注塑机技术参数

技术参数		技术参数	
每次注射重量	15g	最大成型面积	$60cm^2$
注射柱塞直径	20mm	锁模力	200kN
最大注射压力	210MPa	加热用变压器容量功率	2kVA
注射速率	15g/s	电机型号及功率	Y112M–4（4kW）
模板最大开距	345mm	油泵型号及最大排油量	SV10–5 20.9kg/min
允许模具厚度	150 ~ 200mm	注射时油泵工作压力	15MPa
模具定位孔直径	60mm	合模时油泵工作压力	7MPa
拉柱水平方向净尺寸	204mm	喷嘴球径	SR10mm
模板行程	145mm	外形尺寸（长 × 宽 × 高）	1420mm × 1050mm × 2320mm

四、实验步骤

1. 测试聚丙烯原料的熔体流动速率

参阅实验 54。

2. 装模

（1）将移模机构推至最高位。

（2）将塑料模具装于移动模板上。

（3）旋下固定模板，校正塑料模具上模和固定模板，将螺旋拧紧。

（4）安装压板螺丝，将塑料膜下模紧固于移动模板上。

（5）接通三位四通电磁阀，使移模机构上下运行，检查塑料模具位置是否正确。

3. 料筒加热

（1）接通电器控制箱上的电热开关，适当调节电热圈的电压。由于过高的温度会导致聚丙烯品质恶化，所以操作温度一般控制在270℃以下。

（2）向料筒内加入聚丙烯切片，对其充分加热，使聚丙烯切片熔融。

（3）将加热料筒、喷嘴脱离塑料模具至适当位置，做注塑测试。

（4）然后将喷嘴向下移动，使其与模具闭合。

4. *注塑操作*

（1）接通电磁阀，使移模机构上升，使塑料模具闭合。

（2）接通电磁阀，使注射柱塞压入料筒进行注塑，注塑挤压时间按零件工艺要求确定。

（3）接通电磁阀，使注射柱塞退回脱离料筒口时，可用容器将聚丙烯切片加入料筒内。

（4）接通电磁阀，使移模机构下降，塑料模具开启，取出产品。

5. *产品性能测试*

（1）按上述过程制取至少10根样品条。

（2）取5根样品条，在摆锤式冲击试验机上测试材料的抗冲击能力。

（3）取5根样品条，在万能试验机上测试材料的抗拉伸能力。

注意事项：

①清理模具时，只能采用铜棒、铜刀或压缩空气等工具或方法，严禁使用硬金属制工具如三角刮刀、螺丝刀、锤子等进行清理，以免损伤模具。

②操作过程中应戴好手套等防护用具以免被烫伤。

③实验结束后，必须恢复场地的清洁和整齐。

五、实验结果分析与讨论

（1）记录聚丙烯注塑的实验数据于表77-2。

表77-2 实验数据记录

聚丙烯切片的熔体流动速率（g/10min）		样品抗冲击能力（kJ/m^2）	
料筒温度（℃）		样品拉伸强度（MPa）	

（2）料筒温度的调整对样品强度有何影响？

（3）设计注塑产品时应如何选用聚丙烯原料？

（4）影响聚丙烯注塑产品拉伸强度和抗冲击能力的因素是什么？

（杨 庆）

实验78 聚酯熔融纺丝及纤维性能测定

一、实验目的

（1）加深对聚合物熔融纺丝和拉伸原理的理解。

（2）掌握聚酯熔融纺丝工艺参数的作用及其对纤维质量的影响。

（3）了解螺杆挤出机的基本结构与组成。

（4）掌握聚酯熔融纺丝及纤维性能测定的实验技术。

二、实验原理

熔融纺丝是合成纤维最重要的成型方法，简称熔纺。合成纤维三大品种聚酯纤维、聚酰胺纤维、聚丙烯纤维等都采用熔纺生产。相比于湿法纺丝，熔纺的卷绕速度高、纺丝过程中不使用溶剂和沉淀剂，工艺流程短，设备投资低。熔纺最大的优点是对环境的污染比较小。因此，凡是熔点低于分解温度、可通过加热熔融形成稳定熔体的成纤高聚物都优先考虑采用熔融纺丝方法制备纤维。

聚酯是一个大类，有很多品种。但化纤行业中大量生产的聚酯纤维通常指的是聚对苯二甲酸乙二醇酯纤维，其商品名为涤纶。聚酯纤维自20世纪50年代实现产业化生产后，在世界各国得到了大力发展，其产量迅速超过聚酰胺纤维，成为合成纤维的第一大品种。

涤纶的相对密度为1.38左右，熔点为255～265℃，吸湿度较低，约为0.4%。涤纶的强度较高，断裂强度为4.0～5.5cN/dtex，高强型纤维强度可达7～8 cN/dtex。涤纶有优良的尺寸稳定性、弹性、耐日光性、耐摩擦性和抗皱性，具有良好的电绝缘性能和耐化学试剂性能。能耐弱酸及弱碱，但耐强碱性很差。涤纶的染色性能较差，通常用分散性染料在高温或在加入载体的条件下进行染色。

涤纶具有优良的纺织性能与服用性能，用途非常广泛，无论是长丝还是短丝都可以纯纺织造或与其他纺织纤维如棉、毛、丝、麻以及各种化学纤维混纺交织，其仿棉、仿丝、仿毛及仿麻织物坚牢挺括、易洗快干、免烫耐穿、洗可穿性能良好。涤纶类织物可用于男女外衣、衬衫、内衣和室内装饰织物、地毯等。采用特殊的纺丝工艺，可以制备多孔涤纶，用多孔涤纶制成的棉被具有良好的轻巧性、弹性和蓬松性。高强型涤纶丝通常作为工业用丝，用来制备轮胎帘子线、传送带、缆绳、过滤材料、渔网、薄膜等。涤纶也可制作非织造布，用于装饰材料、地毯底布、衬里、医用布材等。

聚酯的熔纺分为直接纺丝法和间接纺丝法。直接纺丝是将聚合装置的聚酯熔体直接送到纺丝机进行纺丝；间接纺丝又称为切片纺丝，需要先对聚酯熔体进行冷却、铸带、切粒，而后送往纺丝工序。相比而言，直接纺丝的优点是降低生产成本，缩短流程，但对自动化程度要求较高，变换品种困难，因此适应于大规模单一品种的生产；而间接纺丝灵活性较大，更换品种容易，其缺点是流程相对较长，增加了生产成本。

涤纶的纺丝卷绕速度通常分为常规纺、高速纺和超高速纺。常规纺的纺丝速度为1000m/min左右；高速纺的纺丝速度在3000～3500m/min；超高速纺的纺丝速度在6000m/min以上。在较高速度的纺丝过程中，熔体细流中处于熔融态的大分子在固化前处在较高的速度梯度场中，在较大的张力下形成大分子链的取向，取向度随着纺丝卷绕速度的提高而增大。高速纺（3000～3500m/min）所得到的卷绕丝形成部分取向，因而被称为预取向丝（POY）。由于POY的取向度较高，大分子间的吸引力较大，而使取向诱导了结晶。结晶区起着网结点的作用，使纤维的取向巩固，从而有较大的结构稳定性，便于储存和运输。POY的剩余拉伸倍数在2倍以下，通常再在拉伸变形机上经历拉伸和假捻变形后加工成拉伸弹力变形丝（DTY），用于生产针织衫、袜子、罗纹布、毛衫衬衫面料、家纺面料、装饰布、领带等。当纺丝速度超过6000m/min后，取向度趋于完全，此时的卷绕丝可以直接用于织造而无须后拉伸。

聚酯熔纺一般包括以下几个步骤：

（1）切片干燥：对于切片纺丝，需对切片进行干燥以去除切片所含水分，降低纺丝过程中的水降解；同时也可提高切片的结晶度和软化点，防止环结阻料。

（2）熔体制备：将干燥后的聚酯切片在螺杆中加热熔融，挤压送入纺丝箱体的各个纺丝部位，也可从连续聚合装置直接引入聚酯熔体。

（3）纺丝成型：熔体在压力下通过计量泵、纺丝组件，从喷丝孔挤出形成熔体细流，喷丝孔的直径一般为0.25 ~ 0.30mm。

（4）熔体细流经风冷却固化形成初生纤维。

（5）对初生纤维进行上油和卷绕。

（6）对于常规纺丝，卷绕丝在双区热拉伸机上进行拉伸得到高度取向的拉伸丝，可直接用于织造；对于高速纺丝，其预取向丝（POY）在拉伸变形机上经过拉伸和变形处理后成为拉伸弹力变形丝（DTY）。

本实验以聚对苯二甲酸乙二醇酯（PET）切片为原料，通过熔融纺丝和拉伸工艺制备聚酯纤维，并且测定其力学性能。要求所制备聚酯纤维的线密度为100 ~ 300dtex。

三、实验材料和仪器

1. 主要实验材料

聚对苯二甲酸乙二醇酯（PET）片［由精对苯二甲酸（PTA）和乙二醇（EG）缩聚而成，普通纤维级消光切片］。

2. 主要实验仪器

熔融纺丝机（实验型）（MELT SPINNING TESTER MST C–400型，最高卷绕速度400m/min）、牵伸机（平行牵伸机）、不锈钢筛网、真空烘箱、真空泵、密闭容器。

四、实验步骤

1. 聚酯切片的干燥

（1）取适量聚酯切片平铺于不锈钢筛网上，置放于真空烘箱中。

（2）开启电源，设定干燥温度为165 ~ 175℃，启动真空泵，调节真空度为小于80Pa。

（3）干燥8h后关闭加热器，降至室温。

（4）在通入氮气的情况下关闭真空泵，当真空烘箱内的压力恢复到常压时，打开箱门，将干燥切片迅速装入密闭容器，防止切片重新在空气中吸湿。

2. 聚酯切片的纺丝

（1）打开纺丝机电源，设定螺杆挤压机一区温度为270 ~ 280℃，二区温度和箱体温度为 285 ~ 292℃，打开进料段冷却水龙头。

（2）待温度升到设定参数并平衡 0.5h 后，启动螺杆，将干燥切片加入料斗内（料斗通氮气保护），打开侧吹风，开始纺丝。

（3）投料后 5 ~ 10min 后，可见有聚酯熔体细流从喷丝孔喷出，在侧吹风的冷却下固化成型，开启卷绕机，引导初生纤维经过上油上湿装置卷绕到纸筒管上。

（4）调整计量泵的转速和卷绕速度可以得到不同线密度的初生纤维。

3. *初生纤维的平行拉伸*

（1）在平行牵伸机上进行聚酯初生纤维的拉伸。

（2）拉伸速度、拉伸倍数和牵伸温度可通过电气控制箱进行调控。

（3）应对初生纤维进行充分的拉伸，使其断裂伸长率达到所需指标。

注意事项：

①清理螺杆环结阻料、组件残留物或喷丝板时，只能采用铜棒、铜刀或压缩空气等工具或方法，严禁使用硬金属制工具如三角刮刀、螺丝刀、锤子等进行清理，以免损伤设备。

②熔体从喷丝板喷出时温度较高，操作过程中应小心操作，避免被熔体细流烫伤。

③除加料外，应保持进料斗的关闭状态，严防各类杂质、小工具等落入进料口中以损伤螺杆，同时还可避免破坏氮气的保护状态。

④安装组件应在教师指导下进行，戴好手套，防止烫伤。

⑤纺丝机有机械转动机件，实验者务必不能穿裙子和高跟鞋，留长发者需把长发挽起，以保证实验安全。

⑥实验结束后，必须恢复场地的清洁和整齐。

五、实验结果分析与讨论

（1）将聚酯纤维纺丝、拉伸的实验数据记录于表 78–1。

表78–1　实验记录

项目	数据	项目	数据
1区温度（℃）		计量泵公称流量（mL/r）	
2区温度（℃）		计量泵转速（r/min）	
箱体温度（℃）		泵供量（mL/min）	
侧吹风（挡）		卷绕速度（m/min）	
初生纤维计算线密度（dtex）		初生纤维实测线密度（dtex）	
拉伸倍数（倍）		拉伸温度（℃）	
拉伸丝强度（cN/dtex）		拉伸丝伸长率（%）	

（2）影响聚酯纤维强度的因素是什么？

（3）如何计算初生纤维的线密度？为什么计算线密度与实测线密度有一定误差？

（4）为什么要对初生纤维进行拉伸？拉伸前后纤维的超分子结构有何变化？

（5）调整复丝中单根纤维的线密度有哪几种方法？

（杨　庆）

实验79　壳聚糖湿法纺丝及性能测定

一、实验目的

（1）加深对天然高分子甲壳素及其衍生物壳聚糖的认识。

（2）掌握壳聚糖的溶解实验技术。

（3）掌握壳聚糖纤维的纺丝实验技术。

（4）掌握壳聚糖纤维的基本性能测试技术。

二、实验原理

甲壳素是自然界中最丰富的氨基多糖类有机资源，广泛存在于甲壳纲动物虾蟹的甲壳、昆虫的甲壳、真菌（酵母、霉菌、菇类）的细胞壁和植物的细胞壁中，是一种取之不尽，用之不竭的可再生资源。壳聚糖是甲壳素最重要的衍生物，具有优异的生物相容性，已被广泛应用于包括农业、食品添加剂、化妆品、抗菌剂、医疗保健以及药物开发等众多领域。

由于壳聚糖（β-1，4-聚-2-氨基-D-葡萄糖）的化学结构（图79-1）与纤维素（图79-2）比较相似，人们自然而然地想到用它们去生产纤维和薄膜。普遍采用的纺制壳聚糖纤维的方法主要是湿法纺丝法。通常的工艺过程是先把壳聚糖原料溶解在合适的溶剂中配制成一定浓度的纺丝原液，经过滤脱泡后，用压力把原液从喷丝头的小孔中呈细流状喷入凝固浴槽中，在凝固浴中凝固成固态纤维，再经拉伸、洗涤、干燥等后处理就得到壳聚糖纤维。其中关键工艺为寻找合适的溶剂，以制备溶解良好、具有优良可纺性能的壳聚糖原液。壳聚糖纤维可以被用于制备医用敷料、医用可吸收缝合线、抗菌纺织品等众多领域。

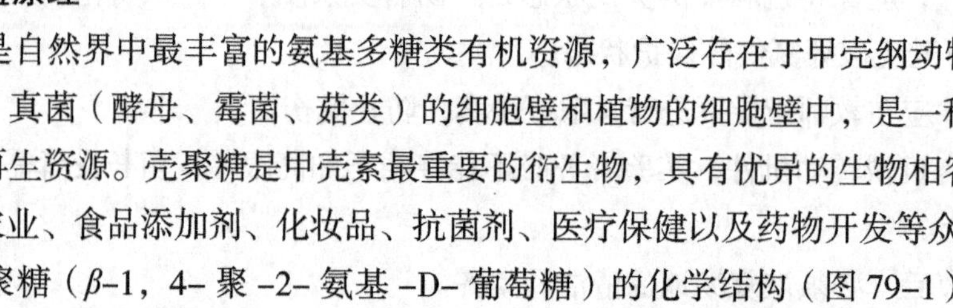

图79-1　壳聚糖的化学结构

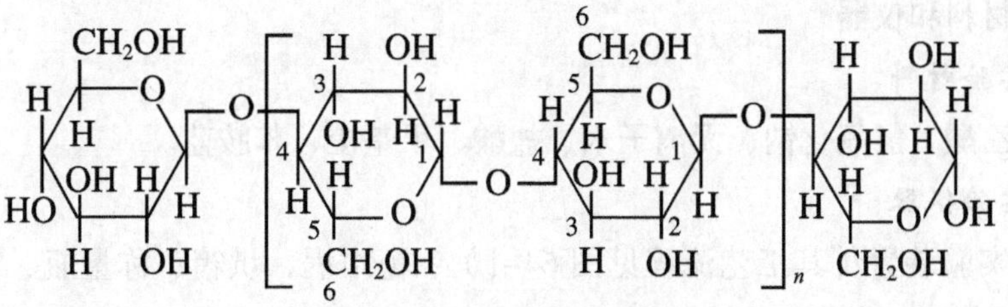

图 79–2　纤维素的化学结构

研究表明，壳聚糖具有复杂的双螺旋结构，见图 79–3。螺距为 0.515nm，每个螺旋平面由 6 个糖残基组成。壳聚糖大分子链上分布着许多羟基和氨基，它们会形成各种分子内和分子间的氢键。壳聚糖由于其分子链规整性好以及分子内和分子间存在这些很强的氢键作用，因而具有较好的结晶性能。这使它在多数有机溶剂、水、碱中难以溶解。但壳聚糖所具有的氨基基团的氮原子上具有一对未共用的电子，致使氨基呈现弱碱性，在稀酸中当 H^+ 活度达到—NH_2 的浓度时，—NH_2 被质子化成—NH_3^+，从而使壳聚糖成为带阳电荷的聚电解质，也可看成是一种高分子盐，见图 79–4，分子间的氢键被破坏，分子链的规整性恶化，—OH 与水分子发生水合作用，导致壳聚糖分子膨胀而溶解。但壳聚糖溶液遇到碱性溶剂就会形成凝胶。

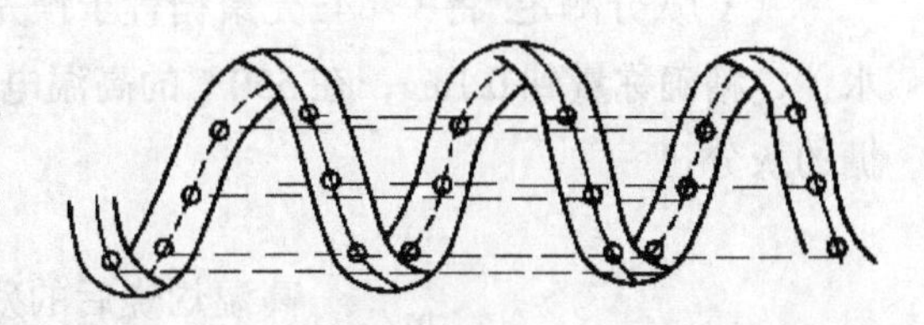

图 79–3　糖类的双螺旋结构（虚线表示氢键）

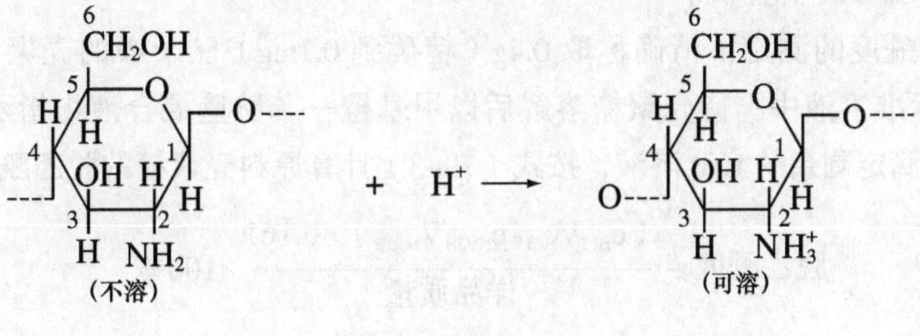

图 79–4　壳聚糖在稀酸水溶液中的质子化

本实验用以甲基橙—苯胺蓝混合液为指示剂，以 NaOH 标准溶液为滴定液标定壳聚糖的脱乙酰度；以乙酸为溶剂溶解壳聚糖制备纺丝溶液；以氢氧化钠为凝固剂，采用湿法纺丝法制备壳聚糖纤维；采用常规的测试技术测定壳聚糖纤维的线密度和力学性能。

三、实验材料和仪器

1. 主要实验材料

壳聚糖、乙酸、氢氧化钠、无离子水、盐酸、甲基橙、苯胺蓝。

2. 主要实验仪器

湿法纺丝实验装置（其工艺流程见图64-1）、瓷坩埚、烘箱、称量瓶、NDJ-79型旋转式黏度计、玻璃杯、切断机、扭力天平、强力仪。

四、实验步骤

1. 原料壳聚糖的分析

（1）灰分测定：将3～4g壳聚糖置于预先恒重的瓷坩埚中，在105℃的烘箱中烘至恒重（脱水），精确称量到0.1mg，在550℃的高温电阻炉中灼烧至恒重，按式（79-1）计算原料壳聚糖的灰分：

$$\text{灰分} = \frac{\text{高温灼烧后的残余物质量(g)}}{\text{壳聚糖质量(g)}} \times 100\% \tag{79-1}$$

（2）水分含量测定：在预先恒重的称量瓶中称取壳聚糖样品3～4g，精确到0.1mg；在105℃的烘箱中烘至恒重，按式（79-2）计算原料壳聚糖的水分含量：

$$\text{水分} = \frac{\text{烘燥前样品质量（g）} - \text{烘燥恒重后样品质量（g）}}{\text{烘燥前样品质量（g）}} \times 100\% \tag{79-2}$$

（3）黏度测定：将已知含水率的壳聚糖在烧杯中用1%的乙酸溶液配制1%的壳聚糖溶液200mL，在250℃下静置溶解20h，倒入玻璃杯中，用NDJ-79型旋转式黏度计测定该溶液的黏度。操作步骤参阅实验30。

（4）脱乙酰度的测定：精确称取0.4g（精确到0.1mg）已干燥的壳聚糖溶解在30mL 1mol/L的HCl标准溶液中；待壳聚糖溶解后以甲基橙—苯胺蓝混合液为指示剂，用1mol/L NaOH标准溶液滴定剩余的HCl溶液，按式（79-3）计算原料壳聚糖的脱乙酰度：

$$\text{脱乙酰度} = \frac{(c_{HCl}V_{HCl} - c_{NaOH}V_{NaOH}) \times 0.161}{\text{样品质量}} \times 100\% \tag{79-3}$$

式中：c_{HCl}为HCl标准溶液的浓度（mol/L）；V_{HCl}为加入的HCl标准溶液的体积（mL）；c_{NaOH}为NaOH标准溶液的浓度（mol/L）；V_{NaOH}为NaOH标准溶液的体积（mL）；0.161为与HCl或NaOH标准溶液相当的—NH_2的量（g）。

2. 纺前清洗

（1）设备及管道清洗：各台设备和管道接触物质部分，先除尽杂质，然后用水清洗，放空再清洗至少三次。

（2）滤器、计量泵、喷丝头的清洗和检查。滤器：用铜丝或钢丝刷刷尽表面污物后，用水清洗干净，烘干后待用；喷丝头：喷丝头放在 50% 的乙酸中，用超声波清洗器清洗 2 ~ 3 次，每次 20min，用净化水清洗干净并烘干，检查合格后待用。

（3）过滤介质的清洗：滤布用清水洗净、晒干、烫平后备用；不锈钢网用超声波清洗器清洗 2 次（20min/ 次），再用净化水清洗干净后，烘干待用。

3. **设备的纺前调试**

（1）按工艺要求调节计量泵和各种导丝辊的转速：用孔数为 1000、孔径为 0.08mm 的喷丝头纺制 1.67dtex 壳聚糖纤维，纺速为 12m/min，一道拉伸率为 25% ~ 30%，二道拉伸率为 5% 左右。

计算：计量泵转速 19r/min；一道导辊转速 9 m/min（导辊直径 108mm，则转速为 26.54r/min）；二道导辊转速 11.4 m/min （导辊直径 210mm，则转速为 17.29r/min）。（说明：转速变化，从而达到拉伸效果）。

（2）装喷丝头组件安装：喷丝头组件包括花板、80 目和 250 目不锈钢网及垫圈，清洗烘干后按下列顺序安装：头套→垫圈→喷丝头→花板→ 80 目不锈钢网 1 层→ 250 目不锈钢网 2 层→垫圈。

（3）设备空运转：清洁的设备安装、检漏，进行单机运转，调试导辊速度，最后进行一条龙试运转（计量泵除外），正常运转 1 ~ 2h，停车待用。

4. **纺丝溶液制备**

（1）溶解：在 10L 溶解釜中加入 5760mL 水和 240mL 乙酸（即加入 6L 4% 乙酸水溶液），在搅拌状态下加入壳聚糖粉体（壳聚糖的含水率测得为 13.32%），于室温搅拌 4h 后制成浓度为 3.5% 的壳聚糖溶液 6L。

工艺计算：壳聚糖加入量 = $6 \times 10^3 \times 0.035$/（1- 壳聚糖的含水率）；乙酸加入量 = $6 \times 10^3 \times 0.04 = 240$mL；水的加入量为 5760mL（忽略壳聚糖体积）。

（2）过滤：装好各道过滤器，采用二道过滤，过滤介质均为二层 0.14tex（80 英支）府绸布。用压力 0.6MPa 的压缩空气进行浆液过滤，除去浆液中各种颗粒和杂质。

（3）脱泡：用真空泵在大于 9.33×10^4 Pa （700mmHg）真空条件下脱泡 24h 以上去除浆液中气泡。[说明：真空条件大于（700mmHg）时，可以达到目的]

5. **测定纺丝溶液浓度**

用称量瓶盛取纺丝溶液，用差重法精确称取浆液 2 ~ 3g，置于玻璃片上，记下浆液质量，用另一块玻璃片压在上面，通过剪切力将两玻璃片拉开，放在盛有凝固浴的搪瓷盘内凝固，取出薄膜清洗、烘干至恒重，按式（79-4）计算纺丝溶液浓度。

$$浆液浓度 = \frac{薄膜质量(g)}{浆液质量(g)} \times 100\% \quad (79\text{-}4)$$

6. **测定纺丝溶液黏度**

将纺丝溶液盛在黏度测定用玻璃杯内，纺丝溶液高度离杯口 1cm 左右，在 25℃下恒温并静置脱泡，将转子挂在旋转式黏度计的挂钩上，开启电源，调节零点，按下开关，待转子读数稳定后，记下黏度计表头上的读数，用该读数乘以相应的系数，即为浆液的黏度数，单位为mPa·s。

7. 配制凝固浴和拉伸浴

按体积10L、碱浓40g/L、硫酸钠100g/L配制凝固浴，按体积10L、硫酸钠100g/L配制拉伸浴。

实验中凝固浴和拉伸浴的浓度会发生变化，因此必须测试其相对密度及浓度。分析方法：分别用移液管移取5mL凝固浴和拉伸浴溶液，放入两只洁净的锥形瓶里，分别加入100mL蒸馏水稀释，再滴加1 ~ 2滴甲基橙指示剂摇匀，用盐酸标准溶液滴定至终点。分别计算凝固浴和拉伸浴的浓度。

8. 纺丝

用0.4 ~ 0.6MPa的压缩空气输送浆液，排尽管道、滤器中的空气，安装喷丝头、开计量泵、各道导辊、淋洗机进行纺丝。操作参阅实验64。

9. 实验设备用后清洁

溶解釜中加入清水，搅拌30 ~ 60min后，按流程在加压条件下，对设备进行清洗，清洗间断进行，一般在5次左右，检验合格后，放空清洗液。拆下纺丝组件及计量泵，用水清洗干净，烘干后妥善保存。凝固浴槽、拉伸浴槽中排空浴液，用水清洗2次放空即可。

10. 纤维线密度的测定

按工艺设计要求在纺丝过程中取样，在80℃的恒温烘箱中烘干，用切断机切取2cm长纤维，取其一束用扭力天平称重，并数出根数，线密度（dtex）= 质量（mg）× 500/纤维根数。

11. 纤维断裂强度和断裂伸长率的测定

开启强力仪，将线密度输入强力仪存储器中，将一单丝放在强力仪的上下夹持器上拉伸，夹持长度1cm，下降速度30mm/min，记录纤维断裂时的强度和伸长率。至少10个数据为一组，求其平均数值。

注意事项：

①实验用纺丝溶液由专人配制，操作时戴好防护用品，酸、碱溅到眼睛和皮肤上，要及时用水冲洗。

②纺丝过程中实验室地面湿滑，传动机构连续运转，为安全起见，不准穿拖鞋和裙子进入实验室。

③电气开关、设备上各种阀门未经同意，不准乱动。

五、实验结果分析与讨论

（1）试述纺丝过程中决定喷丝头孔径的因素，并根据本实验所给工艺参数计算计量泵的转速、各导辊转速及喷丝头拉伸比（浆液相对密度按1.0计算）。

（2）提高溶解温度可以加快溶解速度，但本实验为什么于室温溶解壳聚糖？

（3）从所学理论分析提高壳聚糖纤维强度的方法。

（杨　庆）

实验 80　熔喷非织造布的制备及性能测定

一、实验目的

（1）加深对高分子流动特性和高分子材料成型理论的理解，并将这些理论应用于非织造布的制备中。

（2）了解熔喷法制备非织造布的技术方法和设备特点。

（3）掌握制备熔喷非织造布的实验技术及其表征方法。

二、实验原理

非织造布（nonwoven）兴起于美国，并于 1942 年开始商业化生产。非织造布的生产工艺技术已经突破了传统的纺织原理，它综合应用了纺织、化纤、化工、造纸等工业技术，在原理上不同于传统织物的新型布状材料，命名为非织造布，成为从纺织工程中派生出来的一门新兴的边缘学科。相对于机织布和针织布来讲，非织造布工艺较为简单、生产效率高、性能优良，近年来发展迅速，在医疗卫生、室内装饰、工业和农业用布、包装布、土工技术、服装内衬等领域应用越来越广泛。

非织造布的生产方法有多种，如干法成网、湿法成网、聚合物挤压成网等技术。熔喷技术是聚合物挤压成网技术的主要分支之一，它结合了合成纤维熔融纺丝技术和非织造布的成型技术等多个技术领域。本实验采用聚丙烯（PP）作为非织造布的原材料，用熔喷法铺网成型方法制备聚丙烯非织造布。整个实验技术涉及聚丙烯的准备、熔喷组件的准备、螺杆挤出剂的预热、热风的准备、熔喷成型、技术指标的测试等内容。同时，熔喷技术制备非织造布应用了高分子流变学和高分子成型技术等基础知识，对进一步掌握和应用这些理论具有重要意义。

1. 工艺原理

熔喷成网工艺可以看作是一种纺丝成网的方式，它利用聚合物挤压纺丝的方法，将聚合物切片喂入螺杆挤压机中，经过加热、熔融和挤压，使熔体从喷孔中挤出。当熔体挤出喷丝孔时，受到喷丝孔两侧与熔体喷出方向呈一定角度的高压热气流的喷吹。在这种强烈、高速热气流的作用下，熔体被拉伸，形成超细长丝，或被吹断成具有一定长度的微细短纤维，同时受到来自外侧冷空气的冷却固化，在气流作用下凝聚在滚筒式纤维接收器上或循环式成网帘上形成熔喷纤网。熔喷纤网大多以自黏合成布，也可通过热黏合等方法固结成布。

熔喷工艺主要使用热塑性聚合物为原料，最常用的有聚丙烯、聚酰胺和聚酯，也可采用聚苯乙烯、聚乙烯等。近年来随其发展，还开发使用了聚氨酯、乙烯—醋酸乙烯共聚物、聚三氟乙烯、聚碳酸酯、可溶性聚合物等。

2. 影响熔喷纤网质量的因素

影响熔喷纤网质量的因素有许多，主要包括喷丝头结构设计、聚合物熔体流动性、熔体和气体分配均匀性、热空气的温度及压力和流量、气流喷吹角度、冷却速率以及喷丝头至接受装置的距离等。只有正确掌握和合理选择这些工艺参数，才能获得优质的熔喷产品。下面简要介绍几种影响熔喷纤网质量的因素：

（1）喷丝温度。喷丝温度是影响熔体流动性能的主要因素。提高纺丝温度，可以改善熔体的流动性，当熔体通过喷丝孔被挤出后也容易被喷丝孔两侧的热空气牵身和拉细，喷丝温度越高，纤维越细。降低纺丝温度，纤维直径会随之变粗，当喷丝温度降到一定程度时，由于纤维无法牵断，会变成连续长丝。另一方面，喷丝温度提高，纤维到达接收器时的温度较高，有利于纤维间的黏合，从而减小纤维间的间隙，增加纤网的致密程度，使其间隙减小。当然，喷丝温度不能无限制地提高，温度过高会产生降解，导致纤维发黄，强度降低等不良反应。

（2）空气温度。空气温度主要在熔体出喷丝孔后发挥影响力。空气温度高，可延缓纤维的冷却，有利于热空气对纤维的牵伸，从而使纤维直径变细，有利于纤维间黏合，使纤网结构致密。不可否认，空气温度也可通过喷丝板的热传导影响熔体温度，进而对最大孔径产生间接影响。空气温度过高也会影响非织造布的性能，高温使喷出来的浆液降解变性，失去弹性，力学性能变差等。

（3）空气压力。熔喷纺丝主要是靠热空气对纤维进行牵伸，而空气压力则是一个关键因素。空气压力越高，纤维得到的牵伸越充分，纤维直径越小；相反，空气压力越低，对纤维的牵伸越不充分，则纤维直径越大。纤维细，则形成的纤网孔隙小，纤网最大孔径也小。因此，在同样定量条件下，随着纤维细度的降低，则纤维的根数增加，纤维之间接触点及接触面积也增加，相互之间交叉、缠结和热黏合点也增多，从而增大了纤维之间相对滑移的阻力，因而增加了非织造布的强力。

（4）喷丝速率。对于固定的喷丝组件，喷丝速率是由螺杆的转速决定的。喷丝速率过高，纤维的直径相对较大，成型相对困难；而喷丝速率太低，熔体的高压热空气的拉伸下，线密度变小，可能也会影响纤网的形成。

3. 成网方式

目前开发和使用的熔喷设备主要有间歇式和连续式两种成网方式。间歇式成网是指非连续式成网，即采用一个规定尺寸的滚筒来接收熔喷纤维。这种接收滚筒边回转边接收，使纤维均匀地喷铺在其圆周表面上，形成内径与滚筒外径相等的筒状材料，或经切开形成宽度等于滚筒长度、长度等于滚筒周长的片状材料。用这种成网方式可以生产无缝管状材料，适用于作火车、汽车及空气和水净化的滤芯等；切开后展开的片状材料也可用于蓄电池隔板、绝热和吸油材料等。

连续式成网式使熔喷纤维凝聚在循环运转的成网帘上形成连续的纤网，成网帘通过运转将纤网输送给卷绕装置加工成卷装材料；也可以将纤维喷铺在一个滚筒接收器上，再把纤网引出进行卷绕。这种方式由于连续运转，生产效率高，所生产的产品可根据确定的卷装尺寸获得所需的长度。采用卷装材料可以适于各种不同尺寸的产品用途，而且有利于实现在线或下线复合，以形成复合型产品。

本实验以聚丙烯切片为原料，采用间歇式成网工艺制备非织造布，并测定其性能。

三、实验材料和仪器

1. 主要实验材料

聚丙烯切片（MFR>20 g/min）。

2. **主要实验仪器**

间歇式成网设备（图 80–1）、XQ–1 型纤维强伸度仪、透气杯。

成网工艺流程简要说明如下：电器控制柜螺杆各区的温度和螺杆转速、空气的加热以及接收滚筒；热空气釜的空气流速由阀门控制；聚丙烯切片在螺杆的带动下熔融，被挤到喷丝组件处，并从喷丝孔喷出，在热气流的拉伸和带动下，喷到转动的接收滚筒上，形成熔喷非织造布。

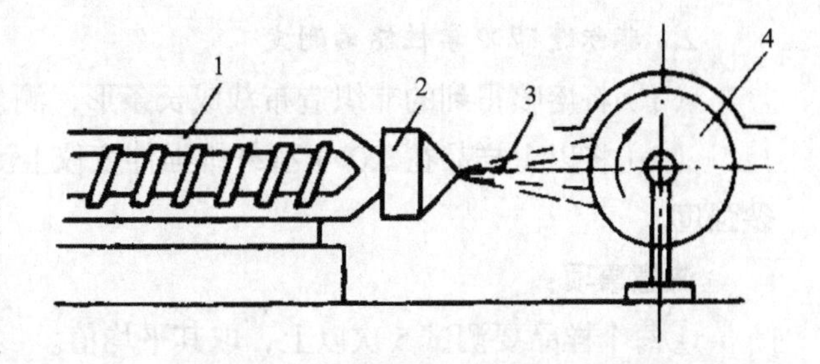

图 80–1　熔喷非织造布的间歇式成网工艺示意图

1—螺杆挤出机　2—喷丝头　3—纤维　4—接收滚筒

由于熔喷技术设计到高温高压，因此实验时一定要先搞清各个部件的作用和温度等基本技术参数，再行操作。在非织造布从接收滚筒上取下时，要及时标号“横向”和“纵向”。注意电器控制柜的各个按钮所对应的设备，开关顺序不要颠倒。

四、实验步骤

1. **熔喷非织造布的制备**

（1）准备工作：

①选用高熔融指数的聚丙烯树脂，MFR>20 g/min。

②清理干净喷丝组件和喷丝头。

③安装喷丝组件和喷丝头。

④螺杆的预热。表 80–1 提供了螺杆各区的参考温度参数：

表80–1　螺杆各区的参考温度

方位	一区	二区	三区	喷头	空气
温度（℃）	190	225	250	260	220

⑤热空气的预热。预热温度见表 80–1。

（2）熔喷成网：

①聚丙烯树脂加入螺杆挤出机的加料口中。

②启动螺杆，使聚合物熔融，并通过螺杆送入喷丝口。

③吹热空气，调节热空气的温度和压力，使之能够适应熔喷的要求。

④启动接收滚筒，纤网成型。

（3）实验结束：

①取样：不同喷丝条件的熔喷非织造布均需取样，需要注意的是，非织造布的开始和结尾部分不能作为测试样品。

②现场清理。

2. 非织造布力学性能的测定

（1）将熔喷得到的非织造布裁成长条形，测量其长度后称重，计算其线密度。

（2）将以上样品在XQ–1型纤维强伸度仪上测试其断裂强力和断裂伸长率，再计算其断裂强度。

注意事项：

①每个样品要测试5次以上，取其平均值。

②要测试每个样品在横向和纵向上力学性能的差别。

3. 非织造布透湿性的测定

（1）先将吸湿剂称重，记录其质量。

（2）将烘干的吸湿剂装入透湿杯中，将样品放置在透湿杯上，装上垫圈和压环，旋上螺帽。放在相对湿度65%的亚硝酸钠饱和溶液环境中，经过24h后取出，再称其质量。

透湿性的计算按下式进行：

$$\mathrm{WVT} = 24 \times \frac{\Delta m}{S \cdot t}$$

式中：WVT为每平方米每天（24h）的透湿量［$g/(m^2 \cdot d)$］；Δm为同一实验组合体两次称量之差（g）；S为样品的实验面积（m^2）；t为实验时间（h）。

4. 非织造布形态结构的测定

在显微镜下观察非织造布的结构。观测不同喷丝条件（如喷丝速率、空气温度和压力等）对非织造布纤网形态结构的影响。

五、实验结果分析与讨论

（1）常见的非织造布生产有哪些，与其他制备方法相比，熔喷法制备非织造布有什么优缺点？

（2）讨论聚合物流变性能对熔喷成型的影响。

（3）采用熔喷法制备非织造布，从工艺上讲，有哪些影响纤网成型的因素？是如何影响的？

（4）请利用所学过的知识，探讨非织造布透湿性（或渗透率）的影响因素，并说明它们是如何影响非织造布的透湿性的。

（张清华）

实验81　阻燃橡胶的制备及性能测定

一、实验目的

（1）加深对聚合物阻燃机理的理解。

（2）熟悉限氧指数测定仪的结构及工作原理。

（3）掌握制备阻燃橡胶和利用限氧指数仪测定硫化橡胶阻燃性综合的实验技术。

（4）掌握限氧指数测定数据的处理方法与判定。

二、实验原理

本实验是利用限氧指数实验法来测定硫化橡胶材料的阻燃性。

限氧指数是指在规定的条件下，试样在氧、氮混合气流中，维持平稳燃烧所需的最低氧浓度，以氧所占的体积百分数来表示。该方法比较简单，数字重现性较好，具有以数字表现材料燃烧性能的特点，所以国内外普遍采用，（例如美国的限氧指数试验标准为 ANST/ASTM D2863–1977）。

实验硫化橡胶的配方可采用有卤阻燃体系，如氯丁橡胶、溴化丁基橡胶等阻燃橡胶为主体，氯化石蜡等阻燃剂为辅的有卤阻燃添加体系配方，其中的氯丁橡胶、溴化丁基橡胶以及氯化石蜡均含阻燃的卤族元素；也可以采用以天然、丁苯、顺丁橡胶等非阻燃橡胶为主体，辅以氯化石蜡等有卤阻燃体系以及并用硼酸锌，三氧化二锑协同阻燃剂的配方；或辅以氢氧化铝、氢氧化镁等能在燃烧中分解出大量水的无卤阻燃体系配方。

本实验以氯丁橡胶为主要原料，氯化石蜡、硼酸锌、三氧化二锑、氢氧化铝为阻燃剂，并加入填充料陶土粉和硫化剂 ZnO、活化剂 MgO 、防老剂 D、促进剂 NA–22 制备阻燃橡胶，并测定其阻燃性能。

实验环境应在 GB/T 2918—1998 所规定的常温、常湿下进行，即环境温度为 10 ~ 35℃，相对湿度为 45% ~ 75%。如有特殊要求，在产品标准中规定。

三、实验材料和仪器

1. 主要实验材料

氯丁橡胶（CR）、ZnO 、MgO 、液体氯化石蜡、防老剂 D、促进剂 NA–22 、氢氧化铝、硼酸锌、 三氧化二锑 、陶土粉。

2. 主要实验仪器

小型开炼机（参见实验 66 和实验 67）、平板硫化机（参见实验 68）、限氧指数测定仪（JP–3 型，基本结构见图 81–1）。

（1）燃烧筒。最小内径 75mm、高 450mm、顶部出口的内径为 40mm 的耐热玻璃管，垂直固定在可通过氧、氮混合气流的基座上。底部用直径为 3 ~ 5 mm 的玻璃珠充填，充填高度为 80 ~ 100mm。在玻璃珠的上方装有金属网，以防下落的燃烧碎片阻塞气体入口和配气通路。

（2）试样夹。

①自撑材料的试样夹——能固定在燃烧筒轴心位置上，并能垂直夹住试样的构件。

②非自撑材料的试样夹——采用图 81–2 所示的框架，将试样的两个垂直边同时固定在框架上。

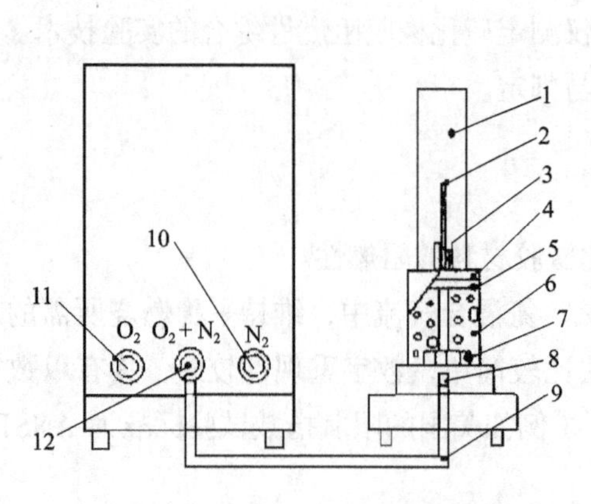

1—玻璃燃烧筒　2—试样　3—试样夹　4—铜丝筛网
5—钢丝筛网　6—玻璃珠　7—分布板
8—M10 × 1 螺钉　9—尼龙管
10—氮气接口　11—氧气接口
12—M10 × 1 螺母

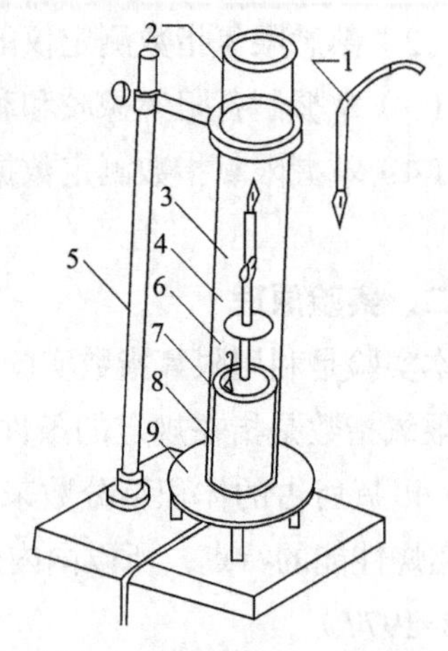

1—点火器　2—玻璃燃烧筒　3—燃烧着的试样
4—试样夹　5—燃烧筒支架　6—金属网
7—测温装置　8—装有玻璃珠的支架
9—基架座

图 81-1　限氧指数仪的基本构造

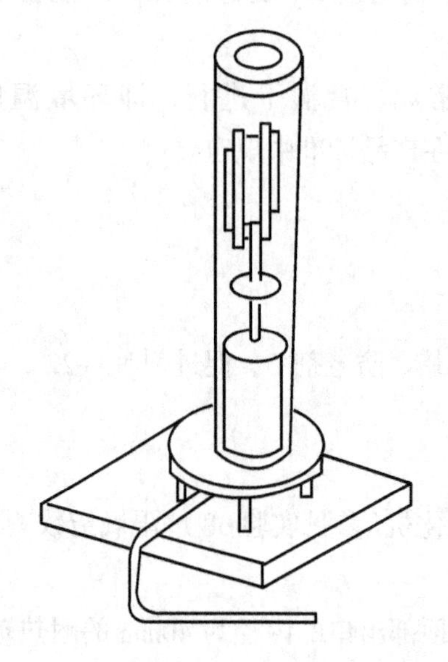

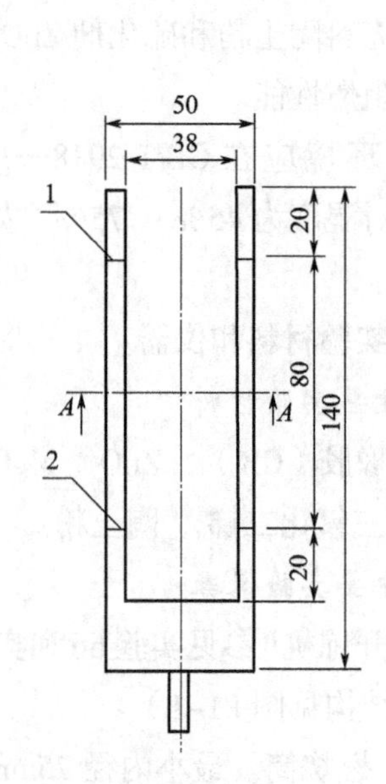

图 81-2　支撑非自撑试样的框架结构及试样的安装标准

1—上参照标记　2—下参照标记

（3）流量测量和控制系统。能测量进入燃烧筒的气体流量，控制精度在 ±5%（体积分数）之内的流量测量和控制系统。

（4）气源。用 GB/T 3863—2008 中所规定的氧和 GB/T 3864—2008 中所规定的氮及所需的氧、氮气钢瓶和调节装置。气体使用的压力不低于 1MPa。

（5）点火器。由一根金属管制成，尾端有内径为 2mm ± 1mm 的喷嘴，能插入燃烧筒内点燃试样。通以未混有空气的丙烷，或丁烷、石油液化气、煤气、天然气等可燃气体。点燃后，当喷嘴垂直向下时，火焰的长度为 16mm ± 4 mm。

（6）排烟系统。能排除燃烧产生的烟尘和灰粒，但不应影响燃烧筒中的温度和气体流速。

（7）计时装置。具有 ±0.25s 精度的计时器。

四、实验步骤

1. 配方的确定

阻燃橡胶的参考配方（质量份）：

CR	100		
ZnO	5		
MgO	4		
液体氯化石蜡	10		
防老剂 D	2		
促进剂 NA-22	0.5		
氢氧化铝（变量）	10	30	50
硼酸锌	10		
三氧化二锑	10		
陶土粉	20		

2. 橡胶的塑炼和混炼

橡胶的塑炼工艺参阅实验 66，橡胶的混炼工艺参阅实验 67。

3. 橡胶的硫化

橡胶的硫化工艺参阅实验 68。

4. 试样制备

（1）每组试样至少 15 条，要求试样表面清洁，无影响燃烧行为的缺陷，如气泡、裂纹、溶胀、飞边、毛刺等。试样类型、尺寸和用途见表 81-1。

表81-1　试样类型、尺寸和用途

类型	型式	长（mm）		宽（mm）		厚（mm）		用　途
		基本尺寸	极限偏差	基本尺寸	极限偏差	基本尺寸	极限偏差	
自撑材料	Ⅰ	80 ~ 150	—	10	± 0.5	4	± 0.25	用于模压材料
	Ⅱ					10	± 0.5	用于泡沫材料
	Ⅲ					< 10.5	—	用于厚片材料
	Ⅳ	70 ~ 150		6.5		3	± 0.25	用于电器用模压材料
非自撑材料	Ⅴ	140	− 5	52		≤10.5	—	用于软片或薄膜等

注　不同型式、不同厚度的试样，测试结果不可对比。

（2）对Ⅰ、Ⅱ、Ⅲ、Ⅳ型试样，标线划在距点燃端50 mm处，对Ⅴ型试样，标线划在框架上或划在距点燃端20mm和100mm处。

5. **阻燃试验**

（1）开始试验时氧浓度的估计。根据经验或试样在空气中点燃的情况，估计开始实验时的氧浓度。如在空气中迅速燃烧，则开始实验时的氧浓度为18%左右；在空气中缓慢燃烧或时断时续，则为21%左右；在空气中离开点火源即灭，至少为25%。

（2）调整仪器和点燃试样。

①安装试样。将试样夹在夹具上，垂直地安装在燃烧筒的中心位置上。保证试样顶端低于燃烧筒顶端至少100mm，其暴露部分最低处应高于燃烧筒底部配气装置顶端至少100mm。

②调节气体控制装置。打开氮气、氧气"稳压"阀，仪器压力表指标值为0.1MPa ± 0.01MPa，并同时调节流量，使氮气、氧气混合流量为10L/min ± 0.5L/min（球形浮子看最大直径处），此时数显窗口显示的数值，即为当前的氧浓度值（又称限氧指数值）。调节气体混合及流量控制装置，使混合气中的氧浓度为本节（1）所确定的氧浓度，并始终保持压力0.1MPa和总流量10L/min不变。以40mm/s ± 10mm/s的速度流经燃烧筒，洗涤燃烧筒至少30s。

总流量的确定：[（4cm ± 1cm）/s] × 60/1000 = 总流量（L/min）。为了计算操作方便，节约用气量，建议总流量定为10L较为适合，也就是 $O_2 + N_2$ = 10L/min ± 0.5L/min。

③点燃试样。

方法a（顶端点燃法）：使火焰的最低可见部分接触试样顶端并覆盖整个顶表面，勿使火焰碰到试样的棱边和侧表面。在确认试样顶端全部着火后，立即移去点火器，开始计时或观察试样烧掉的长度。

点燃试样时，火焰作用的时间最长为30s，若在30s内不能点燃，则应增大氧浓度，继续点燃，直至30s内点燃为止。

方法b（扩散点燃法）：充分降低和移动点火器，使火焰可见部分施加于试样顶表面，同时施加于垂直侧表面约6mm长。点燃试样时，火焰作用时间最长为30s，每隔5s左右稍移开点火器观察试样，直至垂直侧表面稳定燃烧或可见燃烧部分的前锋到达上标线处，立即移去点火器，开始计时或观察试样燃烧长度。若30s内不能点燃试样，则增大氧浓度，再次点燃，直至30s内点燃为止。

方法b也适用于Ⅰ、Ⅱ、Ⅲ、Ⅳ型试样，标线应划在距点燃端10mm和60mm处。

点燃试样是指引起试样有焰燃烧，不同点燃方法的实验结果不可比；燃烧部分包括任何沿试样表面淌下的燃烧洒落物。

（3）燃烧行为的评价。

①评价准则。燃烧行为的评价准则，见表81-2。

表81-2　试样点燃方式和评价准则

<table>
<tr><th rowspan="2">试样型式</th><th rowspan="2">点燃方式</th><th colspan="2">评价准则（两者取一）</th></tr>
<tr><th>燃烧时间（s）</th><th>燃烧长度</th></tr>
<tr><td rowspan="2">Ⅰ、Ⅱ、Ⅲ、Ⅳ</td><td>a法</td><td rowspan="3">180</td><td>燃烧前锋超过上标线</td></tr>
<tr><td>b法</td><td>燃烧前锋超过下标线</td></tr>
<tr><td>Ⅴ</td><td>b法</td><td>燃烧前锋超过下标线</td></tr>
</table>

②“○”与“×”反应的确定。点燃试样后，立即开始计时，观察试样燃烧长度及燃烧行为。若燃烧中止，但在1s内又自发再燃，则继续观察和计时。

如果试样的燃烧时间或燃烧长度均不超过表81-2的规定，则这次实验记录为“○”反应，并记下燃烧长度或时间。

如果两者之一超过表83-2的规定，扑灭火焰，记录这次试验为“×”反应。

还要记下材料燃烧特性，例如熔滴、烟灰、结炭、漂游性燃烧、灼烧、余晖或其他需要记录的特性。

如果有无焰燃烧，应根据需要，报告无焰燃烧情况或包括无焰燃烧时的限氧指数。

③下次试验准备。取出试样，擦净燃烧筒和点火器表面的污物，使燃烧筒的温度恢复至常温或另换一个为常温的燃烧筒；进行下一个实验。

（4）逐次选择氧浓度。采用“少量样品升—降法”这一特定的条件，以任意步长作为改变量，按步骤（2）、（3），进行一组试样的实验：如前一条试样的燃烧行为是“×”反应，则降低氧浓度；如前一条试样的燃烧行为是“○”反应，则增大氧浓度。

（5）初始氧浓度的确定。采用任一合适的步长，重复步骤（2）、（3）、（4），直到以体积分数表示的两次氧浓度之差不大于1.0%，并且一次是“○”反应，一次是“×”反应为止。将这组氧浓度中得“○”反应的记作初始氧浓度 ψ_0。

（6）氧浓度的改变。

①用初始氧浓度 ψ_0 重复步骤（2）、（3）操作，记录在 ψ_0 时所对应的“×”或“○”反应。即为 N_L 系列的第一个值。

②用氧气浓度的0.2%（体积分数）为步长，重复步骤（2）、（3）、（4）操作，若步骤①得到“○”反应，则下一个反应增加一个步长；否则，减少一步长。测得一组氧浓度值及对应的反应，直至得到与步骤①相反的结果为止。记下这些氧浓度值及其反应。①和②测得的结果，即为 N_L 系列。

③仍以氧气浓度0.2%（体积分数）为步长，以 N_L 系列最后一个为结果，如果 N_L 系列最后一个为“○”反应，则下一个反应增加一个步长；否则，减少一步长。重复步骤（2）、（3）、（4）操作，再测试四条试样，记下各次的氧浓度及所对应的反应，最后一条试样的氧浓度，

用 ψ_F 表示。步骤①、②、③实验结果，组成 N_T 系列。

五、实验结果分析与讨论

（1）将初始氧浓度的测定结果，记录于表 81-3。

表81-3　初始氧浓度的测定结果

氧浓度（%）							
燃烧时间（s）							
燃烧长度（mm）							
反应（“×”或“○”）							

氧浓度间隔不大于 1% 的一对“×”或“○”反应中，“○”反应的氧浓度 ψ_0 = ____，该值再次用于第二部分的首次测定。

（2）计算限氧指数。根据 GB/T 2406.1—2008 标准（因为没有纯粹的橡胶标准，可参照塑料标准，编者注），以体积分数表示的限氧指数，按式（81-1）计算：

$$\mathrm{LOI} = \psi_F + Kd \qquad (81\text{-}1)$$

式中：LOI 为限氧指数，%；ψ_F 为 N_T 系列最后一个氧浓度，见表 81-4，取一位小数，%；d 为（6）中使用和控制的两个氧浓度之差，即步长，取一位小数（每次改变氧浓度升或降都以 0.2%）；K 为查表 81-5 所得的系数。

K 值的确定：按步骤①试验的试样如为“○”反应，则第一个相反的反应是“×”反应，从表 81-5 第一栏中找出所对应的反应，并按 N_L 系列的前几个反应查出所对应的行数，即为所需 K 值，其符号与表中符号相同；按步骤①试验的试样如为“×”反应，则第一个相反的反应是“○”反应，从表 81-5 第六栏中找出所对应的反应，并按 N_L 系列的前几个反应查出所对应的行数，即为所需 K 值，其符号与表中符号相反。

由 ψ_F、K 及 d 值计算出 LOI。

表81-4　N_T 系列测定表

N_T 系列测定										
项目	N_L 系列测定					ψ_F				
氧浓度（%）										
燃烧时间（s）										
燃烧长度（mm）										
反应										

表81–5　K值表

1	2	3	4	5	6
最后五次试验的反应	a. N_L前几次测试的反应如下时的K值				
	○	○○	○○○	○○○○	
×○○○○	-0.55	-0.55	-0.55	-0.55	○××××
×○○○×	-1.25	-1.25	-1.25	-1.25	○×××○
×○○×○	0.37	0.38	0.38	0.38	○××○×
×○○××	-0.17	-0.14	-0.14	-0.14	○××○○
×○×○○	0.02	0.04	0.04	0.04	○×○××
×○×○×	-0.50	-0.46	-0.45	-0.45	○×○×○
×○××○	1.17	1.24	1.25	1.25	○×○○×
×○×××	0.61	0.73	0.76	0.76	○×○○○
××○○○	-0.30	-0.27	-0.26	-0.26	○○×××
××○○×	-0.83	-0.76	-0.75	-0.75	○○××○
××○×○	0.83	0.94	0.95	0.95	○○×○×
××○××	0.30	0.46	0.50	0.50	○○×○○
×××○○	0.50	0.65	0.68	0.68	○○○××
×××○×	-0.04	0.19	0.24	0.25	○○○×○
××××○	1.60	1.92	2.00	2.01	○○○○×
×××××	0.89	1.33	1.47	1.50	○○○○○
	b. N_L前几次测试的反应如下时的K值				最后五次试验的反应
	×	××	×××	××××	

（3）探讨阻燃填料用量变化对硫化胶阻燃性及力学性能的影响。

（4）影响硫化橡胶阻燃特性的因素有哪些?

（5）分析不同无机填料的对阻燃的作用。

（方庆红　刘大晨　亢　萍）

实验 82　耐油橡胶的制备及性能测定

一、实验目的

（1）了解橡胶在介质中可能发生的各种变化。

（2）了解耐油实验中常用的各种介质及耐油橡胶制备的影响因素。

（3）掌握耐油性能考察的指标及试样要求。

（4）掌握耐油橡胶制备及性能测定的综合实验技术。

（5）掌握耐油橡胶实验测定的数据处理和判定技术。

二、实验原理

一些橡胶制品在使用过程中要和各种油类长期接触，这时油类能渗透到硫化胶中，使其发生溶胀，致使硫化胶的性能发生很大的变化。

硫化橡胶对油的抗耐性，主要取决于它们之间的相容性。极性橡胶不能耐极性的油，但可耐非极性的油。反之，非极性的橡胶可耐极性的油。

1. 配制耐油耐溶剂橡胶的注意事项

（1）耐油与非耐油橡胶。耐油性通常指耐非极性油类，如燃油、矿物油和合成润滑油。因此，可依据橡胶的极性来区分耐油性。

①耐油性橡胶分类（极性橡胶）：CR（氯丁橡胶），NBR（丁腈橡胶），HNBR（氢化丁腈橡胶），ACM（丙烯酸酯橡胶），AEM（乙烯丙烯酸酯橡胶），CSM（氯磺化聚乙烯），FKM（氟橡胶），FMVQ（氟硅橡胶），CO（氯醚橡胶），PUR（聚氨酯橡胶）。

②不耐油性橡胶分类（非极性橡胶）：NR（天然橡胶），IR（异戊二烯橡胶），BR（丁苯橡胶），SBR（氯丁橡胶），IIR（丁基橡胶），EPR（乙丙橡胶），EPDM（三元乙丙橡胶）。

（2）硫化体系。提高交联密度可以改善硫化胶的耐油性。在氧化燃油中，用过氧化物或半有效硫化体系硫化的丁腈橡胶，比硫黄硫化的耐油性好。过氧化物硫化体系硫化的丁腈橡胶，在40℃稳定性最好，在125℃的氧化燃油中则不理想。而用氧化镉和给硫体系统硫化的丁腈橡胶，在125℃的氧化燃油中耐长期热老化性能较好。

（3）填充体系和增塑剂体系。增加炭黑和白炭黑可以提高橡胶的耐油性，软化剂应该选用不易被油类抽出的软化剂。最好选用低分子聚合物，如低分子量聚乙烯、氧化聚乙烯、聚酯类增塑剂和液体橡胶等。极性大，相对分子质量大的软化剂或增塑剂，对耐油性有利。

（4）防老剂体系。添加防老剂可以提高橡胶在高温或与水、油溶剂等介质接触条件下使用时的抗氧剂的抗氧效果。主要是添加不易被抽出的防老剂。

2. 测定耐油橡胶的性能时的影响因素

（1）温度。耐油实验和大多数物理实验项目一样，温度的影响是比较大的。在实验温度升高的情况下介质分子与橡胶分子运动加快，无论是配合剂的抽出还是橡胶的溶胀都随温度的升高而变大，因此应严格按照国家标准控制实验温度。

（2）时间。硫化胶的溶胀程度与时间长短有直接关系。一般情况下，时间长溶胀大。在实验过程中当介质的渗透压力等于橡胶试样的交联网应力时，就达到溶胀平衡。不同的胶料由于相对分子质量、极性、链的柔韧性、对称性、洁净度、支链及交联结构等的不同，其平衡时间也不同。

（3）介质油性能（或化学组成）。实践表明，橡胶制品在介质中的使用寿命固然与橡胶本身性能有关，但也与介质油的成分和芳烃油的含量有着密切的关系。即使是同一种介质油，由于产地和牌号、批次不同，所测得的橡胶溶胀性往往也有差异。

（4）硫化橡胶的交联密度。硫化橡胶的交联密度与胶料的构成，特别是硫化剂的含量有关，同时还与硫化时间、温度等因素有关，交联密度大则表现出硬度、拉伸强度变大，同时硫化橡胶的溶胀程度变小，因此，可依据硫化橡胶的抗溶胀特性来表征其交联密度。

测定耐油橡胶的性能，目前采用的国家标准是GB/T 1690—2006。

本实验以丁腈橡胶为主要原料、轻质碳酸钙为填充料、ZnO和硬脂酸为活化剂、古马隆树脂为软化剂、硫黄为硫化剂，并加入防老剂4010NA 、促进剂DM、促进剂D以及可增加橡胶耐油性的高耐磨炭黑，制备耐油橡胶，并测定其耐油性能。

三、实验材料和仪器

1. 主要实验材料

丁腈橡胶 -26（NBR-26）、ZnO、硬脂酸、古马隆树脂、防老剂4010NA、促进剂DM、促进剂D、高耐磨炭黑 、轻质碳酸钙、邻苯二甲酸二辛酯（DOP）、硫黄。

2. 主要实验仪器

小型开炼机、平板硫化机、硬度计、电子万能拉力实验机、电子天平、浸泡实验容器。

注意事项：

①根据浸泡实验的温度和实验液体的挥发性确定所使用的实验装置。当浸泡温度明显低于该实验液体的沸点时，实验装置应使用具有盖子的金属容器或玻璃器皿，其容积应能盛下所规定的实验液体的体积，以使试样完全浸泡在实验液体中。

②用于称量试样的电子天平应精确到1mg。

实验条件：

（1）实验用液体种类。可根据试样的使用条件选用有关标准油，应优先使用1号、2号、3号标准油（主要技术指标见表82-1）。

表82-1 标准油主要技术指标

标准油 \ 指标	苯胺点（℃）	运动黏度（m/s）	闪点（℃）（最低）
1号油	124 ± 1	20 ± 10	240
2号油	93 ± 3	20 ± 1	240
3号油	70 ± 1	33 ± 1	160

（2）实验用液体的种类。可根据制品的使用条件选用有关标准油。

（3）实验液体的容量。试其体积应不少于试样总体积的15倍，并确保试样完全浸泡在实验液体中。

（4）浸泡温度。一般是在如下的推荐温度中进行：23 ℃ ± 2 ℃，27 ℃ ± 2 ℃，

35℃ ±1℃，40℃ ±1℃，50℃ ±1℃，70℃ ±1℃，100℃ ±1℃，125℃ ±1℃，150℃ ±2℃，175℃ ±2℃，200℃ ±2℃，225℃ ±3℃，250℃ ±3℃。

（5）浸泡时间。可选择24h、70h、168h或168h的倍数作为浸泡时间。

四、实验步骤

1. 配方的确定

耐油橡胶的参考配方（质量份）：

NBR-26	100		
ZnO	5		
硬脂酸	2		
古马隆树脂	5		
防老剂4010NA	1		
促进剂DM	1.5		
促进剂D	1		
高耐磨炭黑	40		
轻质碳酸钙	20		
DOP	10		
硫黄（变量）	1.5	2.5	3.5

2. 橡胶的塑炼和混炼

橡胶的塑炼工艺参阅实验66，橡胶的混炼工艺参阅实验67。

3. 橡胶的硫化

橡胶的硫化工艺参阅实验68。

4. 试样制备

（1）“体积、质量变化实验”所用试样：试样的长、宽各为25.0mm±0.1mm，厚度为2.0mm±0.1mm，成品试样的体积为1～1.32cm^3。

（2）“浸泡后的拉伸性能实验”所用试样，按GB/T 528—2009《硫化橡胶拉伸性能的测定》中的有关规定制取。

（3）“浸泡后的硬度实验”所用试样，按GB/T 531—2008《橡胶邵尔A型硬度试验》中的规定制备。

（4）“硫化胶溶胀指数测定实验”所用试样：从待测硫化胶样品上剪取宽度不限，厚度为2mm任意形状的胶条或胶片，称取40～50mg。

5. 耐油性能测试

（1）体积、质量变化实验。

①分别称量每个试样在室温空气的质量 W_1，精确至1mg，再称量试样在室温蒸馏水中的质量 W_2（此时试样表面不得附有气泡）。

②将试样悬挂于实验容器内的液体中，试样之间和试样与容器壁之间不得相互接触。容

器应盖严，如做高湿实验或实验液体是易挥发的，容器应密封，然后将容器置于已调好实验温度的恒温箱中，并开始计时。

③达到规定时间后，取出试样，高温实验时，密封容器应在室温下停放 5 ~ 40min（为了加速冷却，可采取冷水降温等措施）再取出试样，用汽油（实验液体是油时）、水（实验液体是化学药品时或其他液体时）洗涤 30s 后，用滤纸擦去试样表面剩余的液体，并在空气中停放 30min。

④称量试样在室温空气中的质量 W_3，准确至 1mg，再于室温蒸馏水中称量试样的质量 W_4（准确至 1mg）。

如果实验液体是易挥发的，试样从实验液体中取出后，无须洗涤直接用滤纸擦试样表面的液体 30s 后，迅速放入培养皿中停放 3min，并在 30s 内称量试样的质量 W_3。

只做质量变化实验而不做体积变化实验时，无须在蒸馏水中称量试样的质量 W_2 和 W_4。

（2）浸泡后的拉伸性能实验。取每个配方（按硫化剂的变量）中的 5 个试样，分别经过测定厚度制成哑铃型试样，按上述相同的方法和要求悬挂于实验液体中，在恒定温度下浸泡规定的时间，然后除去试样表面的液体，在室温空气中停放 30min 后，在试样的狭小平行部分印上工作标线，测定每个试样浸泡后的拉伸强度、扯断伸长率，取平均值。

如果实验液体是易挥发的，试样从试验液体中取出，无须洗涤，直接用滤纸擦拭试样表面 30s 后，立刻印上标线，并在 15min 内完成拉伸试验。

（3）浸泡后的硬度实验。按以上同样的方法和规定浸泡试样，并清除其表面的液体，在室温空气中停放 30min 后，用邵尔 A 型硬度计测量其硬度值。

（4）硫化胶溶胀指数的测定。

①从待测硫化胶样品上剪取宽度不限，厚度为 1mm 任意形状的胶条或胶片 5 个试样，称取质量 40 ~ 50mg，每个试样质量相同。

②分别称量每个试样在室温空气的质量 W_a，按上述相同的方法和要求悬挂于实验液体中，在恒定温度下浸泡规定的时间，然后除去试样表面的液体，并在空气中停放 30min，称量试样在室温空气中的质量 W_b。

（注：适用于分析天然橡胶及通用合成橡胶的硫化胶各个硫化阶段的硫化程度）。

五、实验结果分析与讨论

（1）按式（82-1）计算体积变化百分数 ΔV。

$$\Delta V=\frac{(W_3-W_4)-(W_1-W_2)}{W_1-W_2}\times 100\% \tag{82-1}$$

式中：W_1 为浸泡前试样在空气中的质量（g）；W_2 为浸泡前试样在蒸馏水中的质量（g）；W_3 为浸泡后试样在空气中的质量（g）；W_4 为浸泡后试样在蒸馏水中的质量（g）。

代表每种试验样品性能的试样为 3 个，取其算术平均值。

（2）按式（82–2）计算质量变化百分数 ΔW。

$$\Delta W = \frac{W_3 - W_1}{W_1} \times 100\% \tag{82–2}$$

式中：W_1 为浸泡前试样在空气中的质量（g）；W_3 为浸泡后试样在空气中的质量（g）。

代表每种试验样品性能的试样为 3 个，取其算术平均值。

（3）按式（82–3）计算拉伸强度变化率 $\Delta\sigma$。

$$\Delta\sigma = \frac{\sigma_1 - \sigma_0}{\sigma_0} \times 100\% \tag{82–3}$$

式中：σ_1 为浸泡前试样的拉伸强度（MPa）；σ_0 为浸泡后试样的拉伸强度（MPa）。

代表每种试验样品性能的试样至少是 6 个（浸泡前、后至少各 3 个），分别取其浸泡前、后的 3 个实验数据的中值。

（4）按式（82–4）计算扯断伸长率变化率 $\Delta\varepsilon$。

$$\Delta\varepsilon = \frac{\varepsilon_1 - \varepsilon_0}{\varepsilon_0} \times 100\% \tag{82–4}$$

式中：ε_1 为浸泡前试样的扯断伸长率；ε_0 为浸泡后试样的扯断伸长率。

代表每种试验样品性能的试样至少是 6 个（浸泡前、后至少各 3 个），分别取其浸泡前、后的 3 个实验数据的中值。

（5）按式（82–5）计算用拉伸强度表示的耐油系数 K_1。

$$K_1 = \frac{\sigma_1}{\sigma_0} \tag{82–5}$$

式中：σ_1 为浸泡前试样的拉伸强度（MPa）；σ_0 为浸泡后试样的拉伸强度（MPa）。

代表每种试验样品性能的试样至少是 6 个（浸泡前、后各至少 3 个），分别取其浸泡前、后的 3 个实验数据的中值。

（6）按式（82–6）计算用扯断伸长率表示的耐油系数 K_2。

$$K_2 = \frac{\varepsilon_1}{\varepsilon_0} \tag{82–6}$$

式中：ε_1 为浸泡前试样的扯断伸长率；ε_0 为浸泡后试样的扯断伸长率。

代表每种试验样品性能的试样至少是 6 个（浸泡前、后至少各 3 个），分别取其浸泡前、后的 3 个实验数据的中值。

（7）按式（82–7）计算用抗张积表示的耐油系数 K。

$$K=\frac{Z_1}{Z_0}$$

$$Z_0=\frac{\sigma_0 \cdot \varepsilon_0}{100} \tag{82-7}$$

$$Z_1=\frac{\sigma_1 \cdot \varepsilon_1}{100}$$

式中：Z_0 为浸泡前试样的抗张积（MPa）；Z_1 为浸泡后试样的抗张积（MPa）；σ_1 为浸泡前试样的拉伸强度（MPa）；σ_0 为浸泡后试样的拉伸强度（MPa）；ε_1 为浸泡前试样的扯断伸长率；ε_0 为浸泡后试样的扯断伸长率。

代表每种试验样品性能的试样至少是 6 个（浸泡前、后至少各 3 个），分别取其浸泡前、后的 3 个实验数据的中值。

（8）浸泡后的硬度实验每个试样的测量点不少于 3 点，取其中值为实验结果。

（9）按式（82-8）计算硫化胶溶胀指数 SI。

$$SI=\frac{W_b}{W_a} \tag{82-8}$$

式中：W_b 为溶胀以后试样质量（g）；W_a 为溶胀以前试样质量（g）。

对溶胀指数在 3 以内的，其相对误差允许范围在 ±1.0%，当溶胀指数大于 3 时，其相对误差规定在 1.5% 以内。实验结果取两个试样的平均值。

（方庆红　刘大晨）

实验 83　导电橡胶的制备及性能测试

一、实验目的

（1）加深对橡胶导电机理的理解。

（2）了解测定高聚物体积电阻率和表面电阻率的基本原理。

（3）学会使用高阻计，了解计算方法。

（4）掌握导电橡胶的制备及性能测试的综合实验技术。

（5）掌握导电橡胶测试数据的处理及判定。

二、实验原理

橡胶制品常作为绝缘材料使用，这类制品要求有良好的绝缘性能；与此相反，有些场合则要求橡胶有不同程度的导电性能。如防静电地板、胶辊、导电按键等。掌握橡胶制品的电性能在选材和材料加工中具有重要的意义。

实验 40 已经叙述了高分子材料各种电学性能的含义、计算公式及单位。

在橡胶制品中加入硫黄、含氮和硫的促进剂、炭黑等补强填充剂和软化剂，可以制得导电橡胶。配方中通常加入乙炔炭黑、超导炭黑、石墨或金属粉导电解质，具体添加何种导电材料，要视橡胶的力学性能和导电性能而确定。

体积电阻率 ρ_V 一般用高阻计法和检流计法测定，本实验使用高阻计法。高阻计法又称为直流放大法，它是将试样的微弱电流经过放大后，推动指示仪表，故可测量较高的绝缘电阻。通常在高阻计中，有数个数量级不同的标准电阻，以适应测量不同数量级的电阻的需要，被测电阻可以直接读出，测试原理可参阅图 40–1。

本实验以天然橡胶为主要原料，石墨粉和超导电炭为导电材料，轻质碳酸钙为填充料，高耐磨炭黑为补强体系，古马隆树脂为软化剂，硫黄为硫化剂，并加入防老剂 4010NA 、促进剂 NOBS、促进剂 TMTD 制备导电橡胶，并测定其导电性能。

三、实验材料和仪器

1. 主要实验材料

天然橡胶（NR）、硬脂酸 、古马隆树脂、防老剂 4010NA、促进剂 NOBS 、高耐磨炭黑、轻质碳酸钙、石墨粉、 超导电炭黑、硫黄、促进剂 TMTD。

2. 主要实验仪器

ZC36 型高阻计，参阅实验 40。

四、实验步骤

1. 配方的确定

导电橡胶的参考配方（质量份）：

NR	100		
ZnO	5		
硬脂酸	3		
古马隆树脂	5		
防老剂 4010NA	2		
促进剂 NOBS	1		
高耐磨炭黑	30		
轻质碳酸钙	20		
石墨粉	10		
超导电炭黑（变量）	0	5	10
硫黄	2.5		
促进剂 TMTD	0.5		

2. 橡胶的塑炼和混炼

橡胶的塑炼工艺参阅实验 66，橡胶的混炼工艺参阅实验 67。

3. **橡胶的硫化**

橡胶的硫化工艺参阅实验 68。

4. **试样制备**

试样制成圆盘形或正方形的平板状，应比电极最大尺寸每边至少多 7mm。

5. **导电性能测试**

（1）试样放入屏蔽盒内，置于三电极的底部电极和上面两个电极之间。

（2）接好屏蔽盒内的电线，将屏蔽盒与高阻计相连。

（3）打开高阻计电源，预热 15min，操作仪器，使高阻计处于备用状态。

（4）测量试样，切换屏蔽盒上的旋钮，指向 R_V 和 R_S 时分别为体积电阻和表面电阻。

（5）记下高阻计的读数。

（6）测量完一个试样后，进行放电，然后更换试样，按照同样方法测量。

五、实验结果分析与讨论

（1）绘制表格记录实验中所测得的数据。

（2）分别按式（83–1）和式（83–2）计算体积电阻率和表面电阻率。

$$\rho_V = \frac{R_V S}{d} \tag{83–1}$$

式中：ρ_V 为体积电阻系数（Ω · cm）；R_V 为体积电阻（Ω）；d 为试样厚度（cm）；S 为测量电极面积（cm^2）。

$$\rho_S = \frac{2\pi R_S}{\ln \dfrac{d_2}{d_1}} \tag{83–2}$$

式中：ρ_S 为表面电阻系数（Ω）；R_S 为表面电阻（Ω）；d_1 为测量电极直径（cm）；d_2 为保护电极的内径（cm）。

（3）影响体积电阻和表面电阻测量的因素有哪些?

（4）试样表面的粗糙程度对测定结果有无影响?

（5）探讨导电填料用量变化对硫化胶导电性及力学性能的影响。

（方庆红　刘大晨）

第五篇　高分子材料设计实验

实验 84　超高分子量聚丙烯腈的合成

一、实验目的

（1）深入理解合成聚合物的各种方法及其机理。

（2）针对目标产物进行聚合方法的设计。

（3）根据选择的聚合方法，选择反应试剂，确定聚合装置、主要仪器和反应条件。

（4）掌握合成超高分子量聚丙烯腈的实验技术。

二、实验原理

目前，几乎所有工业化生产的聚丙烯腈（PAN）纤维均采用重均分子量（$\overline{M}_w$）为 90000 ~ 170000 的 PAN，其合成机理均为自由基聚合，聚合实施的方法通常为水相沉淀聚合和溶液聚合，但其他合成机理在文献中也已有报道。

自 20 世纪 70 年代后期，以超高分子量聚乙烯制得高强度纤维的技术问世后，有关柔性链聚合物溶液凝胶纺丝的研究已全面展开。在一系列的研究中，超高分子量聚丙烯腈（UHMW-PAN）显示出了良好的前景。Falkai 指出，将重均分子量 $\overline{M}_w = 5 \times 10^5$ 的 PAN 均聚物和共聚物配成浓度为 2% ~ 15% 的溶液，通过凝胶纺丝能得到强度为 7.06 ~ 17.64cN/dtex、弹性模量为 158.76 ~ 264.60 cN/dtex 的纤维。因此，关于 UHMW-PAN 的合成、加工及应用的研究受到了广泛关注。

对于超高分子量聚丙烯腈（UHMW-PAN）的合成机理，已报道的主要有下述三类。

1. 阴离子聚合

阴离子聚合可在低温下进行，所得产物的相对分子质量较高，但由于副反应的存在，使聚合物色泽较差。这种方法不易在大分子链上引入着色位，且共聚单体的选择受到限制。

配位阴离子聚合所得产物的相对分子质量高，单分散性小，立体规整度高，因此聚合产物与自由基聚合产物的溶解性能明显不同。这种方法也存在共聚单体的范围受到限制和缺少着色位的缺点。阴离子聚合的原理和方法可参阅实验 14。

2. 基团转移聚合

Du Pont 公司的 Webster 对基团转移聚合进行了详细的研究，但由于聚丙烯腈链增长速率较大，即使在 -50℃下，相对分子质量分布仍很宽。

3. **自由基聚合**

自由基聚合由于聚合速率容易控制，产品性能较好（包括白度），因此在工业中有着广泛的应用。实施的方法通常有本体聚合、水相沉淀聚合、悬浮聚合、溶液聚合和乳液聚合。其中前四种方法在UHMW–PAN的合成中均已有报道。溶液聚合、悬浮聚合和乳液聚合的原理和方法，可分别参阅实验6、实验7和实验8。

聚合条件对聚合物的相对分子质量、组成及收率有较大的影响。单体浓度、引发剂种类与浓度、反应温度、反应时间、搅拌速度以及聚合反应器等都有较大的影响。为制得超高分子量的聚合物，必须减少聚合体系中活性增长链的数目，降低活性链转移和链终止发生的可能，使自由基活性增长链不断与单体结合而生长。因此，减少引发剂用量、增加单体浓度、降低聚合反应温度、选用链转移常数小的引发剂和溶剂都可用于提高聚丙烯腈的相对分子质量。

本实验要求以丙烯腈为单体，进行合成UHMW–PAN的实验设计。使学生在针对目标产物选择聚合方法，确定反应试剂、聚合装置、主要仪器和反应条件，测定目标产物相对分子质量方面的能力得到初步锻炼。

三、目标产物

丙烯腈均聚物，重均分子量≥800000。

四、实验设计

（1）根据目标产物对相对分子质量的要求，确定聚合方法并说明原因。

（2）根据确定的聚合方法，写出聚合过程的基元反应式。

（3）按确定的聚合方法，根据现有的实验条件选择反应试剂，并通过计算确定配方。

（4）根据选择的聚合方法及现有的实验条件，确定聚合装置及主要仪器，画出聚合装置简图。

（5）确定聚合工艺参数，并说明理由。

五、实验结果分析与讨论

（1）将目标产物烘干后采用黏度法测定目标产物的相对分子质量，参阅实验20。

（2）与普通PAN相比，UHMW–PAN的溶解条件有何不同？

（3）测定目标产物的相对分子质量的方法还有哪些？哪些方法测得的是绝对相对分子质量？哪些方法测得的是相对分子质量？

（4）根据目标产物相对分子质量的测定结果，确定或者修订配方及工艺条件。

（沈新元）

实验 85 热敏高分子的制备

一、实验目的

（1）深入理解热敏高分子的内涵及其对温度变化的响应机理。

（2）针对目标产物进行反应方法的设计。

（3）根据选择的反应方法，选择反应试剂，确定设备和反应条件。

（4）掌握制备兼具智能性和生物活性的热敏高分子的实验技术。

二、实验原理

智能化是高分子材料科学的发展方向之一，热敏高分子属于智能高分子的范畴。智能高分子是能随着外部条件的变化，而进行相应动作的高分子。智能高分子必须具备能感应外部刺激的感应器功能、能进行实际操作的动作器功能以及得到感应器的信号后而使动作器动作的过程器功能。

热敏高分子的智能性表现在它的其些性能在某一温度会突然变化，此温度称为敏感温度或最低临界温度（LCST）。具有敏感温度的热敏高分子有聚乙烯基甲醚（PVME）、聚异丙基丙烯酰胺、羟丙基纤维素、羟丙基甲基纤维素和羟乙基纤维素等。它们具有各自的 LCST。

具有热敏性的化合物有 *N*– 乙基丙烯酰胺、*N*– 异丙基丙烯酰胺、*N*，*N*– 二乙基丙烯酰胺、*N*– 羟甲基丙烯酰胺和 *N*– 羟乙基丙烯酰胺等。分子设计完成后，要获得具有预定功能的智能高分子，通常有两种途径，即合成智能化的聚合物；或者使现有高分子发生化学反应，使其智能化。以热敏化合物为单体可以合成热敏聚合物，但这些单体的价格比较昂贵。通过高分子化学反应使现有高分子具有热敏性的主要优点为：高分子骨架是现成的，可选择的高分子母体多，原料来源广，因此其价格相对较低。真丝、纤维素、甲壳素等天然高分子和聚乙烯醇、聚酰胺、聚丙烯腈等合成聚合物，均可作为聚合物母体。例如，聚偏二氟乙烯膜经聚异丙基丙烯酰胺（PNIPAAm）表面接枝，在温度低于 33℃时，接枝链溶剂化，其一端固定于基膜，另一端以无规旋转链的形状伸入溶液，在膜孔周围向孔壁扩散而封闭孔口；温度高于 33℃时，接枝链收缩并沉积于膜面，孔口开放。这样，接枝 PNIPAAm 的聚偏二氟乙烯膜能响应温度变化调整孔的“开”与“关”。这种具有智能开关作用的环境感应式开关膜，使分离膜起到了“化学阀”的作用，因此有望在药物控制释放、化学分离、化学传感器以及组织工程等许多领域发挥重要作用。

壳聚糖是天然高分子甲壳素脱乙酰的衍生物，其分子结构式可参阅实验 79。壳聚糖与其他多糖一样，因其复杂的空间结构中含有高活性的功能基团，表现出类似抗生素的特性。壳聚糖有一定的抗菌作用、抗感染作用和免疫调节活性。由于壳聚糖上具有羟基和氨基，因此可以发生酰化、硫酸酯化、氧化、羟乙基化、酸甲基化、氰乙烷基化、硝化、磷酸化、交联与接枝等化学反应，从而在医疗、生化、纺织、食品等许多方面有着广泛的应用。

本实验选用壳聚糖作为接枝共聚的骨架高分子，进行制备兼具智能化和生物活性的热敏高分子的实验设计。使学生在针对目标产物选择反应方法，确定反应试剂、设备和反应条件方面的能力得到初步锻炼。

三、目标产物

兼具智能化和生物活性的热敏高分子，敏感温度（LCST）在33℃左右。

四、实验设计

（1）根据目标产物敏感温度（LCST）的要求，确定具有热敏性的化合物，写出其与壳聚糖作用的反应式。

（2）根据现有的实验条件选择其他反应试剂，确定配方并说明原因。

（3）根据现有的实验条件确定反应设备和工艺参数，画出反应简图，写出操作步骤。

五、实验结果分析与讨论

（1）将目标产物烘干后采用DSC法测定其敏感温度（LCST）。参阅实验38。

（2）测定LCST的方法还有哪些？说明测试原理。

（3）根据目标产物LCST的测定结果，确定或者修订配方及工艺条件。

（沈新元）

实验86　聚丙烯腈链结构的表征

一、实验目的

（1）深入理解聚合物链结构的内涵。

（2）深入理解聚合物链结构的表征方法及其原理。

（3）针对研究目标设计测定其化学组成和规整度的方法。

（4）根据选择的测试方法，确定仪器和测试条件。

（5）掌握测定聚丙烯腈化学组成的实验技术。

（6）掌握测定聚丙烯腈构型的实验技术。

二、实验原理

聚合物的性能与材料的内部结构有关。因此，研究聚合物的结构与性能的关系，对正确选择和使用聚合物、更好地掌握聚合物的成型工艺条件、通过各种途径改变聚合物的结构以有效地改进其性能以及为聚合物的分子设计和材料设计打下科学基础具有重要意义。

聚合物的结构比低分子物质复杂得多，包括单个分子链的化学组成、构型、分子构造与可能存在的共聚系列、相对分子质量及其分布、构象、分子链之间的结合与凝聚及其形成的晶态结构、非晶态结构和液晶态结构等。

聚合物链结构是指单个分子链内与其基本结构单元有关的结构，包括结构单元的化学组成、键结方式、构型、分子构造与可能存在的共聚系列。

1. 聚丙烯腈的化学组成

聚合物链重复单元的化学组成一般研究得比较清楚，若不考虑大分子的裂解，聚合物的化学组成取决于制备聚合物时使用的单体，通常与加工条件无关。聚合物的化学组成影响聚合物的稳定性、分子间的作用力、链的柔顺性等，对于材料的许多性能有决定性影响。

聚丙烯腈（PAN）属于碳链聚合物，其分子链全部由碳原子以共价键相连接而组成，它与其他碳链聚合物结构的差别仅在于侧基的不同。PAN 的大分子链上具有极性很大的侧基——氰基，它对 PAN 的结构和性能的影响极大。由于分子内相邻氰基间存在斥力，使大分子链的内旋转受到很大的限制，局部发生歪扭和曲折，因此 PAN 的大分子链比较僵硬。此外，PAN 大分子链的立构规整性、构象和纤维的序态结构均与氰基的存在有关。

测定聚合物的化学组成，有下列一些方法：元素分析；红外光谱分析（IR 和 ATR）；核磁共振谱分析（NMR）；紫外—可见光谱分析；气相—液相色谱分析；质谱分析；电子谱化学分析（ESCA）；俄歇电子能谱分析（AES）；X 射线荧光光谱；二次离子质谱分析（SIMS）；电子探针分析；激光探针分析；X 射线光电子谱（XPS）；原子探针分析（与场、离子显微镜联用）等。有关这方面的技术细节，可从许多文献中查到。

2. 聚丙烯腈的构型

构型是指分子中由化学键所固定的原子在空间的几何排列。这种排列是稳定的，要改变构型必须经过化学键的断裂和重组。

结构单元中各原子在空间的不同排列使其出现了旋光异构和几何异构。如果聚合物的分子结构单元中存在不对称碳原子，则每个链节就有两种旋光异构。它们在聚合物中有三种键接方式：若聚合物全部由一种旋光异构单元键接而成，则称为全同立构；由两种旋光异构单元交替键接的，称为间同立构；当两种旋光异构单元完全无规时，则称为无规立构。分子的立体构型不同对材料的性能会带来影响，例如全同立构的聚苯乙烯结构比较规整，能结晶，熔点为 240℃，而无规立构的聚苯乙烯结构不规整，不能结晶，软化温度为 80℃。

Schaefer 观察到，PAN 的无规立构、间同立构和全同立构的比例为 5∶2∶3，这表明 PAN 并非完全无规。其原因是 PAN 的大分子链存在大量的极性侧基——氰基，分子间的氰基能形成偶极子对，相互强烈吸引，从而形成高度的有序。但对于自由基聚合方法制备的 PAN，由于取代基—CN 的位置不可能完全有规律，因此大分子链的立构规整性较低。由于提高聚合物的立构规整性能提高其结晶度，因此科技工作者一直在致力于开发能增加 PAN 立构规整性的方法。研究表明，采用阴离子模板聚合的方法可以提高 PAN 的立构规整性。

测定聚合物的立构规整性，有下列一些方法：核磁共振谱分析（NMR）、红外光谱分析（IR 和 ATR）、X 射线衍射法、熔点法、密度法、正庚烷萃取法（专门用于聚丙烯腈）。

本实验以聚丙烯腈或其共聚物为研究对象，进行测定其化学组成和构型的实验设计。使学生在针对研究目标灵活选择测试方法，确定主要仪器和测试条件方面的能力得到初步锻炼。

三、研究目标

丙烯腈均聚物或共聚物。

四、实验设计

（1）针对研究目标，根据现有的实验条件，选择测定其化学组成的方法并说明原因。

（2）按选择的测定研究目标化学组成的方法，根据现有的实验条件，确定相应的仪器和测试条件，写出操作步骤。

（3）针对研究目标，根据现有的实验条件，选择测定其规整度的方法并说明原因。

（4）按选择的测定研究目标规整度的方法，根据现有的实验条件，确定相应的仪器和测试条件，写出操作步骤。

五、实验结果分析与讨论

（1）根据实验取得的数据或图谱，判别研究对象是丙烯腈均聚物还是共聚物；如果是丙烯腈共聚物，确定共聚单体是什么。

（2）根据实验取得的数据或图谱，计算研究对象的无规立构、间同立构和全同立构体的比例。

（3）聚丙烯腈相对分子质量的大小对其规整度是否有影响？

（4）测定聚丙烯腈或其共聚物的键结方式，通常采用什么实验方法？

（沈新元）

实验 87　聚氯乙烯的共混改性

一、实验目的

（1）深入理解聚合物共混改性的原理。

（2）掌握用聚合物溶度参数原则和混合焓变原则预测聚合物相容性的原理和方法。

（3）针对目标产物进行聚合物共混体系的设计。

（4）根据选择的共混体系，确定混合方法、主要设备和混合条件。

（5）掌握聚氯乙烯共混改性的实验技术。

（6）掌握测定聚合物共混体系相容性的方法及其原理。

二、实验原理

聚氯乙烯（PVC）能耐酸、碱、盐、油类、化学气体与大气的老化，且价格便宜，是一种具有重要用途的聚合物。但由于PVC自身的亲水性较差，使其在某些方面的应用受到限制。因此，研究提高PVC的亲水性具有较大的理论意义和应用价值。

共混改性是高分子材料改性的主要方法之一。聚合物共混改性是将两种或两种以上的聚合物混合，通过不同聚合物性质的互补性与协同效应来改善高分子材料的性质。聚合物共混过程中，整个系统各组分在其基本单元没有本质变化的情况下进行细化和均化的分布，最终形成在某种尺度范围内均匀的混合物。物料的混合过程通常依靠扩散、对流和剪切三种作用来完成。制备聚合物共混物的方法主要有机械共混法、共溶剂法、乳液共混法、共聚—共混法等，由于耗资少和工艺操作方便的优势，机械共混法使用的范围最为广泛。

目前，改善PVC亲水性最常用的方法是将亲水性的第二组分聚合物与之共混。已见文献报道的第二组分聚合物有聚乙烯醇缩丁醛、羧化聚氯乙烯、聚乙烯—醋酸乙烯、聚醋酸乙烯酯和异丁烯—马来酸酐共聚物等。

聚合物共混体的性能，既取决于共混组分的性质和比例，又与共混状态有关；而共混状态与组分的相容性和混合方法有关，因此在设计和开发新型共混材料的过程中，首先要考虑共混体系的相容性问题。

相容性概念通常指聚合物在链段水平或分子水平上的相容，一般从热力学角度讨论其相容性。对聚合物共混体中各组分之间相容性的要求具有两面性。从共混体的均匀性角度考虑，要求其相容性好，否则会导致无法形成均一的共混体，聚合物界面间的黏结力很低，没有实用价值；但从改性角度考虑，如果两者的相容性太好，各组分达到在分子水平上的相容，则共混体的性能为各组分性能的平均值，并不能达到保持各组分优异性能的要求。因此根据聚合物共混理论，对于性能优异的聚合物共混物，应具有宏观均匀而微观相分离的形态结构，即形成部分相容体系。

共混体系的相容性是共混的基础，而且在很大程度上决定了共混物的最终性能，所以如何准确地预测和科学地表征测试聚合物间的相容性非常重要。常用的预测聚合物相容性的方法有聚合物溶度参数原则和混合焓变原则。一般认为，两种聚合物溶度参数相差小于1（J/cm^3）$^{1/2}$时，体系为均相；而大于1（J/cm^3）$^{1/2}$时，则有可能部分相容，但还需要利用其他手段验证。Schneier提出可用混合焓变（ΔH_m）的大小来估算两相聚合物之间的相容性，以ΔH_m对聚合物共混组成（质量分数）作图，如果ΔH_m均处于临界值以上，为完全不相容体系；均处于临界值以下时，为完全相容体系；与临界值相交时，则为部分相容体系，且其相容性与组成有关。

表征聚合物间相容性的方法有：共同溶剂法；溶液黏度法；相差显微镜法；热分析法；动态力学分析法；光散射法；中子散射法；红外光谱法等。溶液黏度法可参阅实验20，相差显微镜法可参阅实验36，热分析法可参阅实验38，动态力学分析法可参阅实验25，光散射法可参阅实验22。

本实验以聚氯乙烯为第一组分，进行通过共混改性提高其亲水性的实验设计。使学生在针对目标产物选择组分，确定混合方法、主要设备和混合条件，预测和测定目标产物的相容性方面的能力得到初步锻炼。

三、目标产物

以聚氯乙烯为第一组分的聚合物共混体系。

四、实验设计

（1）根据目标产物亲水性的要求，初步选择第二组分。

（2）通过聚合物溶度参数原则和混合焓变原则，预测两组分的相容性，根据目标产物为部分相容体系的要求，确定第二组分。

（3）根据确定的共混体系和现有的实验条件确定混合设备和条件，写出操作步骤。

（4）根据现有的实验条件确定测试共混体系相容性的方法，写出操作步骤。

五、实验结果分析与讨论

（1）根据共混体系相容性的测试结果，判别其是否为部分相容体系。如果不是部分相容体系，讨论造成与通过聚合物溶度参数原则和混合焓变原则的预测结果偏差的原因。

（2）测定聚氯乙烯改性前后的接触角，据此评价改性效果，并确定或者修订配方。

（沈新元）

实验 88　屏蔽紫外光有机—无机杂化材料的制备

一、实验目的

（1）深入理解有机—无机杂化材料的含义。

（2）针对目标产物进行屏蔽抗紫外光有机—无机杂化材料配方的设计。

（3）根据确定的配方，选择反应试剂，确定实验仪器和条件。

（4）掌握制备屏蔽紫外光有机—无机杂化材料的实验技术。

二、实验原理

有机—无机杂化材料的研究与开发，是纳米技术在材料领域的一个重要应用。由于纳米颗粒的微小结构，使它具有介于单个分子与宏观材料之间的特殊性能，即尺寸效应、量子效应、表面和界面效应等，使纳米颗粒对光、机械应力、电的反应完全不同于微米或毫米级的颗粒，在宏观上显示出许多奇妙的特性。因此，将无机纳米颗粒加入高分子材料，能制造出满足用户要求的各种功能材料。

但是，超细粉体，尤其是无机纳米粉体，粒径小、表面能高，极易团聚成二次粒子，无法表现出人们所期望的尺寸效应及表面效应。因此，制备具有特殊功能的有机—无机杂化材料，就必须解决纳米粉体的团聚问题。目前，纳米粉体的表面改性是解决团聚问题的主要研究方向。

粉体的表面改性是指用物理、化学等方法对粉体进行处理，根据使用的需要有目的地改变粉体的表面性质。通过纳米粉体的表面改性处理，既可以减少纳米粉体间的相互作用，有效防止纳米粉体的团聚；又可以增强纳米粉体与基体的相容性，降低复合材料的加工成本，提高材料的刚性、硬度、尺寸稳定性、流动性、熔点等物理性能，赋予材料耐腐蚀性、耐磨性、阻燃性、绝缘性、抗紫外光等特殊的功能。因此，控制纳米粉体的表面结构及表面状态是得到高附加值功能材料的关键，纳米粉体的表面改性技术广泛应用于塑料、橡胶、纤维、涂料、胶黏剂等高分子加工及复合材料领域。

对纳米粉体进行表面改性，提高其与聚合物相容性的方法有添加剂的偶联剂处理、表面活性剂处理、高分子非相容剂和相容剂处理、酸或碱性化合物溶液处理、单体处理、稀土表面处理和等离子体处理等。

由于地球的臭氧层逐渐遭到破坏，导致紫外光对地球生物圈的辐射量不断增加，过多的紫外光照射对人类健康造成的危害正在日益加重。目前，开发有效的屏蔽紫外光的功能材料已成为研究的热点之一。

常用的抗紫外光添加剂有活性较高的有机化合物和无机纳米粉体。有机化合物在紫外光照射后易分解，防晒效果不长久，对皮肤产生刺激性，容易产生化学过敏，存在不同程度的毒性等问题。因此，近年来一些无机纳米粉体已逐步发展为主要的紫外光屏蔽剂。

本实验选用聚对苯二甲酸乙二醇酯（PET）为基体聚合物，进行制备具有屏蔽紫外光功能的有机—无机杂化材料的实验设计。使学生在针对目标产物选择无机纳米粉体，消除无机纳米粉体的团聚，确定实验仪器和条件，并测定目标产物的屏蔽紫外光性能方面的能力得到初步锻炼。

三、目标产物

具有紫外光屏蔽功能的聚对苯二甲酸乙二醇酯（PET）基有机—无机杂化材料，紫外光屏蔽率≥90%。

四、实验设计

（1）根据目标产物的功能要求，选择具有屏蔽紫外光功能的无机纳米粉体，并说明原因。

（2）根据选择的纳米粉体与PET的特点，确定对纳米粉体进行表面改性的方法，并阐明原理。

（3）按确定的纳米粉体表面改性方法，根据现有的实验条件选择反应试剂，确定相关设备及工艺条件，并说明理由。

五、实验结果分析与讨论

（1）将表面改性前后的纳米粉体配成悬浮液，在透射电镜下观察其分散状况；或者将表面改性前后的纳米粉体在粉末压片机上压片后，再在接触角测量仪上进行静态接触角的测试，确定其亲油性的变化。

（2）将经表面改性的纳米粉体—PET样品压制成厚度均匀的薄膜，用分光光度计测量薄膜的紫外光屏蔽率。

（3）表征粉体分散性的方法有哪些？

（4）根据纳米粉体分散性和目标产物紫外光屏蔽率的测定结果，确定或者修订配方及工艺条件。

（沈新元）

参考文献

[1] 陈稀，黄象安，化学纤维实验教程[M].北京：纺织工业出版社，1988.

[2] 王佩璋，李树新.高分子科学实验[M]. 北京：中国石化出版社，2008.

[3] 麦卡弗里 E L.高分子化学实验室制备[M]. 北京：科学出版社，1981.

[4] 复旦大学高分子科学系高分子科学研究所. 高分子实验技术（修订版）[M]. 上海：复旦大学出版社，1998.

[5] 张兴英，李齐方.高分子科学实验[M]. 北京：化学工业出版社，2007.

[6] 欧阳国恩，欧国荣. 复合材料实验技术[M]. 武汉：武汉工业大学出版社，1993.

[7] 刘喜军，杨秀英，王慧敏.高分子实验教程[M]. 哈尔滨：东北林业大学出版社，2000.

[8] 吴承佩，周彩华，栗方星. 高分子化学实验[M]. 合肥：安徽科学技术出版社，1989.

[9] 李允明. 高分子物理实验[M]. 杭州：浙江大学出版社，1996.

[10] 张举贤. 高分子科学实验[M].开封：河南大学出版社，1997.

[11] 周维祥. 塑料测试技术[M]. 北京：化学工业出版社，1997.

[12] 邵毓芳，嵇根定. 高分子物理实验[M]. 南京：南京大学出版社，1998.

[13] 王玉荣，张春庆，廖明义. 高分子化学与物理实验[M]. 大连：大连理工大学，1998.

[14] 欧国荣，张德震，高分子科学与工程实验[M]. 上海：华东理工大学出版社，1998.

[15] 黄天滋，钟兆灯，盛勤，等.高分子科学与工程实验[M]. 上海：华东理工大学出版社，1998.

[16] 马立群，张晓辉，王雅珍.微型高分子化学实验技术[M]. 北京：中国纺织出版社，1999.

[17] 刘长维. 高分子材料与工程实验[M]. 北京：化学工业出版社，2003.

[18] 梁晖，卢江.高分子化学实验[M]. 北京：化学工业出版社，2004.

[19] 冯开才，李谷，符若文，等.高分子物理实验[M]. 北京：化学工业出版社，2004.

[20] 何卫东. 高分子化学实验[M]. 合肥：中国科学技术大学出版社，2004.

[21] 吴智华.高分子材料加工工程实验教程[M]. 北京：化学工业出版社，2004.

[22] 刘建平，郑玉斌. 高分子科学与材料工程实验[M]. 北京：化学工业出版社，2005.

[23] 韩哲文. 高分子科学实验[M]. 上海：华东理工大学出版社，2005.

[24] 柯扬船，何平笙 . 高分子物理教程 [M]. 北京：化学工业出版社，2006.

[25] 张庆军. 材料现代分析测试实验 [M]. 北京：化学工业出版社，2006.

[26] 金日光，华幼卿. 高分子物理 [M]. 北京：化学工业出版社，2010.

[27] 潘祖仁，高分子化学 [M]. 北京：化学工业出版社，1986.

[28] 王槐三，寇晓康 . 高分子化学教程 [M]. 北京：科学出版社，2002.

[29] 何平笙，杨海洋，朱平平，等 . 高分子物理实验 [M]. 合肥：中国科学技术大学出版社，2002.

[30] 张俐娜，薛奇，莫志深，等. 高分子物理近代研究方法 [M]. 武汉：武汉大学出版社，2003.

[31] 余木火. 高分子化学 [M]. 北京：中国纺织出版社，2000.

[32] 沈新元. 高分子材料加工原理 [M]. 2 版 . 北京：中国纺织出版社，2009.

[33] 沈新元，化学纤维手册 [M]. 北京：中国纺织出版社，2008.

[34] 林师. 塑料配制与成型 [M]. 北京：化学工业出版社，2004.

[35] 曾幸荣，吴振耀，侯有军，等. 高分子近代测试分析技术 [M]. 广州：华南理工大学出版社，2007.

[36] 翁国文，橡胶硫化 [M]. 北京：化学工业出版社，2006.

[37] 马建伟，郭秉臣，陈韶娟. 非织造布技术概论 [M]. 北京：中国纺织出版社，2004.

[38] 郭秉臣. 非织造布的性能与测试 [M]. 北京：中国纺织出版社，1998.

[39] 徐佩弦. 聚合物流变学及其应用 [M]. 北京：化学工业出版社，2003.

[40] 顾宜. 材料科学与工程基础 [M]. 北京：化学工业出版社，2002.

[41] 周持兴. 聚合物流变实验与应用 [M]. 上海：上海交通大学出版社，2003.

[42] Gebhard Schramm. 实用流变测量学 [M]. 朱怀江，译 . 北京：石油工业出版社，2009.

[43] 周达飞，唐颂超. 高分子材料成型加工 [M]. 北京：中国轻工业出版社，2005.

[44] 董炎明，张海良. 高分子科学教程 [M]. 北京：科学出版社，2004.

[45] 吴刚. 材料结构表征及应用 [M]. 北京：化学工业出版社，2002.

[46] 郑秀芳，赵嘉澎. 橡胶工厂设备 [M] 北京：化学工业出版社，1997.

[47] 吴培熙，张留城，聚合物共混改性 [M]. 北京：中国轻工业出版社，1996.

[48] 王文英. 橡胶加工工艺 [M]. 北京：化学工业出版社，2005.

[49] 焦书科. 橡胶化学与物理导论 [M]. 北京：化学工业出版社，2009.

[50] 田丽娜，黄志明，包永忠，等. 甲基丙烯酸甲酯本体聚合体系导热系数的研究 [J]. 化学反应与化学工艺，2006，22 (4): 339-343.

[51] 田炳寿，程正，贾向群. 乙酸乙烯酯聚合中分子量的控制 [J]. 化学研究与应用，1997，9 (2): 200-202.

[52] 黄明德，徐兰，胡盛华. 乙酸乙烯酯的微波加热聚合 [J]. 化学工程师，2005:

9–10.

[53] 陆威，王姗姗，鲁德平，等．苯乙烯的悬浮聚合及聚苯乙烯磺化［J］．现代塑料加工应用，2005，17（4）: 8–11.

[54] 王国祥，刘朋生．N- 甘胺酰马来酰亚胺与苯乙烯反应动力学参数的研究［J］．绝缘材料，2004: 33–36.

[55] 李青山，王雅珍，董志辉，等．微型乙酸乙烯酯乳液聚合实验研究［J］．广西师范大学学报，2000（8）：138–139.

[56] 王颖，王康，崔力．聚己二酸乙二醇酯的合成［J］．化学工业与工程，2003，20（2）：116–118.

[57] 郝海岩 . 对酚醛树脂制备方法的探讨［J］．实验与教具改革，1999：11–12.

[58] 鲁彦玲，施冬梅，杜仕国，等．顺丁烯二酸酐制备工艺及催化剂发展研究［J］．长江大学学报，2006，3（2）：33–37.

[59] 黄次沛，沈新元，李维汉，等，丙烯酸 – 涤纶接枝共聚涤纶的性质［J］．合成纤维，1983，12（5）: 8–13.

[60] 王党生，李涛．微粒状聚乙烯醇缩丁醛制备新工艺［J］．福建化工，1997：5–6.

[61] 陆威，王姗姗，鲁德平，等 . 苯乙烯的悬浮聚合及聚苯乙烯磺化［J］．现代塑料加工应用，2005，17（4）：8–10.

[62] 陈毅峰，钟宏 . 聚苯乙烯的磺化反应方法与过程［J］．湖南化工，1997，27（4）：20–27.

[63] 张清华 . 以聚苯胺为导电剂的复合导电纤维的研制［D］. 东华大学：博士学位论文，1999.

[64] 李伟．微 / 纳米结构聚苯胺及复合体系的制备与性质研究［D］. 东华大学：博士学位论文，2008.

[65] 曲荣君，王春华，阮文举 . 多胺交联纤维素树脂的合成及吸附性能 – 天然高分子吸附剂研究［J］．林产化学与工业，1997，17（3）：19–24.

[66] 陈中兰，曾艳．多胺型稻草纤维素球的制备及其对水体中 Zn^{2+} 的吸附性能［J］．应用化学，2006，23（10）：1116–1119.

[67] 上海第五印染厂．铜乙二胺法测定棉纤维的聚合度［J］. 测试方法与仪器，1976，6：28–32.

[68] Barthel S，Heinze T.Acylation and carbanilation of cellulose in ionic liquids［J］.Green Chem.，2006，8:301–306.

[69] 詹世平，陈淑花，刘华伟，等．用热膨胀法测量非晶态粉体的玻璃化转变温度［J］．食品科技，2005: 102–104.

[70] 李健，张立德，曾汉民．非晶聚合物玻璃化转变温度 Tg 附近的转变过程［J］．材料研究学报，1997，11（1）：52–56.

[71] 方庆红，张凤鹏，黄宝宗，不同温度条件下硫化橡胶拉伸特性的研究［J］. 建筑

材料学报，2005，8（4）：383-386.

［72］王颖，姜伟．光学剪切仪在线研究高分子共混物的形态及其演化［J］．高分子材料与科学，2006，22（2）：35-38.

［73］李宏，黄晓天，李志．相差显微镜在粉末材料结构研究中的应用［J］．重庆工商大学学报，2004，21（6）：563-565.

［74］申开智，吴世见，向子上等．挤出成型微晶聚烯烃片材和管材［J］．工程塑料应用，2000，28（1）:15-18.

［75］杨红，王勇，那兵，等．聚烯烃共混物注射制品的形态控制与多层次结构［J］．高分子学报，2007（3）：209-217.

［76］徐笑非，王小华，宁艳梅，等．纳米碳酸钙微粒填充改性聚丙烯复合材料的力学性能和结晶行为研究［J］．分析测试技术与仪器，2003，9（3）：155-158.

［77］陈瑞燕．聚苯乙烯塑料注塑工艺探讨［J］．广东化工，2008，4:50-52.

［78］左铖，炭黑／碳纳米管／PBT 导电复合材料的制备及性能研究［D］．东华大学：硕士学位论文，2008.

［79］郭立颖，徐初阳，郝朋伟．阳离子型聚丙烯酰胺的合成及影响因素研究［J］．安徽理工大学学报，2005，25（3）：66-69.

［80］杨菊萍．粘度法测定部分水解聚丙烯酰胺的分子量［J］．高分子学报，2001（6）：783-786.

［81］张永强，于荣金，宋建争，等．塑料光子晶体光纤连续挤出制造系统开发［J］．塑料工业，2008（07）:69-71，45.

［82］费强，尚龙安，范代娣，等．生物可降解材料 PHBV 的细胞毒性评价的研究［J］．安全与环境学报，2005，6（5）: 47-51.

［83］ Chen D R，Bei J Z，Wang S G.Polycaprolactone microparticles and their biodegradation［J］.Polymer Degradation and Stability，2000，67（3）:455-459.

［84］胡芸，陈一民，谢凯．PCL 改性途径的研究［J］．材料导报，2001，15（5）：52-54.

［85］张雄伟，黄锐．高分子复合导电材料及其应用发展趋势［J］．功能材料，1994，25（6）：492-499.

［86］Masson J C．Acrylic Fiber Technology and Application［M］.New York:Marcel Pekker Inc.，1995.

［87］张胜兰，沈新元，杨庆．热敏高分子膜［J］．膜科学与技术，2000，20（6）：42-45.

［88］邢丹敏，武冠英，胡家俊，等．改性聚氯乙烯超滤膜的研究（II）［J］．膜科学与技术，1996，16（2）：45-50.

［89］谷晓昱，孙本惠．高子合金膜的聚合物间相容性预测及表征［J］．高分子材料科学与工程，2004，20（1）：5-8.